# もくじと学習の記録

答え▶別さつ1ページ

# 1 約　数

## 標準クラス

**1** 次の□にあてはまる数を求めなさい。

(1) 72 の約数は□個あります。 〔甲南女子中〕

(　　　)

(2) 28 の約数のうち，28 以外の数をすべてたすと□になります。 〔平安女学院中〕

(　　　)

(3) 432 の約数のうち，大きい方から 3 番目の約数は□です。 〔青山学院横浜英和中〕

(　　　)

(4) 【A】はAの約数の個数，【A，B】はAとBの公約数の個数を表します。このとき，【45】+【72，144】−【27】=□ です。 〔江戸川女子中〕

(　　　)

**2** 次の問いに答えなさい。

(1) 72 と 60 の最大公約数を求めなさい。 〔神戸山手女子中〕

(　　　)

(2) 54 と 90 の最大公約数を求めなさい。また，54 と 90 の公約数をすべてたすと，その和はいくらになりますか。 〔追手門学院中〕

最大公約数(　　　)　公約数の和(　　　)

(3) 93 と 75 をある整数でわると，どちらもあまりが 3 になります。このような整数をすべて求めなさい。 〔箕面自由学園中〕

(　　　)

**3** 次の問いに答えなさい。

(1) 337 をわると 12 あまり，175 をわると 6 あまる整数を求めなさい。〔森村学園中〕

（　　　　　）

(2) 124 をわると 4 あまり，77 をわると 5 あまる最も大きい整数を求めなさい。〔慶應義塾中〕

（　　　　　）

(3) 101 をわると 5 あまり，135 をわると 3 あまる整数の中で，最も小さい数を求めなさい。〔大阪学芸中〕

（　　　　　）

記述式

**4** 男子が 48 人，女子が 72 人います。ダンスをするために男女それぞれが同じ人数ずつに分かれて，男女のまじったグループを作ります。あまる人が出ないようにできるだけ多くのグループを作ったとき，1つのグループの人数は何人ですか。ことばや式を使って，求め方を説明しなさい。〔関西創価中ー改〕

（　　　　　　　　　　　　　　　　　　）

**5** 右の図のような直方体の容器(ようき)を，1辺 A cm の立方体でちょうどいっぱいにします。このとき，最も少なくて何(なん)個(こ)の立方体が必要ですか。ただし，A は整数です。〔報徳学園中〕

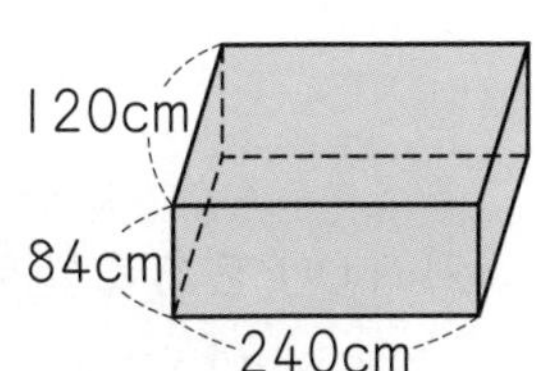


（　　　　　）

**6** みかん 72 個，りんご 35 個，かき 52 個を子どもたちに平等に分けると，みかんはちょうど分けられますが，りんごは 1 個不足し，かきは 2 個不足します。子どもの人数は最大何人ですか。〔清教学園中〕

（　　　　　）

答え▶別さつ1ページ

| 時間 30分 | 得点 |
| --- | --- |
| 合格 80点 | 点 |

# 1 約数

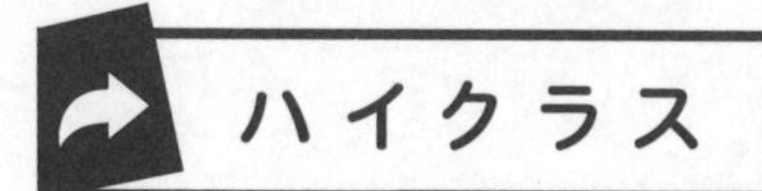


**1** 次の□にあてはまる数を求めなさい。(24点/1つ8点)

(1) 117, 174, 250 の3つの数を□でわると, あまりはすべて3になります。

〔成城学園中〕

(　　　　)

(2) 3つの数 85, 123, 180 を整数□でわると, どの数もわり切れずにあまりが等しくなります。

〔関西学院中〕

(　　　　)

(3) 180 の約数のうち, 5の倍数は□個(こ)あります。

〔獨協中〕

(　　　　)

**2** 次の問いに答えなさい。(30点/1つ10点)

〔開智中〕

(1) 50 をある整数Aでわるとあまりが5となります。考えられるAのうち, 最も小さい数は何ですか。

(　　　　)

(2) 100 をある整数Bでわるとあまりが2となります。考えられるBをすべて答えなさい。

(　　　　)

(3) 2017 をある整数Cでわるとあまりが 29 になります。考えられるCのうち, 最も小さい数は何ですか。また, 考えられるCは全部で何個ありますか。

最も小さい数(　　　　)　C(　　　　)

**3** 1から200までの整数について，次の問いに答えなさい。(16点/1つ8点)

〔大谷中(大阪)〕

(1) 約数の個数が2個である整数のうち，小さいほうから9番目のものを答えなさい。

(　　　　　)

(2) 約数の個数が偶数(ぐうすう)個の整数は，何個ありますか。

(　　　　　)

**4** 1から20までの番号が書かれたライトとスイッチがあり，はじめはすべてのライトが消えています。スイッチを押すと，その番号の数の約数である番号のライトだけが切りかわります。つまり消えていたライトは光り，光っていたライトは消えます。たとえば，6のスイッチを押すと，1，2，3，6の4つのライトが光り，さらに2のスイッチを押すと1，2のライトだけが消えます。この手順を(6→2)と表すことにします。(30点/1つ10点)

〔智辯学園和歌山中〕

(1) はじめの状態(じょうたい)から(4→10)という手順でスイッチを押したとき，光っているライトは何個ありますか。

(　　　　　)

(2) はじめの状態から，ある手順で合計2個のスイッチを押したとき，光っているライトの個数は5個から7個になりました。このようになる手順をすべて答えなさい。

(　　　　　　　　　　)

(3) はじめの状態から，ある手順で合計2個のスイッチを押したとき，光っているライトの個数は2個から3個になりました。このようになる手順は何通りありますか。

(　　　　　)

答え▶別さつ2ページ

# 2 倍　数

## 標準クラス

**1** 次の□にあてはまる数を求めなさい。

(1) 6と16と24の最小公倍数は□です。 〔滝川中〕

(　　　　)

(2) 4，6，9の公倍数で，200に最も近い整数は□です。 〔箕面自由学園中〕

(　　　　)

(3) 12でわっても，15でわっても5あまる3けたの整数のうち，200に最も近い数は□です。 〔松蔭中〕

(　　　　)

(4) 63，84，126の最小公倍数は□です。 〔四條畷学園中〕

(　　　　)

**2** 1から300までの整数について，次の問いに答えなさい。

(1) 3の倍数，4の倍数は，それぞれ何個(なんこ)ありますか。

3の倍数(　　　　)　4の倍数(　　　　)

(2) 3でも4でもわり切れる数は何個ありますか。

(　　　　)

(3) 3でも4でもわり切れない数は何個ありますか。

(　　　　)

**3** 次の問いに答えなさい。

(1) 7でわると3あまり，6でわると1あまる数のうち，201 に最も近い数を求めなさい。〔海城中〕

(　　　　　)

(2) 11 でわると5あまり，15 でわると7あまる整数のうち，3けたで最大の整数を求めなさい。〔三田学園中〕

(　　　　　)

**4** 8でわると7あまり，7でわると6あまる整数は「8と7の公倍数より1小さい数」になります。その理由を答えなさい。

(　　　　　)

**5** たての長さが 12 cm，横の長さが 18 cm の長方形があります。この長方形をすき間なくならべて，できるだけ小さな正方形をつくります。このとき，正方形の1辺の長さを求めなさい。〔大阪教育大附属天王寺中〕

(　　　　　)

**6** 60 から 120 までの整数を1つずつ書いた 61 まいのカードがあります。これらのカードの中から，最初にAさんが3の倍数のカードをすべて取ります。続いて残ったカードから，Bさんが4の倍数のカードをすべて取ります。Bさんが取ったカードは何まいですか。〔帝塚山学院泉ヶ丘中〕

(　　　　　)

**7** 花火大会でAとBの花火を打ち上げる台があります。Aは6分ごと，Bは8分ごとに打ち上がります。花火大会は午後7時 20 分から始まり，そのときにAとBが同時に打ち上がりました。打ち上げ始めてからAとBが同時に上がるのが5回目となるのは何時何分ですか。〔比叡山中〕

(　　　　　)

答え▶別さつ3ページ

# 2 倍数

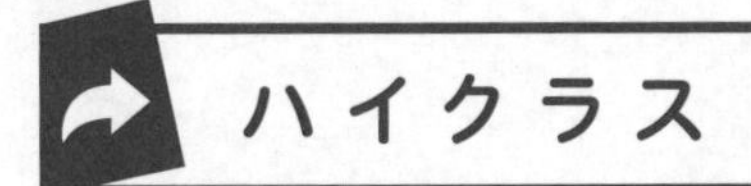


| 時間 | 30分 | 得点 |
|---|---|---|
| 合格 | 80点 | 点 |

**1** 次の問いに答えなさい。(30点/1つ10点)

(1) 3けたの整数の中で，3でわると2あまり，4でわると3あまり，5でわると4あまる数のうち，最も大きい数はいくつですか。〔西武学園文理中〕

(　　　　)

(2) たて2cm，横3cmの長方形の紙をすき間なくならべて正方形をつくります。このとき，3番目に小さい正方形の1辺の長さは何cmですか。〔西武学園文理中〕

(　　　　)

(3) 11をたすと9の倍数になり，9をひくと11の倍数になる整数があります。このような整数のうち，最も小さいものはいくらですか。〔清教学園中〕

(　　　　)

**2** 次の問いに答えなさい。(20点/1つ10点)〔サレジオ学園中〕

(1) 2つの2けたの整数があり，最大公約数は14，最小公倍数は280です。この2つの整数を求めなさい。

(　　　　)

(2) 3つのことなる2けたの整数があり，最大公約数は12，最小公倍数は840です。この3つの整数を求めなさい。

(　　　　)

**3** 次の問いに答えなさい。(20点/1つ10点)

(1) ある整数を12でわると，商とあまりが同じになります。このような整数の中で最も大きい数を求めなさい。

(　　　　　　)

(2) ある整数は，7でわると商とあまりが同じになり，9でわっても商とあまりが同じになります。このような整数を求めなさい。

(　　　　　　)

**4** たて9cm，横11cmの長方形の紙を図のように，たてと横にはり合わせて，できるだけ小さい正方形をつくります。はり合わせるときののりしろを1cmとするとき，その正方形の1辺の長さを求めなさい。(10点)

〔清風中〕

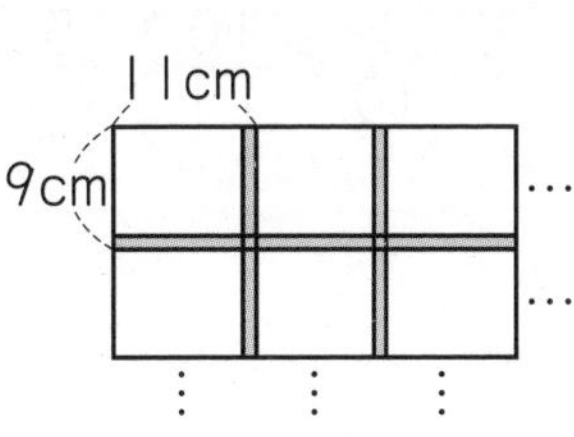


(　　　　　　)

**5** 赤色と青色の2つのランプがあります。赤色のランプは20秒間ついて，10秒間消えることをくり返します。青色のランプは25秒間ついて，15秒間消えることをくり返します。消えている2つのランプが同時についてから5分間のうちに，赤色のランプも青色のランプもともについている時間は何分何秒間か求めなさい。(10点)

〔関西学院中〕

(　　　　　　)

**6** 2けたの整数A，B，Cについて，次の①～④のことがわかっています。

① Cは5の倍数　　② AとBの和はCと等しい

③ AとBの最大公約数は14　　④ BとCの最大公約数は14

このとき考えられる整数Aのうち，最も大きいものを求めなさい。

(10点)〔甲南女子中〕

(　　　　　　)

答え▶別さつ4ページ

# 3 分数の性質（せいしつ）

## 標準クラス

**1** 次の問いに答えなさい。

(1) ある分数を13で約分すると，$\frac{5}{11}$になりました。もとの分数を求めなさい。

(　　　　　)

(2) $\frac{1}{10}<\frac{10}{\square}<\frac{5}{49}$ の□にあてはまる整数を求めなさい。〔頌栄女子学院中〕

(　　　　　)

(3) $\frac{9}{8}$より大きく，$\frac{8}{7}$より小さい分数で，分子が144の分数を答えなさい。

〔京都橘中〕

(　　　　　)

(4) 3つの数$\frac{1}{25}$，0.03，$\frac{2}{11}$を小さい順にならべなさい。〔報徳学園中〕

(　　　→　　　→　　　)

**2** $\frac{2}{3}$や$\frac{5}{13}$のように，これ以上約分できない分数を既約（きやく）分数といいます。

(1) 分母が30である30個（こ）の分数$\frac{1}{30}$，$\frac{2}{30}$，$\frac{3}{30}$，……，$\frac{29}{30}$，$\frac{30}{30}$のうち，既約分数は何個ありますか。

(　　　　　)

(2) (1)で求めた分数を全部たすといくらになりますか。

(　　　　　)

**3** $\frac{2}{3}$ と $\frac{14}{15}$ の間にある分数について，次の問いに答えなさい。〔神戸海星女子中〕

(1) 分母が 100 の分数の中で最も大きい数を求めなさい。

（　　　　）

(2) 約分できない分数のうち，分母が 60 の分数をすべて書きなさい。

（　　　　）

(3) 約分できない分数のうち，分子が 12 の分数をすべて書きなさい。

（　　　　）

**4** 次の問いに答えなさい。

(1) $\frac{3}{7}$ を小数で表したとき，小数第 2018 位の数字を求めなさい。〔開明中〕

（　　　　）

(2) $\frac{57}{333}$ を小数で表したとき，小数第 1 位から小数第 50 位までの各位の数の和を求めなさい。〔東山中〕

（　　　　）

**5** $\frac{1}{\square}+\frac{2}{\square}+\frac{3}{\square}+\frac{4}{\square}+\frac{5}{\square}+\frac{6}{\square}+\frac{7}{\square}+\frac{8}{\square}+\frac{9}{\square}=9$ の□に共通して入る数を求めなさい。〔カリタス女子中〕

（　　　　）

**6** 6，7，8，9 の 4 つの数字をすべて使い，$\frac{\bigcirc\bigcirc}{\bigcirc\bigcirc}$ の形にならべて分母と分子が 2 けたの整数の分数をつくるとき，約分できない分数は何個できますか。〔大阪星光学院中〕

（　　　　）

答え▶別さつ5ページ

# 4 分数の文章題

## 標準クラス

**1** 次の問いに答えなさい。

(1) ペンキAが$\frac{5}{8}$L，ペンキBが$\frac{6}{7}$Lあります。ちがいは何Lですか。

(　　　　　　　)

(2) 長さが$1\frac{3}{4}$mと$2\frac{4}{5}$mの2本のひもがあります。この2本のひもを結ぶと，何mの長さになりますか。ただし，結び目には$\frac{1}{10}$m使います。

(　　　　　　　)

(3) えり子さんの学級の学級園は，たて$4\frac{1}{4}$m，横2mの長方形です。学級園の面積は何$m^2$ですか。

(　　　　　　　)

(4) 面積が7$m^2$の長方形があります。横の長さが$2\frac{1}{3}$mです。たての長さは何mですか。

(　　　　　　　)

(5) 1mの重さが$6\frac{2}{3}$kgである鉄のぼう$3\frac{3}{5}$mの重さは何kgですか。

(　　　　　　　)

(6) 8は18の何倍ですか。分数で答えなさい。

(　　　　　　　)

**2** ある分数に $4\frac{2}{3}$ をかける計算をしなければならないところを，まちがえて，ある分数を $4\frac{2}{3}$ でわってしまったので，答えが $\frac{1}{8}$ になりました。

(1) ある分数を求めなさい。

(　　　　　)

(2) 正しい答えを求めなさい。

(　　　　　)

**3** $\frac{1}{1\times2}=\frac{1}{1}-\frac{1}{2}$，$\frac{1}{2\times3}=\frac{1}{2}-\frac{1}{3}$，……であることを参考にして，次の計算をしなさい。

(1) $\frac{1}{1\times2}+\frac{1}{2\times3}+\frac{1}{3\times4}+\frac{1}{4\times5}+\frac{1}{5\times6}+\frac{1}{6\times7}$

(　　　　　)

(2) $\frac{1}{1\times3}+\frac{1}{3\times5}+\frac{1}{5\times7}+\frac{1}{7\times9}+\frac{1}{9\times11}$

(　　　　　)

**4** 次の問いに答えなさい。

(1) $\frac{1}{\square}+\frac{1}{\square}=\frac{7}{18}$ の２つの□に，２以上のことなる整数を１つずつ入れて，正しい式にしなさい。〔同志社女子中〕

(　　　　　)(　　　　　)

(2) $\frac{1}{A}+\frac{1}{B}+\frac{1}{C}=\frac{101}{130}$ を満たす整数Ａ，Ｂ，Ｃを求めなさい。ただし，Ａ，Ｂは１けたの整数でＡはＢより小さく，Ｃは２けたの整数とします。〔奈良学園登美ヶ丘中〕

Ａ(　　　　　)　Ｂ(　　　　　)　Ｃ(　　　　　)

# チャレンジテスト①

答え▶別さつ5ページ

| 時間 30分 | 得点 |
| --- | --- |
| 合格 80点 | 点 |

**1** 次の問いに答えなさい。(48点/1つ8点)

(1) 3をたすと11でわり切れ，5をたすと7でわり切れる3けたの整数のうち，最も小さい整数は何ですか。〔甲南女子中〕

(　　　　)

(2) $\frac{2}{5}$ より大きく，$\frac{5}{12}$ より小さい分数のうち，分母が70で分子が整数のものを求めなさい。〔奈良学園中〕

(　　　　)

(3) $\frac{2}{7}$ を小数で表したとき，小数第2011位の数字を求めなさい。〔大阪桐蔭中〕

(　　　　)

(4) 629と259の最大公約数を求めなさい。〔かえつ有明中〕

(　　　　)

(5) りんごが1000個(こ)以上1050個以下あります。4個ずつ分けても，5個ずつ分けても，6個ずつ分けても1個たりません。このとき，りんごは何個ありますか。〔湘南白百合学園中〕

(　　　　)

(6) 分母が36で分子が1から36までの36個の分数 $\frac{1}{36}$，$\frac{2}{36}$，$\frac{3}{36}$，…，$\frac{36}{36}$ のうち，約分できないものはいくつありますか。〔開明中〕

(　　　　)

**2** 次の問いに答えなさい。(16点/1つ8点)

(1) 3つの約数をもつ整数のうち，最も小さい整数を答えなさい。

(　　　　　)

(2) 1から200までの整数のうち，3つの約数をもつ整数をすべて加えると，その和はいくらですか。

(　　　　　)

**3** 0より大きい，2の倍数でも3の倍数でもない整数が書かれたカードを，数字の小さい順にならべました。(18点/1つ6点)

(1) 245が書かれたカードは，このカードの列の最初から数えて何番目にありますか。

(　　　　　)

(2) このカードの列の153番目のカードに書かれた整数を求めなさい。

(　　　　　)

(3) Aさん，Bさん，Cさんの3人が，ならんでいるカードを数字の小さい順からAさん，Bさん，Cさんの順にくり返し1まいずつ取り続けることにしました。153番目のカードを取り終えたとき，Bさんが取ったカードに書かれた整数の和を求めなさい。

(　　　　　)

**4** これ以上約分できない分数で，分母が200であるもののうち，その分数を小数に直したとき，小数第2位を四捨五入(ししゃごにゅう)すると0.2になるものは何個ありますか。

(9点)〔明星中〕

(　　　　　)

**5** $\frac{10}{21}$ と $\frac{15}{14}$ のどちらにかけても，その積が整数になるような最も小さい分数を求めなさい。(9点)

〔武庫川女子大附中〕

(　　　　　)

答え▶別さつ6ページ

# 5 小数の文章題

**1** 次の問いに答えなさい。

(1) 1辺 4.8 m の正方形の花だんの面積は何 $m^2$ ですか。

（　　　　　）

(2) 16.2 cm のひもがあります。5.4 cm ずつ分けると，何本に分けられますか。

（　　　　　）

(3) としひろさんの体重は32.4kgです。としひろさんのお兄さんの体重は，としひろさんの1.3倍です。お兄さんの体重は何kgですか。

（　　　　　）

(4) 面積が 6.3 $m^2$ の長方形の土地があります。たての長さが 1.4 m のとき，横の長さは何 m ですか。

（　　　　　）

(5) ゆうきさんの体重を 2.3 倍すると，お母さんの体重になります。お母さんの体重は 52.9 kg です。ゆうきさんの体重は何 kg ですか。

（　　　　　）

(6) 太さがどこも同じはりがねがあります。長さは 25.2 m で，重さは 15.3 kg です。このはりがね 1 m の重さは何 kg ですか。小数第 1 位までの概数(がいすう)で答えなさい。

（　　　　　）

**2** ある数を 1.7 でわるところを，まちがえて 1.7 をかけてしまったので，答えが 140.42 になりました。

(1) ある数を求めなさい。

(　　　　　)

(2) 正しい答えを，四捨五入(ししゃごにゅう)して小数第２位まで求めなさい。

(　　　　　)

**3** 赤・白・青・黄色の４本の紙テープがあります。青のテープの長さは 0.48 m です。

(1) 青のテープは，白のテープの 1.2 倍です。白のテープの長さは何 m ですか。

(　　　　　)

(2) 青のテープは赤のテープの 1.92 倍です。黄色のテープは赤のテープの 2.5 倍です。黄色のテープの長さは何 m ですか。

(　　　　　)

**4** ガソリン１L で，ふつうの道路を 14 km 走る自動車があります。

(1) ガソリン 6.5 L では，ふつうの道路を何 km 走りますか。

(　　　　　)

(2) 高速道路をずっと走ると，１L で 15.5 km 走ることができます。この自動車のガソリンタンクには 40.5 L まで入ります。ガソリンをいっぱいにしておくと，高速道路を何 km 走ることができますか。

(　　　　　)

答え▶別さつ7ページ

# 6 平均

## 標準クラス

**1** 次の問いに答えなさい。

(1) 男子５人の身長の平均は 166 cm，女子３人の身長の平均は 150 cm でした。この８人の身長の平均は何 cm ですか。〔日本大第三中〕

(　　　　　　　)

(2) A，B，C，D，E５人の平均身長は 165 cm です。A，B，C，D４人の平均身長が 162 cm，C，D，E３人の平均身長が 163 cm のとき，C，D２人の平均身長は何 cm ですか。〔法政大中〕

(　　　　　　　)

(3) A，B，C，D，Eの５人が算数のテストを受けました。５人の平均点は 70 点で，A，B，Cの３人の平均点は 65 点，C，D，Eの３人の平均点は 80 点でした。このとき，Cの得点を求めなさい。〔市川中〕

(　　　　　　　)

(4) グループAとグループBに同じ算数のテストをしました。グループAは 10 人で平均点は 65 点，グループBの平均点は 80 点です。また，２つのグループを合わせた平均点は 75 点です。グループBの人数は何人ですか。〔東京純心女子中〕

(　　　　　　　)

(5) ある 36 人クラスのテストの平均点について，Aさんをのぞいたときの平均点が 73.2 点で，Bさんをのぞいたときの平均点が 72.8 点でした。AさんとBさんの得点の差は何点ですか。〔智辯学園和歌山中〕

(　　　　　　　)

**2** 3つの数A, B, Cがあります。AとBの平均と，BとCの平均と，CとAの平均がわかっているとき，A, B, Cの和の求め方を答えなさい。

(　　　　　　　　　　)

**3** ある印刷屋にチラシの印刷をたのむことにしました。印刷にかかる費用(ひよう)は，はじめの100まいまでは何まいであっても合わせて3000円で，101まい目からは1まいにつき20円です。

(1) 300まい印刷するときの費用はいくらですか。

(　　　　)

(2) チラシ1まい平均の費用が23円より安くなるのは，何まい以上印刷するときですか。

(　　　　)

**4** 花子(はなこ)さんは何回かのテストを受け，テストの平均点は82点でした。もしも次のテストで100点を取れば，平均点は85点になります。花子さんは今まで何回のテストを受けましたか。〔奈良学園登美ヶ丘中〕

(　　　　)

**5** 35人の生徒がテストを受けました。問題は2問で，第1問が4点，第2問が6点でした。採点(さいてん)の結果，平均点が5.2点で，第1問を正解(せいかい)した人は17人でした。〔甲南女子中〕

(1) 第2問を正解した人は何人ですか。

(　　　　)

(2) 0点の生徒は最大で何人ですか。

(　　　　)

答え▶別さつ7ページ

# 6 平均

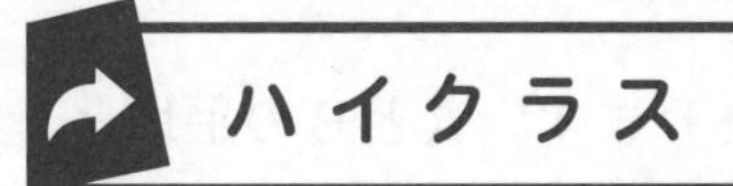


時間 30分　合格 80点　得点　点

**1** AとBの2つのグループに分かれてテストを行ったところ，Aグループ38人の平均点は68点，Bグループの平均点は72点，受験者全体の平均点は70.1点でした。Bグループの人数は何人ですか。(10点)　〔横浜雙葉中〕

(　　　　　)

**2** あるクラスの，算数のテストの平均点は61点でした。最高点の97点の1人をのぞいた平均点は59点でした。このクラスの人数は何人ですか。(10点)　〔高輪中〕

(　　　　　)

**3** 30人のクラスで算数のテストをしたところ，平均点は75点でした。そのうち75点以上だった人の平均点は79点，75点未満だった人の平均点は69点でした。75点以上だった人は何人ですか。(10点)　〔吉祥女子中〕

(　　　　　)

**4** Aさんが算数のテストを10回受けて，その平均点を計算すると85.5点でした。10回のテストのうち1回は75点で，残り9回のテストは90点と85点ばかりでした。90点をとったのは何回ありましたか。(10点)　〔大谷中(大阪)〕

(　　　　　)

**5** 280人の生徒があるテストを受けたところ，200人が合格し，80人が不合格でした。また，生徒全員の平均点は72点で，合格者と不合格者の平均点の差は14点でした。このとき，合格者の平均点は何点でしたか。(10点)　〔芝中〕

(　　　　　)

**6** 40 人のクラスでテストを行ったところ，クラスの平均点は 70 点でした。60 点以上の生徒全員に自分の点数から 60 点を引いた値(あたい)を計算させたところ，その合計は 450 点でした。60 点未満の生徒全員に 60 点から自分の点数を引いた値を計算させると，その合計は何点になりますか。(10点) 〔筑波大附中〕

(　　　　　)

**7** A，B，C，D の 4 人が算数の試験を受けたところ，A と B と C の平均点は 48 点，A と B と D の平均点は 53 点，A と C と D の平均点は 62 点，B と C と D の平均点は 65 点でした。このとき，4 人の平均点を求めなさい。(10点) 〔青稜中〕

(　　　　　)

**8** 16 人のクラスで試験をしたところ，最高点は A さんだけで，A さんをのぞく残りの人の平均点は 75 点でした。2 番目に点数が高い人は B さんだけで，A さんと B さんをのぞく残りの人の平均点は 74 点でした。A さんと B さんの点数差が 10 点のとき，クラス全員の平均点を求めなさい。(10点) 〔関西学院中〕

(　　　　　)

**9** あるクラスでの試験の平均点は 63 点でした。このうち最高点の人 1 人をのぞいた平均点は 62 点，最低点の人 1 人をのぞいた平均点は 64.5 点となりました。また，最高点と最低点の差は 65 点でした。(20点/1つ10点) 〔神戸女学院中〕

(1) このクラスの人数を求めなさい。

(　　　　　)

(2) 最高点は何点でしたか。

(　　　　　)

答え▶別さつ8ページ

# 7 単位量あたりの大きさ

**1** 次の問いに答えなさい。

(1) 野菜ジュースは 1.5 L で 570 円，ミックスジュースは 1 L で 250 円で売られています。2種類のジュースを比べたとき，100 mL あたりでは，どちらのジュースが何円高いですか。〔愛知教育大附属名古屋中〕

(　　　　　　　　　　　　　　　)

(2) 100 g あたり 120 円のはりがねがあります。このはりがねの 4 m の重さは 160 g でした。このはりがねを 30 m 買ったときの代金を求めなさい。ただし，消費税は考えません。〔大阪教育大附属平野中〕

(　　　　　　　)

(3) A町とB町が合ぺいして，新しい市ができました。もとの2つの町の人口と人口密度は右の表のようになっています。新しい市の人口密度は 1 km² あたり何人ですか。〔同志社中〕

| | 旧A町 | 旧B町 |
|---|---|---|
| 人　口 | 21000 人 | 18000 人 |
| 人口密度 | 1 km$^2$ あたり 84 人 | 1 km$^2$ あたり 45 人 |

(　　　　　　　)

(4) 4人で，ある品物を 4.8 kg 買いました。店の人が 40 円まけてくれたので，1人あたり 1850 円になりました。この品物は 200 g あたり何円ですか。〔青山学院中〕

(　　　　　　　)

(5) ある車は $2\frac{1}{4}$ L の燃料で，18 km の道のりを走ることができます。燃料 1 L が 140 円のとき，100 km 走るために必要な燃料の代金はいくらですか。〔西南学院中〕

(　　　　　　　)

**2** 右の表はA国，B国，C国の面積と$1\,km^2$あたりの人口を表したものです。3つの国が合わさって1つの国になったとき，$1\,km^2$あたりの人口を答えなさい。〔関西大北陽中〕

| | 面積($km^2$) | $1\,km^2$あたりの人口(人) |
|---|---|---|
| A国 | 1200 | 400 |
| B国 | 1200 | 160 |
| C国 | 800 | 500 |

(　　　　　　)

**3** ちゅう車場に50台の車がとまっています。5分ごとに1台の車が出て行き，20分ごとに1台の車が入ってきます。〔桃山学院中〕

(1) 1時間30分後には，車は何台残っていますか。

(　　　　　　)

(2) ちゅう車場の車が0台になるのは何時間何分後ですか。

(　　　　　　)

**4** 2台のタクシーA，Bの料金は以下のとおりです。
Aのタクシーは2kmまで730円で2kmをこえると同時に90円加算されます。その後300mごとに90円加算されます。
Bのタクシーは1.2kmまで410円で1.2kmをこえると同時に80円加算されます。その後250mごとに80円加算されます。〔帝塚山中〕

(1) Aのタクシーに2.8km乗ったときの料金は何円ですか。

(　　　　　　)

(2) 同じ道のりをどちらのタクシーに乗っても料金が同じになるときが何回かあります。その中でいちばん安いときの料金は何円ですか。

(　　　　　　)

(3) 同じ道のりを乗ったとき，はじめてAのタクシーの方が安くなりました。このとき，Aのタクシーにしはらう料金は何円ですか。

(　　　　　　)

答え▶別さつ9ページ

# 7 単位量あたりの大きさ

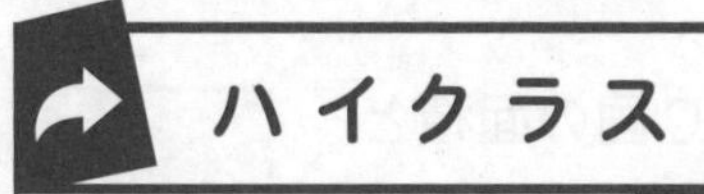


時間 30分　合格 80点　得点　点

**1** チラシを印刷するのに３つの印刷会社の印刷代を比べます。
A社は１まい４円で印刷します。
B社は１まい単位の印刷は受け付けておらず，10まい単位で印刷します。100まいまでは10まい55円で印刷します。100まいをこえるとこえた分は10まい30円で印刷します。
C社は１まい５円で印刷します。100まい単位なら，100まい360円で印刷することができます。(30点/1つ10点)〔奈良学園中〕

(1) チラシを500まい印刷します。１社のみを利用するとき，どの会社を利用すれば最も安く印刷ができますか。また，そのときの印刷代はいくらになりますか。

会社（　　　　）印刷代（　　　　）

(2) A社とB社を比べるとき，それぞれの印刷代が同じになるのはチラシを何まい印刷するときですか。０以外の最も小さい整数で答えなさい。

（　　　　）

(3) チラシをちょうど385まい印刷します。複数の会社を利用してよいとき，最も安く印刷すると印刷代はいくらになりますか。

（　　　　）

**2** いっぱん道路を走るときはガソリン１Lで12km，高速道路を走るときはガソリン１Lで18km走ることのできる車があります。(20点/1つ10点)

(1) いっぱん道路を120km走る分のガソリンで，高速道路を何km走ることができますか。

（　　　　）

(2) 20Lのガソリンで，いっぱん道路と高速道路を合わせて318km走りました。いっぱん道路を何km走りましたか。

（　　　　）

**3** 800円で1か月に100個の製品をつくる機械Aと，1000円で1か月に100個の製品をつくる機械Bがあります。ただし，機械Bは使い続けると同じ1000円で2か月目には101個，3か月目には102個，……のように，つくる個数が1か月ごとに1個ずつ増えていきます。(30点/1つ10点) 〔大阪女学院中〕

(1) 最初の1か月にそれぞれの機械が製品を1個つくるのにかかる費用はいくらですか。

A (　　　　) B (　　　　)

(2) 機械Bを使って製品を1個つくるのにかかる費用が，機械Aを使った場合と同じ費用になる月は製品をつくり始めてから何か月目ですか。

(　　　　)

(3) 機械Aと機械Bを使って製品をつくるとき，それまでにつくった製品の個数に対してかかった費用の割合を比べると，機械Bを使ったほうが得になるのは，製品をつくり始めてから何か月目ですか。

(　　　　)

**4** 2つのごみしょ理機A，Bがあります。1秒あたりに入れるごみの量はそれぞれ一定で，しょ理機Aが5kg，しょ理機Bが3kgです。また，ごみを入れ終わってからしょ理が終わるまでの時間はごみの量に関係なく，しょ理機Aが12分，しょ理機Bが8分です。(20点/1つ10点) 〔甲陽学院中〕

(1) しょ理機A，Bのどちらを使っても，ごみを入れ始めてからしょ理が終わるまでの時間が同じになるのは，ごみの量が何tのときですか。

(　　　　)

(2) しょ理機A，Bを同時に使って6tのごみをしょ理します。ごみを入れ始めてからしょ理が終わるまでの時間をできるだけ短くするには，2つのしょ理機でそれぞれ何tずつのごみをしょ理すればよいですか。

A (　　　　) B (　　　　)

答え▶別さつ10ページ

# 8 比例

## 標準クラス

**1** 次のことがらのうち，ともなって変わる２つの量が比例しているものをすべて選び，記号で答えなさい。

**ア** １日の昼の長さと夜の長さ

**イ** たての長さが６cm の長方形の，横の長さと面積

**ウ** 正方形の１辺の長さと面積

**エ** １個 200 円のケーキを何個か買うとき，買った個数と代金

**オ** テストの前に勉強をした時間とテストの成績

（　　　　　）

**2** 右の表は，ある金属の体積 $x$ cm³ とその重さ $y$ g が比例しているようすを表したものです。表のアにあてはまる数を答えなさい。〔関西創価中〕

| $x$ (cm³) | 2 | 4 | ア | 20 |
|---|---|---|---|---|
| $y$ (g) |  | 31.2 | 78 |  |

（　　　　　）

**3** 右のグラフは，つるまきばねにつるしたおもりの重さ $x$ g と，そのときのばねののび $y$ mm の関係を表したものです。〔芦屋学園中〕

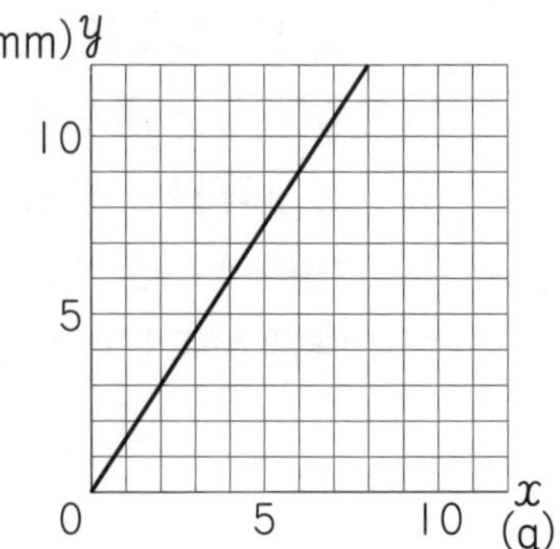


(1) ばねののびが６mm のときのおもりの重さは何 g ですか。

（　　　　　）

(2) $x$ と $y$ の関係を式に表しなさい。

（　　　　　）

(3) おもりの重さが 12 g のときのばねののびは何 mm ですか。

（　　　　　）

**4** ばねののびる長さは，つるすものの重さに比例します。あるばねに，25 g のおもりをつるしたとき，ばねは 22 cm になり，35 g のおもりをつるしたとき，27 cm になりました。 〔追手門学院大手前中〕

(1) おもりをつるさないときのばねの長さを求めなさい。

(　　　　　　)

(2) ばねの長さが 30 cm になったときのおもりの重さを求めなさい。

(　　　　　　)

(3) 50 g のおもりをつるしたときのばねの長さを求めなさい。

(　　　　　　)

**5** 火をつけてから一定の割合(わりあい)で短くなるろうそくAとろうそくBがあります。右のグラフは，火をつけ始めてから燃(も)えつきるまでの時間とろうそくの長さの関係を表したものです。 〔平安女学院中ー改〕

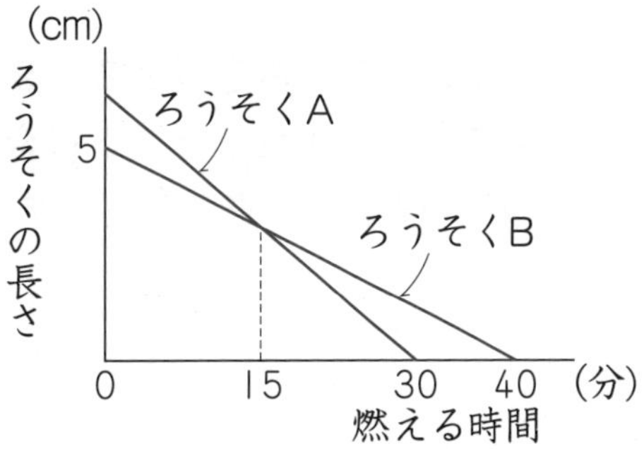

(1) ろうそくBは1分間に何 cm 短くなりますか。

(　　　　　　)

(2) ろうそくBは火をつけてから 15 分後には，何 cm になっていますか。

(　　　　　　)

(3) ろうそくAは，はじめ何 cm でしたか。ことばや式を使って，求め方を説明しなさい。

(　　　　　　　　　　　　　　　　　　　　)

答え▶別さつ10ページ

| 時間 30分 | 得点 |
| --- | --- |
| 合格 80点 | 点 |

# チャレンジテスト②

**1** 次の□にあてはまる数を求めなさい。(30点/1つ10点)

(1) 4つの数があります。その中の3つの数の平均(へいきん)と残った1つの数の和をすべての場合について求めると，98，106，118，134になりました。このとき，この4つの数の平均は□です。〔六甲中〕

(　　　　)

(2) ある数□の小数点の位置を1つ移(うつ)すと，もとの数より181.44小さくなりました。〔親和中〕

(　　　　)

(3) あるクラスで漢字のテストをしました。クラスの人数は45人で，平均点は62点でした。また，テストに合格(ごうかく)した生徒の平均点は90点で，それ以外の生徒の平均点は54点でした。テストに合格した生徒は□人いました。〔帝塚山学院泉ヶ丘中〕

(　　　　)

**2** ある植物園に団体で入場するときの入場料は200人までは1人300円です。200人をこえると，201人目からは1人280円，251人目からは1人250円，301人目からは1人200円です。(18点/1つ9点)〔甲南女子中〕

(1) 団体の人数が280人のとき，1人あたりの入場料はおよそ何円ですか。小数第1位を四捨五入(ししゃごにゅう)して答えなさい。

(　　　　)

(2) 1人あたりの入場料がちょうど250円になるとき，団体の人数は何人ですか。

(　　　　)

3 14.35は，小数点以下の部分の0.35を41倍するともとの数14.35になります。このように，小数点以下の部分を41倍するともとの数になる小数を考えます。（18点/1つ9点）

(1) 小数第2位までの小数で，最も小さい数を求めなさい。

（　　　　　）

(2) 小数第3位までの小数で，最も大きい数を求めなさい。

（　　　　　）

4 A，B，C，D，Eの5人のテストの平均点は71点で，そのうちA，B，Cの平均点は61点でした。また，5人の得点（とくてん）のうち，最高点と最低点の差は57点で，この2人をのぞいた残りの3人の平均点は72点でした。（24点/1つ8点）

〔同志社香里中〕

(1) D，Eの2人の平均点は何点でしたか。

（　　　　　）

(2) 最高点と最低点はそれぞれ何点でしたか。

最高点（　　　　　）　最低点（　　　　　）

(3) さらに，AはBより，BはCよりそれぞれ得点が高く，最高点であるDと2番目に高い得点の差は19点でした。Bの得点は何点でしたか。また，上から数えて何番目でしたか。

（　　　　　）

5 9人の野球選手がホームラン数の競争をしたところ結果は次のようになり，ホームラン数の平均は5本でした。4本と7本を打った人はそれぞれ何人ですか。

（10点）〔東海大付属大阪仰星中〕

| ホームラン数 | 0本 | 1本 | 2本 | 3本 | 4本 | 5本 | 6本 | 7本 | 8本 |
|---|---|---|---|---|---|---|---|---|---|
| 人数 | 0人 | 0人 | 1人 | 1人 | | 1人 | 2人 | | 1人 |

4本の人（　　　　　）　7本の人（　　　　　）

# チャレンジテスト③

答え▶別さつ11ページ

| 時間 30分 | 得点 |
| --- | --- |
| 合格 80点 | 点 |

**1** 次の問いに答えなさい。(30点/1つ10点)

(1) ある作物は，1 ha の畑で 51 t 収かくでき，170 g あたり 120 円で売ることができます。たて 5 m 30 cm，横 12 m 40 cm の長方形の畑で収かくしたこの作物をすべて売ると，何円になりますか。〔六甲中〕

(　　　　)

(2) 3個(こ)のみかん A，B，C があります。A と B の重さの平均(へいきん)は 106 g，B と C の重さの平均は 110 g，A と C の重さの平均は 119 g です。この 3 個のうち最も重いみかんの重さは何 g ですか。〔同志社女子中〕

(　　　　)

(3) 昨日(きのう)までに受けた算数のテストの平均点は 72 点でした。今日のテストで 90 点取ったので，平均点は 73.5 点になりました。平均点が 75 点以上になるためには，明日のテストで何点以上取ればよいですか。〔三田学園中〕

(　　　　)

**2** 2 つの整数 A，B があります。A を B でわるとき，商が整数で，あまりが出るように計算すると 19 あまり 3 になり，わり切れるまで計算すると 19.25 になります。(16点/1つ8点)

(1) 整数 B を求めなさい。

(　　　　)

(2) 整数 A を求めなさい。

(　　　　)

3 ある小学校の６年生の人数は，１組が 36 人，２組が 34 人です。この２クラスで同じ算数のテストをしたところ，１組，２組全体の平均点が 70 点，１組だけの平均点は２組だけの平均点より７点高くなりました。(20点/1つ10点) 〔近畿大附中〕

(1) １組，２組全体の合計点は何点ですか。

(　　　　　)

(2) ２組の平均点は何点ですか。

(　　　　　)

4 Aさん，Bさん，Cさん，Dさんの４人が算数のテストを受けました。４人の点数は低いほうから順に A，B，C，D となり，３人ずつのことなる組み合わせで平均点を計算すると 74 点，77 点，81 点，83 点でした。(24点/1つ8点)

〔大谷中(大阪)〕

(1) ４人の合計点は何点ですか。

(　　　　　)

(2) Dさんの点数は何点ですか。

(　　　　　)

(3) Bさんの点数は何点ですか。

(　　　　　)

5 直方体の形をした水そうの中に水を入れます。ある時こくに水の深さは 16 cm 以上 20 cm 以下でした。その 10 分後に 30 cm 以下でしたが，さらに 10 分後には 30 cm 以上になっていました。さらにその 10 分後の水の深さは［ア］cm 以上［イ］cm 以下でした。ただし，注水量は毎分一定とし，水があふれ出ることはないものとします。［　］にあてはまる数を求めなさい。(10点) 〔灘中〕

ア(　　　　　)　イ(　　　　　)

答え ▶ 別さつ12ページ

# 9 割合(わりあい)とそのグラフ

## 標準クラス

**1** 次の□にあてはまる数を求めなさい。

(1) □円の3割(わり)2分(ぶ)は2400円です。 〔清泉女学院中〕

(　　　　　)

(2) 5 $m^2$の60％は□ $cm^2$です。 〔帝塚山中〕

(　　　　　)

(3) 300の7割は，□の20％と同じです。 〔京都産業大附中〕

(　　　　　)

**2** 下の表と円グラフは，ある中学校の登校のための利用交通機関を表したものです。 〔芦屋学園中〕

| 利用交通機関 | 人数(人) |
|---|---|
| 阪急(はんきゅう) | 75 |
| JR | 103 |
| 阪神(はんしん) | ① |
| バス | 30 |
| その他 | ② |
| 合計 | 250 |

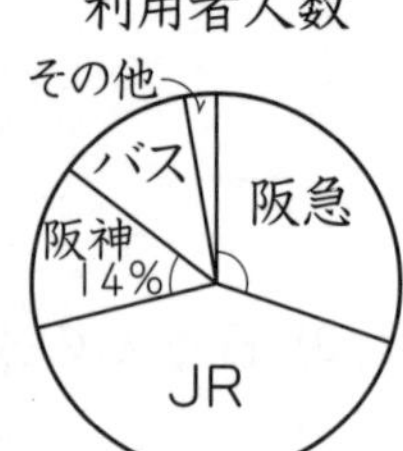


(1) ①と②にあてはまる数を書きなさい。

① (　　　　　)

② (　　　　　)

(2) 円グラフの阪急を利用する人数の部分の角は何度になりますか。

(　　　　　)

(3) 利用交通機関の割合(わりあい)を，全体が15 cmの長さの帯グラフに表すとき，バスを利用する人数の部分の長さは何cmになりますか。

(　　　　　)

**3** 次の問いに答えなさい。

(1) 20 L の牛にゅうを，90 人の児童が 150 mL ずつ飲むと，残りはもとの何 % になりますか。〔東洋英和学院中〕

(　　　　　)

(2) 学校のしき地は 4000 $m^2$ あります。しき地の 55 % が校庭で，校庭の 1 割 2 分 5 厘（りん）が花だんです。花だんの面積は何 $m^2$ ですか。〔京都教育大附属桃山中〕

(　　　　　)

**4** 落とした高さの $\frac{3}{5}$ の高さまではね上がるボールがあります。このボールを右の図のように階だんの各階とゆかで 1 回ずつはね上がらせます。〔立教池袋中〕

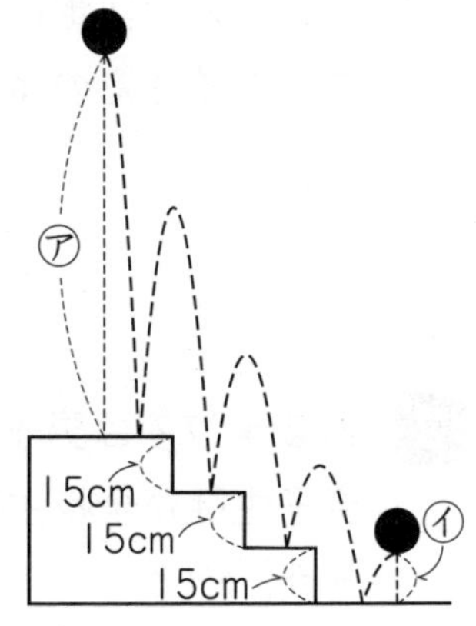


(1) ㋐が 100 cm のとき，㋑は何 cm ですか。

(　　　　　)

(2) ㋑が 46.8 cm のとき，㋐は何 cm ですか。

(　　　　　)

**5** よしおさんは，ある製品（せいひん）の生産量の前月比（ひ）を調べ，右の表のようにまとめました。前月比とは，前月の生産量を基準（きじゅん）とした割合のことです。〔奈良教育大附中〕

| | 前月比 (%) |
|---|---|
| 4 月 | 90 |
| 5 月 | 96 |
| 6 月 | 102 |
| 7 月 | 100 |
| 8 月 | 97 |
| 9 月 | 105 |
| 10 月 | 98 |

(1) 4 月～10 月の中で生産量が同じ月は何月と何月ですか。

(　　　　　)

(2) 4 月～10 月の中で生産量が最も少ない月は何月ですか。

(　　　　　)

# 9 割合とそのグラフ

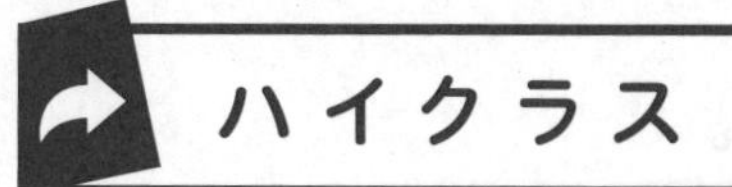


時間 30分 得点
合格 80点 点

**1** 次の□にあてはまる数を求めなさい。(30点/1つ10点)

(1) □円の 72% を使ったら残りは 1680 円です。〔東海大付属大阪仰星中〕

(　　　)

(2) 正方形の1辺の長さを 20% 長くすると，面積は□% 大きくなります。

(　　　)

(3) お父さんの体重は 72 kg です。お母さんの体重は，お父さんの体重の 7 割 5 分で，A子さんの体重の 120% です。A子さんの体重は□kg です。

〔和歌山信愛中〕

(　　　)

**2** ある学校では男子生徒の 32%，女子生徒の 12% が自転車通学しています。男子生徒が全校生徒の 60% のとき，全校生徒の何 % が自転車通学をしていますか。(10点)〔清教学園中〕

(　　　)

**3** 200 人の中学生のうち，犬を飼っている人が全体の 44%，ねこを飼っている人が全体の 23%，犬とねこの両方を飼っている人が全体の 11% であるとき，犬とねこのどちらも飼っていない人は何人ですか。(10点)〔三田国際学園中〕

(　　　)

**4** 1人あたりのごみの量を火曜日，水曜日，木曜日の3日間調べました。水曜日のごみの量は火曜日の 150% でした。木曜日のごみの量は 585 g で，水曜日の 60% でした。火曜日のごみの量は何 g でしたか。(10点)〔松蔭中〕

(　　　)

**5** Aさんは，今月と先月の家計を調べて支出の円グラフを作りました。右の図は先月の支出の円グラフで，通信費は 30000 円でした。今月は衣料費が 25% 増え，また，支出の合計も 20% 増えました。(24点/1つ8点)

〔智辯学園中〕

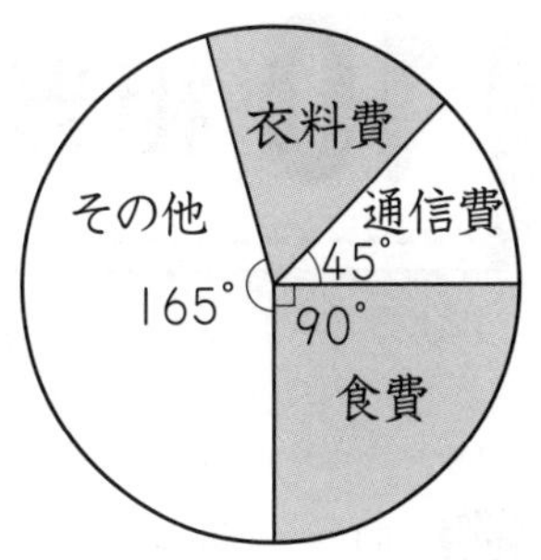


(1) 先月の食費は何円ですか。

(　　　　　　)

(2) 今月の支出の合計は何円ですか。

(　　　　　　)

(3) 今月の支出の円グラフを作ると，衣料費の中心角は何度になりますか。

(　　　　　　)

**6** りょうさんは，ある日の給食の材料を調べて，表と帯グラフを作りました。ところが，次のように，表の一部が破れて内容がわからなくなりました。牛にゅうとめんと肉で全体の 75% になることはわかっています。(16点/1つ8点)

〔大阪教育大附属平野中〕

〈1人分の材料〉

| 材料 | 重さ(g) |
|---|---|
| 牛にゅう | 205 |
| めん | 110 |
| 野菜 | |
| 肉 | |
| その他 | 50 |
| 合 計 | 500 |

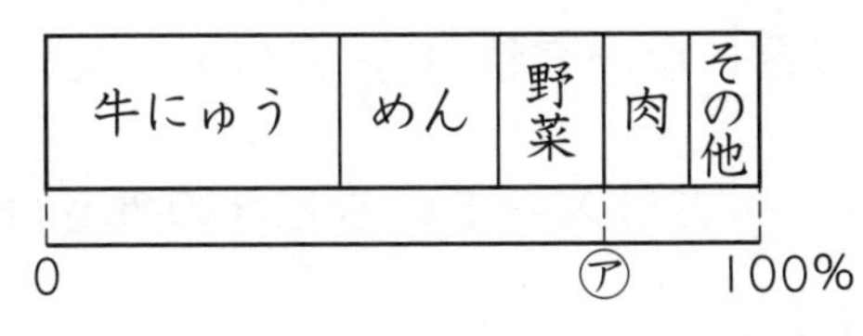


(1) ㋐は何 % のところになりますか。

(　　　　　　)

(2) この日，りょうさんの学級 40 人分の給食では，何 kg の肉が使われていますか。

(　　　　　　)

答え▶別さつ13ページ

# 10 相当算

## 標準クラス

**1** 何まいかあるカードから，Aさんが全体の$\frac{1}{4}$，Bさんが全体の$\frac{1}{6}$にあたるまい数のカードを取ったので，14まい残りました。このときのはじめにあったカードのまい数を求める問題で，Cさんは $1-\frac{1}{4}-\frac{1}{6}=\frac{7}{12}$ というとちゅう式を立てました。この$\frac{7}{12}$は何を表しているかをわかるようにして，問題の答えを求めなさい。

(　　　　　　　　)

**2** 次の問いに答えなさい。

(1) ある本を1日目に全体の$\frac{3}{8}$だけ読み，2日目に残りの$\frac{4}{7}$だけ読んだところ，75ページ残りました。この本は全部で何ページありますか。〔桐朋中〕

(　　　　　　　　)

(2) ある容器(ようき)に塩が容積の$\frac{5}{6}$だけ入っているときの重さは820 gでした。また，容積の$\frac{1}{4}$だけ入っているときの重さは372 gでした。この容器の重さは何gですか。〔甲南女子中〕

(　　　　　　　　)

(3) 2つの正方形AとBが重なっています。重なっている部分の面積は正方形Aの$\frac{3}{7}$にあたり，また正方形Bの$\frac{5}{8}$にあたります。正方形Bの面積が正方形Aの面積より55 $cm^2$小さいとき，重なっている部分の面積は何$cm^2$ですか。〔本郷中〕

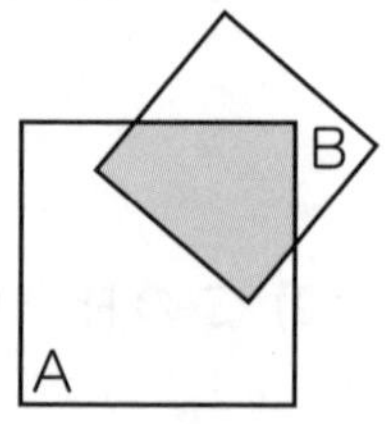


(　　　　　　　　)

**3** ある学校の男子の人数は全校生徒数の $\frac{1}{2}$ より 14 人多く，女子の人数は全校生徒の $\frac{4}{7}$ より 33 人少ないです。〔神奈川大附中〕

(1) 全校生徒は何人ですか。

(　　　　　)

(2) 男子の人数は何人ですか。

(　　　　　)

**4** みかんをAさん，Bさん，Cさんの3人で分けました。まずAさんは全体の $\frac{1}{3}$ と3個を受け取り，次にBさんは残りの $\frac{2}{5}$ と3個を受け取り，最後にCさんは残りの $\frac{1}{2}$ と2個を受け取ったら，7個残りました。

(1) Cさんが受け取ったみかんは何個ですか。

(　　　　　)

(2) 全部でみかんは何個ありましたか。

(　　　　　)

**5** ある中学校の昨年の生徒数は男女合わせて 540 人でした。今年は，昨年と比べて男子生徒の数が 5% 増え，女子生徒の数が 15% 減ったため，男女合わせた生徒数は 511 人になりました。

(1) 今年もし，男子生徒の数も女子生徒の数も 5% ずつ増えていたとすると，生徒数は男女合わせて何人になっていましたか。

(　　　　　)

(2) 昨年の女子生徒の数を求めなさい。

(　　　　　)

(3) 今年の男子生徒の数を求めなさい。

(　　　　　)

答え ▷ 別さつ14ページ

# 10 相当算

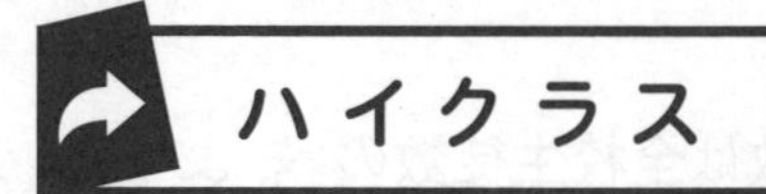

| 時間 | 30分 | 得点 |
| --- | --- | --- |
| 合格 | 80点 | 点 |

**1** 次の問いに答えなさい。(30点/1つ10点)

(1) 水そう全体の $\frac{2}{3}$ だけ水が入っていて，その半分をすてて新しく15Lの水を入れたら全体の $\frac{1}{2}$ になりました。この水そうの容積(ようせき)は何Lですか。〔公文国際学園中〕

( )

(2) 1本のぼうを使って，池のA地点とB地点の深さをはかりました。A地点ではぼうの80%が水中に入り，B地点ではぼうの55%が水中に入りました。このとき，水面上に出たぼうの長さの差は55 cmでした。A地点の池の深さは何cmですか。〔法政大第二中〕

( )

(3) 春子(はるこ)さんと秋子(あきこ)さんで1本のリボンを分けました。春子さんは全体の $\frac{7}{12}$ より36 cm短く，秋子さんは全体の $\frac{5}{8}$ より44 cm短い長さになりました。リボンははじめ何cmありましたか。〔日本女子大附中〕

( )

**2** まっすぐなぼうがあります。このぼうの長さを9等分する点と，長さを5等分する点のすべてに印をつけます。(18点/1つ9点)〔大阪教育大附属池田中〕

(1) この印によって，ぼうはいくつの部分に区切られますか。

( )

(2) 区切られた部分の中で，最も長い部分ともっとも短い部分との差が12 cmであるとき，ぼう全体の長さは何cmですか。

( )

**3** 商品Aと商品Bがあります。いま持っているお金でAならちょうど15個(こ)，Bならちょうど10個買うことができます。(18点/1つ9点)　〔大阪教育大附属天王寺中〕

(1) いま持っているお金でAを9個買い，残ったお金でBを買おうと思います。Bは何個まで買うことができますか。

(　　　　　　)

(2) Aを6個とBを3個買うと，残金が2100円になりました。はじめに持っていたお金は何円ですか。

(　　　　　　)

**4** 太郎(たろう)さんは，お金をいくらか持っていました。毎日，その日の持っているお金の$\frac{1}{3}$より600円多く使っていたところ，3日目にちょうど使い切りました。太郎さんは，最初に何円持っていましたか。(10点)　〔洛星中〕

(　　　　　　)

**5** 庭の池に右の図のような3本のぼうA, B, Cがまっすぐに立っています。この3本のぼうの長さの和は7.2 mで，水面から出ている部分の長さは，AはA全体の長さの$\frac{3}{4}$，BはB全体の長さの$\frac{4}{7}$，CはC全体の長さの$\frac{2}{5}$です。(24点/1つ6点)　〔清教学園中〕

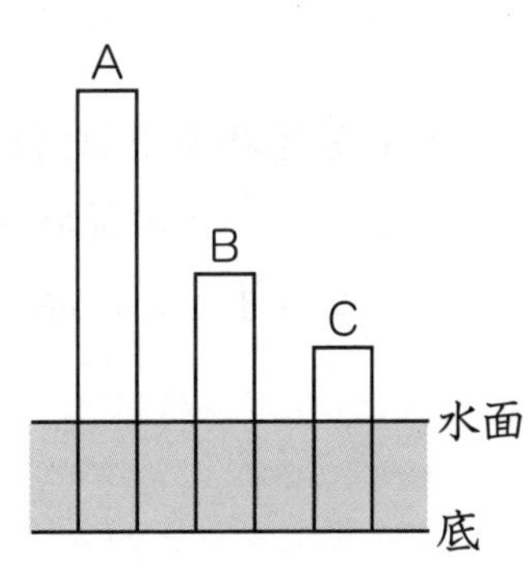


(1) Aの長さは池の深さの何倍ですか。

(　　　　　　)

(2) A，Bの長さはCの長さのそれぞれ何倍ですか。

A (　　　　　　)　B (　　　　　　)

(3) Cの長さは何 mですか。

(　　　　　　)

(4) 池の深さは何 mですか。

(　　　　　　)

答え▶別さつ15ページ

# 11 損益算

## 標準クラス

**1** 次の□にあてはまる数を求めなさい。

(1) 原価□円の品物に2割の利益を見こんで定価をつけたが売れなかったので，定価の3割引きの672円で売りました。〔大阪信愛学院中〕

(　　　)

(2) 原価□円の商品を20％の利益を見こんで定価をつけ，1割引きで売ったら200円の利益があります。〔公文国際学園中〕

(　　　)

(3) ある品物を240個仕入れて，仕入れねの25％の利益を見こんで定価をつけました。この品物を定価の1割引きですべて売ったところ，利益が60000円になりました。品物1個の仕入れねは□円です。〔西武学園文理中〕

(　　　)

(4) ある品物に仕入れねの8割増しの定価をつけました。定価の□割を引いた価格ではん売したところ，仕入れねの8％の利益がありました。〔明治大付属明治中〕

(　　　)

(5) ある品物を定価の1割引きで売ると600円の利益があり，3割引きで売ると200円の損になります。この品物の仕入れねは□円です。〔東山中〕

(　　　)

**2** ボールペンを120本仕入れ，2割の利益を見こんで定価をつけましたが，何本か売れ残ってしまいました。そこで売れ残ったボールペンを定価の1割引きにして全部売ったところ，全体の利益は，はじめに予定していた利益の60％にあたる1080円になりました。〔神戸国際中〕

(1) ボールペン1本の仕入れねは何円ですか。

(　　　　　)

(2) 平均（へいきん）すると，1本あたりの利益は何円になりますか。

(　　　　　)

(3) 定価の1割引きで売ったボールペンは何本ですか。

(　　　　　)

**3** ある商品を仕入れて，何円かの利益を見こんで定価をつけましたが，売れないのでね引きして売ることにしました。定価の1割引きで売ると1300円の利益があり，定価の25％引きで売ると550円の利益があります。〔武庫川女子大附中〕

(1) この商品の定価は何円ですか。

(　　　　　)

(2) この商品を仕入れたねだんは何円ですか。

(　　　　　)

(3) 定価から何円かね引きして売ったところ，売ったねだんの2割が利益になりました。何円ね引きしましたか。

(　　　　　)

**4** グラスを1個240円で何個か仕入れましたが，仕入れた後で10個こわれてしまいました。残ったグラスを1個300円で売ったところ6600円の利益になりました。仕入れたグラスは何個ですか。〔京都学園中〕

(　　　　　)

# 11 損益算

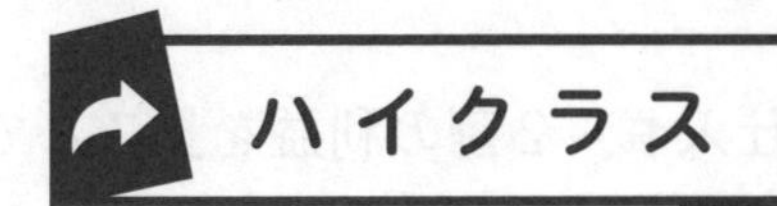


答え▶別さつ15ページ

| 時間 30分 | 得点 |
|---|---|
| 合格 80点 | 点 |

**1** 次の問いに答えなさい。(36点/1つ12点)

(1) たまご1個を24円で何個か仕入れました。店まで運ぶとちゅうで20個がわれてしまいましたが，残りのたまごを1個40円ですべて売ったところ，全体で3200円の利益がありました。仕入れたたまごは何個ですか。〔清教学園中〕

(　　　　　)

(2) ある商品を200個仕入れて，仕入れねの20％の利益があるように定価をつけて売りました。50個売れ残ったので，定価の30％引きのねだんで売ったところ，全部売れて，利益が55000円になりました。この商品1個の仕入れねは何円ですか。〔親和中〕

(　　　　　)

(3) 原価が120円の品物を1000個仕入れましたが，何個か不良品があったので，それらをすてました。残りを原価の25％増しの定価で460個売り，そのあとは定価の1割引きで売りつくしました。利益が12450円のとき，不良品の個数を求めなさい。〔三田学園中〕

(　　　　　)

**2** おかしを200個仕入れました。1個300円で売りましたが売れ残ったので，1個250円にね下げして売ったところ全部売れ，1個300円で売ったときよりも売上総額が6％減りました。(20点/1つ10点)〔神奈川大附中〕

(1) 売り上げは何円減りましたか。

(　　　　　)

(2) 1個300円で売ったおかしは何個ですか。

(　　　　　)

**3** ある商品を500個仕入れました。この商品に50％の利益を見こむと定価は300円になりました。とちゅうで売れ行きがにぶくなったので，売れ残りを定価の１割引きで売りました。しかしそれでもさらに売れ行きがにぶくなったので，とちゅうから定価の２割引きで売り切ると，１割引きで売った個数と２割引きで売った個数は同じになりました。また，すべての商品を売り切ると利益の合計は42800円となりました。（24点/1つ6点） 〔開明中〕

(1) 商品の仕入れ価格(かかく)は何円ですか。

（　　　　　）

(2) 割引きしたために，利益は本来見こんでいたより何円少なくなりましたか。

（　　　　　）

(3) 割り引いた商品の平均(へいきん)価格は何円ですか。

（　　　　　）

(4) この商品を定価で売った個数を求めなさい。

（　　　　　）

**4** 仕入れねが3000円の品物50個に５割の利益を見こんで定価をつけ，定価で５個売り，定価の１割引きの特価品として20個売りました。売れ残った品物はさらにね引きし，大特価品として売ろうと思います。それでも売れ残った品物は，１個あたり500円支(し)はらってしょ分しなければなりません。

（20点/1つ10点） 〔世田谷学園中〕

(1) しょ分した品物が５個で利益が14000円のとき，大特価品は定価の何割引きで売りましたか。

（　　　　　）

(2) 大特価品を定価の２割引きで売るとき，損(そん)しないためには最低何個売ればよいですか。

（　　　　　）

答え ▶ 別さつ16ページ

# 12 濃度算（のうどざん）

## 標準クラス

**1** 次の□にあてはまる数を求めなさい。

(1) 200 g の水に 50 g の食塩をとかしてできる食塩水の濃度（のうど）は□% です。

(　　　　)

(2) 12% の食塩水 350 g に□g の水を加えると 10% の食塩水になります。〔東海大付属大阪仰星中〕

(　　　　)

(3) 5% の食塩水 200 g から水を□g じょう発させると，8% の食塩水ができます。〔帝塚山中〕

(　　　　)

(4) 8% の食塩水 100 g と 4% の食塩水 400 g を混（ま）ぜてできる食塩水の濃度は□% です。〔國學院大久我山中〕

(　　　　)

(5) 2% の食塩水が 200 g あります。この食塩水に食塩を□g 加えたら，20% の食塩水になりました。〔春日部共栄中〕

(　　　　)

**2** 次の問いに答えなさい。

(1) 4% の食塩水 200 g と濃度のわからない食塩水 300 g を混ぜると，7% の食塩水ができました。混ぜた食塩水の濃度は何 % ですか。〔常翔啓光学園中〕

(　　　　)

(2) 6% の食塩水と 14% の食塩水を混ぜると 10.5% の食塩水が 800 g できました。このとき，混ぜた 6% の食塩水の量は何 g ですか。〔立命館中〕

(　　　　)

**3** 濃度が 6% の食塩水が 350 g 入った容器(ようき)があります。〔上宮中—改〕

(1) この食塩水から水をじょう発させて 14% の食塩水をつくります。何 g の水をじょう発させればよいですか。

(　　　　　)

(2) (1)でできた食塩水に 7.5% の食塩水を加えて，10% の食塩水をつくります。7.5% の食塩水を何 g 加えればよいですか。

(　　　　　)

**4** A，B の容器があります。A には濃度が 4% の食塩水が 200 g 入っています。また，B には濃度が 12% の食塩水が 300 g 入っています。〔かえつ有明中〕

(1) A に使われている水は何 g ですか。

(　　　　　)

(2) A と B に入っている食塩水をすべて混ぜ合わせると何 % の食塩水になりますか。

(　　　　　)

(3) (2)のあと，混ぜ合わせた食塩水に食塩を何 g 入れると 24% の食塩水になりますか。

(　　　　　)

**5** 容器 A には濃度が 10% の食塩水 200 g，容器 B には濃度がわからない食塩水 100 g が入っています。〔雲雀丘学園中〕

(1) 2 つの容器の食塩水をすべて混ぜ合わせると，濃度が 9% の食塩水ができました。容器 B の食塩水の濃度は何 % ですか。

(　　　　　)

(2) (1)で作った食塩水に水をいくらか加えてよくかき混ぜたところ，濃度が 5% になりました。加えた水は何 g ですか。

(　　　　　)

答え▶別さつ18ページ

# 12 濃度算 ハイクラス

| 時間 | 30分 | 得点 |
| --- | --- | --- |
| 合格 | 80点 | 点 |

**1** 次の□にあてはまる数を求めなさい。(24点/1つ8点)

(1) 10%の食塩水100gと□%の食塩水200gを混ぜ，さらに10gの食塩を混ぜると，再び10%になりました。〔須磨学園中〕

(　　　　)

(2) 10%の濃さの食塩水が容器に300g入っています。このうち□gの食塩水を取り出し，取り出した食塩水と同じ重さの水を容器に入れたところ，容器の食塩水の濃さは6%になりました。〔奈良学園中〕

(　　　　)

(3) Aの容器には7%の食塩水が300g，Bの容器には2%の食塩水が200g入っています。それぞれの容器から□gを取り出し，同時に入れかえるとAとBの濃度が同じになりました。

(　　　　)

**2** 18%の食塩水200gが入っている容器Aと空の容器Bがあります。容器Aから食塩水100gを取り出して容器Bに入れたあと，容器Aに水を100g入れてよくかき混ぜます。このそう作を2回くり返します。(24点/1つ8点)〔滝川第二中〕

(1) 最初に容器Aにふくまれている食塩は何gですか。

(　　　　)

(2) 1回目のそう作後，容器Aの食塩水の濃さは何%になりますか。

(　　　　)

(3) 2回目のそう作後，容器Bに水を加えてよくかき混ぜました。このとき，容器Bの食塩水の濃さは9%でした。水を何g加えましたか。

(　　　　)

**3** 容器Aにはある濃度の食塩水が 800 g，容器Bには濃度 18％ の食塩水が入っています。AからBに 300 g 移(うつ)してよくかき混ぜたところ，Bの食塩水の濃度は 15％ になりました。さらに，BからAに 300 g もどし，Aに水を 100 g 加えてよくかき混ぜたところ，Aの食塩水の濃度は 8％ になりました。

(24点/1つ8点)〔高槻中〕

(1) 最後にできた 8％ の食塩水には何 g の食塩がとけていますか。

(　　　　　)

(2) はじめ，容器Aには何 ％ の食塩水が入っていましたか。

(　　　　　)

(3) はじめ，容器Bには何 g の食塩水が入っていましたか。

(　　　　　)

**4** 食塩水 A，B があります。Aの濃さは 6％ で，A 80 g と B 400 g をよくかき混ぜて食塩水Cを作りました。次に食塩水C 200 g と A 40 g をよくかき混ぜて食塩水Dを作りました。さらに食塩水D 120 g と A 80 g をよくかき混ぜたところ，9％ の食塩水ができました。(14点/1つ7点)〔西武学園文理中〕

(1) 食塩水Dの濃さは何 ％ ですか。

(　　　　　)

(2) 食塩水Bの濃さは何 ％ ですか。

(　　　　　)

**5** 10％ の食塩水から水を 120 g じょう発させたところ，20％ の食塩水ができました。さらに 60 g じょう発させたところ，28％ の食塩水と食塩の結しょうができました。(14点/1つ7点)〔滝川第二中〕

(1) はじめ，10％ の食塩水は何 g ありましたか。

(　　　　　)

(2) 最後にできた結しょうは何 g ですか。

(　　　　　)

答え▶別さつ19ページ

# 13 消去算

## 標準クラス

**1** 次の問いに答えなさい。

(1) ある博物館では，大人２人と子ども１人が入館すると 720 円かかり，大人４人と子ども３人が入館すると 1560 円かかります。大人１人の入館料と子ども１人の入館料はそれぞれ何円ですか。〔東京女学館中〕

大人（　　　　　　）　子ども（　　　　　　）

(2) ノート２さつとえん筆３本のねだんは 245 円で，ノート３さつとえん筆４本のねだんは 355 円です。ノート１さつのねだんは何円ですか。〔開智中〕

（　　　　　　）

(3) レタス１個はトマト１個より 80 円高く，レタス５個とトマト６個で 1390 円です。このとき，トマト１個は何円ですか。〔関西大北陽中〕

（　　　　　　）

**2** 3000 円持って花屋へ行きました。バラ９本とかすみ草３本を買うと 120 円たりず，バラ７本とかすみ草４本を買うと 190 円あまります。バラ１本，かすみ草１本のねだんはそれぞれ何円ですか。〔三田学園中〕

バラ（　　　　　　）　かすみ草（　　　　　　）

**3** りんご２個のねだんはみかん３個のねだんより 10 円高く，りんご１個とみかん２個を買うと代金は 250 円でした。りんご１個のねだんは何円ですか。〔帝塚山学院泉ヶ丘中〕

（　　　　　　）

**4** ある水族館に入館するのに，大人５人と子ども３人で 3400 円，大人３人と子ども４人で 2700 円はらいました。〔江戸川学園取手中〕

(1) 大人１人，子ども１人の入館料はそれぞれ何円ですか。

大人（　　　　）子ども（　　　　）

(2) ある日の入館者は 980 人で，入館料の合計は 364000 円でした。入館した大人と子どもはそれぞれ何人ですか。

大人（　　　　）子ども（　　　　）

**5** ３種類のチョコレート A，B，C があります。〔大阪薫英女学院中〕

かおるさんは，Aを１個，Bを２個，Cを１個買って 600 円しはらいました。
しずえさんは，Aを３個，Bを１個，Cを２個買って 950 円しはらいました。
なおこさんは，Aを２個，Bを３個，Cを３個買って 1150 円しはらいました。

(1) Aを１個，Bを１個，Cを１個買ったとき，しはらう金額（きんがく）は何円ですか。

（　　　　）

(2) C１個のねだんは何円ですか。

（　　　　）

**6** A, B, Cの３つのおもりがあります。AとBの重さの和は 57 g，BとCの重さの和は 75 g，AとCの重さの和は 64 g です。

(1) AとBとCの重さの和は何 g ですか。

（　　　　）

(2) Aの重さは何 g ですか。

（　　　　）

答え▶別さつ20ページ

| 時間 30分 | 得点 |
|---|---|
| 合格 80点 | 点 |

# 13 消去算 ハイクラス

**1** 次の問いに答えなさい。(30点/1つ10点)

(1) A，B，Cの3つの商品があります。A2個（こ）とB3個とC1個の代金が1780円で，A2個とB2個とC1個の代金が1440円でした。A1個とC1個の代金が630円のとき，C1個のねだんは何円ですか。〔成城学園中〕

（　　　　　）

(2) りんご5個とみかん14個とでは2220円です。りんご3個のねだんはみかん8個のねだんより20円高いそうです。このとき，りんご1個のねだんは何円ですか。〔奈良学園中〕

（　　　　　）

(3) ノート3さつの代金はえん筆5本の代金より20円多く，ノート5さつの代金はえん筆12本の代金より150円少ないとき，ノート1さつのねだんは何円ですか。〔帝塚山中〕

（　　　　　）

**2** 重さのちがう分銅（ふんどう）○，△，□があります。これらを天びんにのせたところ，図1のようにつり合いました。(20点/1つ10点)〔滝川第二中〕

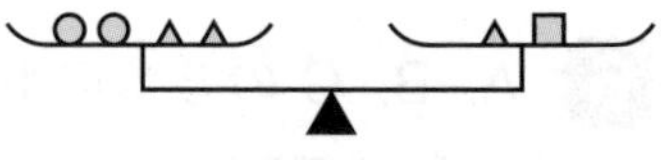

(1) 図2の天びんはつり合っています。(　　)に入る分銅を答えなさい。

図1

図2

（　　　　　）

(2) 図3の天びんもつり合っています。○の分銅の重さが20gのとき，△，□の分銅の重さはそれぞれ何gですか。

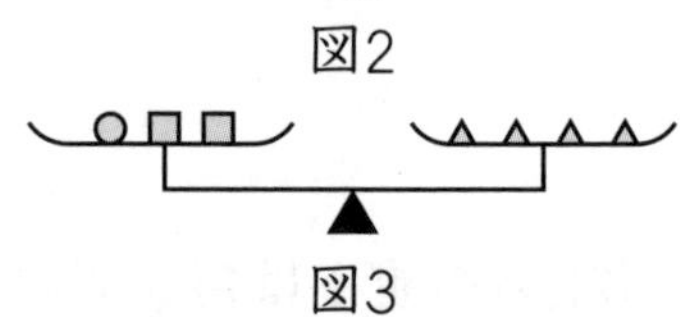
図3

△（　　　　　）　□（　　　　　）

**3** りんご１個となし２個を買うと510円，なし１個ともも２個を買うと660円，もも１個とりんご２個を買うと540円になります。このとき，りんご１個のねだんは何円ですか。（10点）　〔滝川第二中〕

（　　　　　）

**4** 長さのことなる３種類のひもA，B，Cがあります。AとBとCをすべて１本ずつつないで１本のひもにすると，150 cmになります。BとCを１本ずつつないで１本のひもにすると，Aの２本分の長さに等しくなります。Aを１本とCを３本つないで１本のひもにすると，Bの２本分の長さに等しくなります。ただし，結び目の長さは考えないものとします。（20点/１つ10点）　〔白陵中〕

(1) ひもAの長さを求めなさい。　　(2) ひもCの長さを求めなさい。

（　　　　　）　　（　　　　　）

**5** おこづかいを持って買い物に行きます。えん筆を５本と消しゴムを５個買うと代金の合計は425円になります。さらにえん筆を３本買うことにするとお金が20円あまり，消しゴムを３個買うことにすると25円たりません。えん筆１本のねだんは何円ですか。（10点）　〔三田学園中〕

（　　　　　）

**6** ある美術館（びじゅつかん）の入場料は，大人，高校生，中学生以下の３種類に分かれていて，大人１人よりも中学生６人のほうが20円高くなります。A君の家族では，大人２人，高校生１人，中学生２人で9340円になりました。Bさんの家族では，大人２人，高校生２人，中学生１人で10920円になりました。中学生１人の入場料は何円ですか。（10点）　〔白陵中〕

（　　　　　）

答え▶別さつ21ページ

| 時間 30分 | 得点 |
|---|---|
| 合格 80点 | 点 |

**1** 次の□にあてはまる数を求めなさい。(24点/1つ8点)

(1) 品物に仕入れねの3割の利益(りえき)を見こんで定価(ていか)をつけましたが，売れないので定価の2割引きで売りました。利益が200円となるとき，定価は□円です。

〔甲南中〕

(　　　　　)

(2) 太郎(たろう)さんは□ページの本を，1日目は全体の $\frac{3}{10}$ より17ページ多く読み，2日目は残りの $\frac{2}{5}$ より6ページ少なく読み，3日目は残りの $\frac{5}{6}$ より6ページ多く読んだところ，50ページ残りました。

〔慶應義塾中〕

(　　　　　)

(3) S学園では東京都(とうきょうと)に住んでいる生徒は全体の $\frac{1}{2}$ より32人少なく，東京都以外に住んでいる生徒は全体の $\frac{5}{9}$ より43人少なかったそうです。S学園全体の生徒数は□人です。

〔世田谷学園中〕

(　　　　　)

**2** 花子(はなこ)さんは，ある本を読んでいます。1日目は全体の15%，2日目は残りのページの $\frac{5}{17}$ を読みました。1日目と2日目の読んだページ数の差は24ページでした。(16点/1つ8点)

〔武庫川女子大附中〕

(1) この本は全部で何ページありますか。

(　　　　　)

(2) あと何ページ読めば，この本を読み終えることができますか。

(　　　　　)

**3** ある商品を 300 個(こ)仕入れました。この商品に仕入れねの３割の利益を見こんで定価をつけて売りましたが，何個か売れ残りました。そこで定価の１割引きにして残り全部を売ったところ，実際の利益は見こんでいた利益の $\frac{37}{50}$ にあたる 26640 円でした。(20点/1つ10点) 〔明治大付属中野中〕

(1) この商品１個の仕入れねはいくらですか。

(　　　　　　)

(2) 割引きして売った商品は何個ですか。

(　　　　　　)

**4** 容器(ようき)Aには 8％ の食塩水が何 g か，容器Bには 2％ の食塩水が 600 g 入っています。いま，容器A，B から同じ量の食塩水を同時に取り出し，容器Aから取り出した食塩水は容器Bに，容器Bから取り出した食塩水は容器Aに入れて，よくかき混(ま)ぜると，容器Aの食塩水は 6％，容器Bの食塩水は 4.5％ になりました。(20点/1つ10点) 〔聖心学園中〕

(1) 容器 A，B から食塩水を何 g ずつ取り出しましたか。

(　　　　　　)

(2) 容器Aには，食塩水が何 g 入っていましたか。

(　　　　　　)

**5** S中学校の生徒全員に，通学に利用する交通手だんを調べたところ，電車を利用している生徒は全体の $\frac{6}{7}$，バスを利用している生徒は全体の $\frac{5}{11}$，電車もバスも利用していない生徒は全体の $\frac{10}{77}$，両方とも利用する生徒は 204 人でした。

(20点/1つ10点) 〔青稜中〕

(1) S中学校の生徒数は何人ですか。

(　　　　　　)

(2) 電車を利用せず，バスだけを利用している生徒は何人ですか。

(　　　　　　)

答え▶別さつ22ページ

| 時間 30分 | 得点 |
| --- | --- |
| 合格 80点 | 点 |

**1** 右の円グラフは，ある学校の生徒432人について，通学の方法を調べたものです。(24点/1つ8点) 〔桐蔭学園中〕

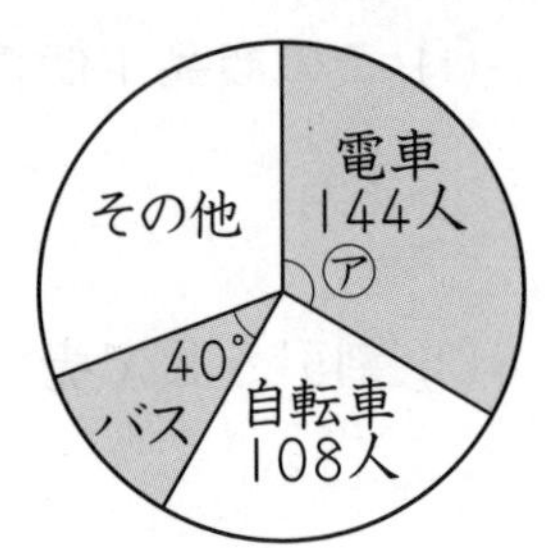


(1) 自転車で通学している生徒は全体の何％ですか。

(　　　　　　)

(2) バスで通学している生徒は何人ですか。

(　　　　　　)

(3) 角㋐の大きさは何度ですか。

(　　　　　　)

**2** 濃度のことなる3つの食塩水A，B，Cがあります。Aの濃度は8％です。

(24点/1つ8点) 〔法政大第二中〕

(1) 200gの食塩水Aと100gの食塩水Bを混ぜると6.2％の食塩水になりました。食塩水Bの濃度は何％ですか。

(　　　　　　)

(2) 175gの食塩水Cに水を182g加えたら5％の食塩水になりました。食塩水Cの濃度は何％ですか。

(　　　　　　)

(3) 150gの食塩水Aと50gの食塩水Bを混ぜてできた食塩水に，さらに食塩水Cを加えて濃度が8.2％の食塩水をつくります。食塩水Cを何g加えればよいですか。

(　　　　　　)

**3** A，B，Cの３つの箱の中に，おはじきが何個(こ)かずつ入っていて，その合計は270個です。Aに入っているおはじきの $\frac{1}{3}$ をAからBに移(うつ)し，次に，Bに入っているおはじきの $\frac{1}{3}$ をBからCに移したところ，３つの箱に入っているおはじきの個数は等しくなりました。（16点/1つ8点） 〔明星中(大阪)〕

(1) はじめにAに入っていたおはじきは何個でしたか。

（　　　　　）

(2) はじめにBに入っていたおはじきは何個でしたか。

（　　　　　）

**4** ３種類のおもりがあり，どのてんびんもつり合っています。このとき，㋐には☆のおもりがいくつ必要ですか。（10点） 〔開智中〕

○○☆☆□ ＝ □□□　　○○○○○ ＝ ☆☆☆　　○○○□□ ＝ ㋐

（　　　　　）

**5** ノート２さつ，消しゴム５個，えん筆３本を買うと代金が820円で，ノート３さつ，消しゴム５個，えん筆２本を買うと代金が880円でした。ノート２さつ，消しゴム２個を買うと代金は何円になりますか。（10点） 〔立命館中〕

（　　　　　）

**6** Aさん，Bさん，Cさん，Dさんの４人が，スーパーボールすくいをしました。かく得(とく)数はAさんがいちばん多く，B→C→Dの順に少なくなっています。また，AさんとBさんのかく得数の和は52個，AさんとDさんのかく得数の和は46個，CさんとDさんのかく得数の和は42個でした。４人のかく得数は，それぞれ何個ですか。（16点/1つ4点） 〔大谷中(大阪)〕

A（　　　　）　B（　　　　）　C（　　　　）　D（　　　　）

答え▷別さつ23ページ

# 14 速　さ

## 標準クラス

**1** 次の□にあてはまる数を求めなさい。

(1) 時速 75 km は分速□m です。 〔関西大倉中〕

(　　　　　)

(2) 秒速 25 m は時速□km です。

(　　　　　)

(3) 時速［①］km＝分速 0.9 km＝秒速［②］m 〔京都学園中〕

①(　　　　　) ②(　　　　　)

(4) 5秒間に 10 m 歩く人の速さは時速□km です。 〔大谷中(大阪)〕

(　　　　　)

(5) 時速 40 km で走る自動車は，18 km の道のりを進むのに□分かかります。 〔近畿大附中〕

(　　　　　)

**2** 次の問いに答えなさい。

(1) 6.3 km の道のりを分速 60 m で歩くと何時間何分かかりますか。 〔佼成学園中〕

(　　　　　)

(2) 時速 12 km で 1 時間 55 分進むときの道のりは何 km ですか。 〔プール学院中〕

(　　　　　)

(3) 100 m を 12 秒で走る速さは，時速何 km ですか。 〔近畿大附中〕

(　　　　　)

**3** 次の問いに答えなさい。

(1) ある車が120kmの道のりを，行きは時速40kmで走り，帰りは時速60kmで走りました。このとき，往復（おうふく）の平均（へいきん）時速を求めなさい。〔大阪女学院中〕

(　　　　　)

(2) 桃子（ももこ）さんはある山道を，行きは時速12km，帰りは時速20kmの速さで往復しました。平均の速さは時速何kmですか。〔桃山学院中〕

(　　　　　)

**4** 次の□にあてはまる数を求めなさい。

(1) 39kmの道のりを時速6kmの速さで歩くときより，時速□kmの速さで走るときのほうが2時間10分早く着きます。〔法政大中〕

(　　　　　)

(2) 30kmの道を，行きは時速12kmで走り，帰りは時速□kmで走ったので，平均時速15kmで往復したことになります。〔成城学園中〕

(　　　　　)

(3) 時速42kmの自動車で8分かかる道のりを，時速□kmの自転車で行くと，28分かかります。〔玉川聖学園中〕

(　　　　　)

**5** あきらさんのお父さんが，1周の長さが2.4kmの公園のまわりの散歩道を歩いて1周します。お父さんは時速6kmの速さで，5分歩いては1分休けいすることをくり返します。

(1) 歩き始めて15分の間に，お父さんは何m歩きますか。

(　　　　　)

(2) お父さんは散歩道を1周するのに何分かかりますか。

(　　　　　)

答え▶別さつ24ページ

# 14 速さ

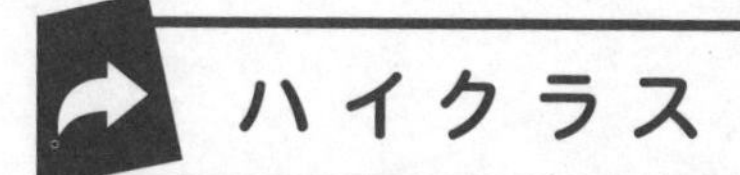


| 時間 30分 | 得点 |
| --- | --- |
| 合格 80点 | 点 |

**1** ひろみさんの家から学校まで1760mあります。はじめは分速60mで歩き，とちゅうからは分速130mで走って，学校まで合計20分かかりました。

(16点/1つ8点)

(1) もし，20分間ずっと分速60mで歩いたとしたら，何m進みますか。

(　　　　　　)

(2) 分速130mで走ったのは，何分間ですか。

(　　　　　　)

**2** ゆうきさんは，毎日同じ時間に家を出て，歩いて学校に通っています。分速75mの速さで歩くと始業時間の3分前に着くのですが，ある日，風が強かったので分速60mの速さで歩いたところ，始業時間の1分後に着きました。

(16点/1つ8点)

(1) 300mの道のりを，分速75mで歩いて行くときと分速60mで歩いていくときとでは，かかる時間に何分の差がありますか。

(　　　　　　)

(2) ゆうきさんの家から学校までの道のりは何mですか。式やことばで求め方を説明しなさい。

(　　　　　　)

**3** A町からB町まで，行きは分速50mで歩いて行き，帰りは分速80mで歩いて帰ったら，往復(おうふく)で1時間18分かかりました。(16点/1つ8点)

(1) もし，400mの道のりを，行きは分速50mで歩いて行き，帰りは分速80mで歩いて帰ったら，往復で何分かかりますか。

(　　　　　　)

(2) A町からB町までの道のりは何kmですか。

(　　　　　　)

**4** Aさんの家から学校までは1800 m あり，Aさんはいつも時速 3.6 km の速さで歩いて学校へ向かいます。ある日，とちゅうのP地点で雨がふり出したので，このP地点から時速 12 km の速さで走ったところ，いつもより7分早く学校に着きました。(16点/1つ8点) 〔武庫川女子中〕

(1) この日，Aさんが家を出てから学校に着くのに何分かかりましたか。

(　　　　　)

(2) P地点はAさんの家から何 m のところにありますか。

(　　　　　)

**5** 地点Aから地点Bまで歩いて行くことにします。分速 70 m で歩いて行くと，予定時こくより 12 分おくれて地点Bにとう着します。また，分速 80 m で歩いて行くと，予定時こくより3分おくれて地点Bにとう着します。(16点/1つ8点) 〔京都女子中〕

(1) 地点Aから地点Bまでの道のりを求めなさい。

(　　　　　)

(2) 地点Bに予定どおりとう着するためには，分速何 m で歩けばよいですか。

(　　　　　)

**6** 太郎(たろう)さんは 10 時 15 分に家を出て，3780 m はなれた百貨店に向かいました。はじめは分速 60 m の速さで歩き，とちゅうから分速 150 m の速さで走ったところ 11 時ちょうどに百貨店に着きました。太郎さんは何分間走りましたか。(10点) 〔帝塚山学園泉ヶ丘中〕

(　　　　　)

**7** 自転車で，家から山の上の公園まで行きます。行きは時速 6 km で，帰りは時速 18 km で走り，往復で1時間かかりました。家から山の上の公園までの道のりは何 km ですか。(10点) 〔滝川中〕

(　　　　　)

答え▶別さつ25ページ

# 15 旅人算

## 標準クラス

**1** 次の問いに答えなさい。

(1) Aは分速70m，Bは分速80mの速さで2.4kmはなれたところから，同時に向かいあって進みます。2人は何分後に出会いますか。〔北鎌倉女子学園中〕

(　　　　　)

(2) AさんとBさんが1周1.2kmの池のまわりを同じ場所から同時に反対方向に歩きます。Aさんの歩く速さは分速80m，Bさんの歩く速さは分速120mです。2人が最初に出会うのは出発してから何分後ですか。〔上宮中〕

(　　　　　)

(3) 弟が分速70mの速さで歩いて家を出発しました。その後，8分後に兄が家を出発し，分速190mの速さで弟を追いかけました。兄は家を出発してから何分何秒後に弟に追いつきますか。〔甲南中〕

(　　　　　)

(4) 池のまわりにそった散歩コースがあり，あゆみさんは分速70mで歩き，かけるさんは分速160mで走ります。2人が散歩コース上のA地点から同じ向きに歩き始めたところ，6分後にかけるさんはあゆみさんをはじめて追いこしました。この散歩コースは1周何mありますか。〔横浜富士見丘学園中〕

(　　　　　)

(5) A地点とB地点は2kmはなれています。兄はA地点から，弟はB地点から同時に出発して2往復(おうふく)します。兄と弟が2回目に出会うのは出発してから何分後ですか。ただし，兄の走る速さは分速150mで，弟の歩く速さは分速100mです。〔三田学園中〕

(　　　　　)

**2** 周囲（しゅうい）の長さが 600 m の池があります。A，B の 2 人が同じ地点を同時に出発して同じ方向に進むと，A は B に 30 分後に追いつきます。また，この 2 人が同じ地点を同時に出発して反対の方向に進むと，2 人は 6 分後に出会います。B さんの速さは分速何 m ですか。 〔近畿大附中〕

（　　　　　）

**3** 湖のまわりのサイクリングコースの同じ地点から，A さんと B さんは同じ方向に，C さんは 2 人と反対方向に自転車で 1 周します。A さん，B さん，C さんの速さはそれぞれ分速 120 m，100 m，200 m です。C さんは A さんとすれちがった 3 分後に B さんとすれちがいました。

(1) C さんが A さんとすれちがったとき，A さんと B さんは何 m はなれていましたか。

（　　　　　）

(2) サイクリングコースは 1 周何 km ありますか。

（　　　　　）

**4** 家から公園までは 3.2 km，公園から図書館までは 2.4 km の道のりがあります。姉は家を 10 時に出発し，とちゅうの公園で 20 分休けいしたあと図書館まで行きました。妹は，図書館を 10 時 30 分に出発し，休けいせずに家に向かったところ，11 時 10 分に図書館に向かう姉と出会いました。グラフは，姉が家から図書館まで行ったようすを表したものです。姉と妹はそれぞれ一定の速さで歩いているものとします。 〔帝塚山学院中〕

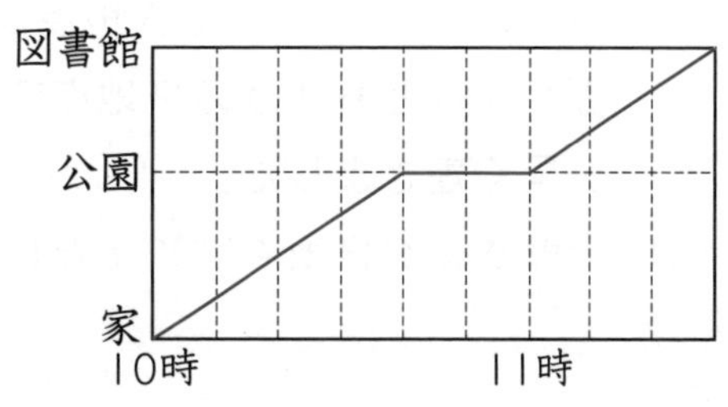


(1) 妹が図書館を出発し，姉と出会うまでのようすをグラフに書き入れなさい。

(2) 11 時 25 分に，姉と妹は何 km はなれた場所にいますか。

（　　　　　）

# 15 旅人算

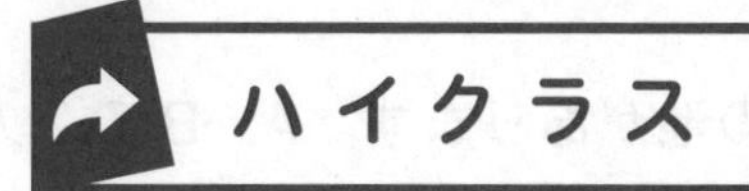


答え▶別さつ26ページ

時間 30分 得点
合格 80点 点

**1** A町とB町があり，姉は時速6kmの速さでA町からB町へ，弟は時速4kmの速さでB町からA町へ向かいます。2人が同時に出発すると，A町とB町のまん中からB町へ3km寄(よ)りのところで出会いました。(24点/1つ8点)〔武庫川女子大附中〕

(1) 2人が出会うまでに歩いた道のりの差は何kmですか。

(　　　　　　　)

(2) 2人が出会ったのは出発してから何時間後ですか。

(　　　　　　　)

(3) 姉がB町へとう着してから何時間何分後に弟はA町へとう着しますか。

(　　　　　　　　　)

**2** A地点とB地点は4200mはなれています。太郎(たろう)さんは分速150mの自転車で，A地点からB地点に向けて出発しました。次郎(じろう)さんは太郎さんが出発した10分後に，バイクでA地点からB地点に向けて出発しました。そうすると，次郎さんはとちゅうのP地点で太郎さんを追いこし，B地点には太郎さんより6分早く着きました。(24点/1つ8点)〔関西大倉中〕

(1) 太郎さんがB地点にとう着したのは，太郎さんが出発してから何分後ですか。

(　　　　　　　)

(2) 次郎さんのバイクの速さは分速何mですか。

(　　　　　　　)

(3) A地点からP地点までの道のりを求めなさい。

(　　　　　　　)

**3** 池のまわりをAさんは分速80m，Bさんは分速60mの速さで歩き，Cさんは自転車で分速220mの速さで走ります。AさんとBさんは左まわり，Cさんは右まわりに同時に同じ地点から出発しました。とちゅうでAさんとCさんが出会ったとき，AさんはBさんより240m進んでいました。(20点/1つ10点)

〔大谷中(大阪)〕

(1) この池のまわりの長さは何mですか。

(　　　　　)

(2) CさんはAさんと出会ったあとすぐに，反対方向(左まわり)に進みました。CさんはAさんと出会ってから何分後にBさんに追いつきますか。

(　　　　　)

**4** 次の ア ， イ にあてはまる数を求めなさい。(12点/1つ6点)

ア mはなれたA地点とB地点があります。太郎さんはA地点を，次郎さんはB地点を同時に出発して，それぞれAB間を1往復(おうふく)します。太郎さんの速さは分速80m，次郎さんの速さは分速60mです。2人はP地点ではじめて出会い，その30分後にP地点から イ mはなれたQ地点で再(ふたた)び出会いました。

ア(　　　　　)　イ(　　　　　)

**5** A地点とB地点を両たんとするジョギングコースを，春子(はるこ)さんと夏子(なつこ)さんがそれぞれ1往復します。春子さんはA地点を，夏子さんはB地点を同時に出発したところ，春子さんが先にゴールしました。グラフは，2人が出発してからの時間と，2人の間の道のりの関係を表したものです。

〔武庫川女子大附中〕

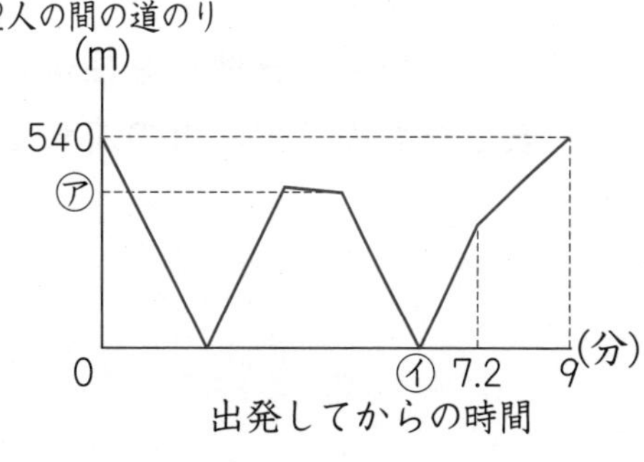


(1) 春子さんと夏子さんの走る速さは，それぞれ分速何mですか。(10点/1つ5点)

春子(　　　　　)　夏子(　　　　　)

(2) ㋐，㋑にあてはまる数はそれぞれ何ですか。(10点/1つ5点)

㋐(　　　　　)　㋑(　　　　　)

答え▶別さつ27ページ

# 16 流水算

## 標準クラス

**1** 次の□にあてはまる数を求めなさい。

(1) 川の下流にA地点，上流にB地点があり，AB間の道のりは17500 mです。A地点からB地点までボートで上るのに50分かかります。静水時でのボートの速さを時速25 kmとすると，川の流れの速さは時速□kmです。

(　　　　　)

(2) 川の上流と下流の2.4 kmはなれた地点を船で往復(おうふく)しました。川の流れの速さは分速40 mで，静水時の船の速さは分速200 mです。このとき，川を往復するのにかかった時間は□分です。〔公文国際学園中〕

(　　　　　)

(3) 右のグラフは，静水時に一定の速さで進む船が，川のA地点とB地点を往復したときのようすを表したものです。川の流れは時速□kmです。〔智辯学園中〕

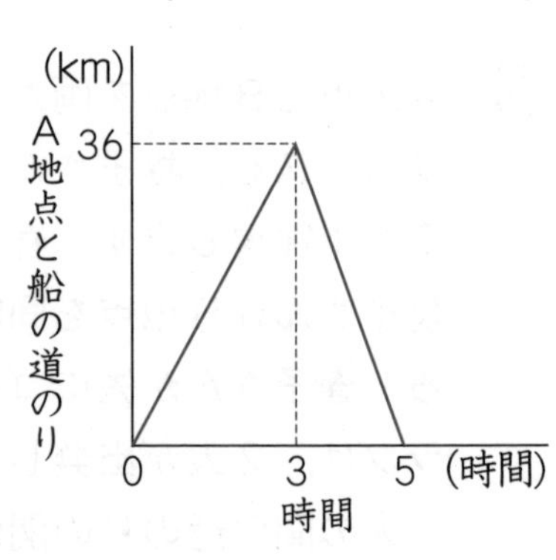


(　　　　　)

(4) 川の上流にA町，下流にB町があります。静水での速さが時速8 kmである船が24 kmはなれたA町とB町を往復します。このとき，往復の平均(へいきん)の速さは，時速□kmです。ただし，川の流れを時速2 kmとします。〔三田学園中〕

(　　　　　)

**2** 静水での速さが時速 16 km の船で，A地点から 28 km 上流にあるB地点まで上るのに2時間 20 分かかります。川の流れの速さは一定です。〔神奈川大附中〕

(1) 川の流れの速さは時速何 km ですか。

(　　　　　　)

(2) この船でB地点からA地点まで下るとき，何時間何分かかりますか。

(　　　　　　)

**3** 川上のA町と川下のB町は 15.6 km はなれています。船アと船イがB町を出発してA町に着くまでの時間は船アが 65 分，船イは 40 分です。このとき，次の問いに答えなさい。ただし，川の流れの速さは分速 60 m です。〔藤嶺学園藤沢中〕

(1) 船アの静水での速さは分速何 m ですか。

(　　　　　　)

(2) 船アがA町を，船イがB町を同時に出発すると，2つの船はA町から何 m はなれたところで出会いますか。

(　　　　　　)

**4** ある川を上流に向かって分速 112 m で進み，下流に向かって分速 176 m で進む船があります。〔金蘭千里中〕

(1) この川の流れの速さは分速何 m ですか。

(　　　　　　)

(2) この船は静水では分速何 m の速さで進みますか。

(　　　　　　)

(3) この船が，この川の上流のA町と下流のB町を往復するのに 90 分かかります。A町とB町との道のりは何 m ですか。

(　　　　　　)

答え▶別さつ27ページ

# 16 流水算

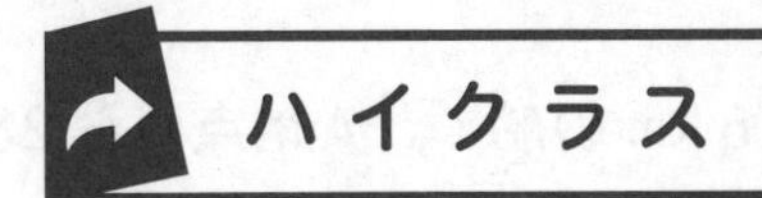


時間 30分 | 合格 80点 | 得点 点

**1** 次の問いに答えなさい。(20点/1つ10点)

(1) 川の下流にA地点，上流にB地点があり，A地点とB地点の道のりは30 kmです。2時間でA地点からB地点まで行く船があります。ある日，とちゅうでエンジンが故(こ)しょうし，30分間流されてしまったので，その日はB町まで行くのに2時間42分かかりました。川の流れの速さは時速何kmですか。〔清風中〕

(　　　　　)

(2) 静水では分速75 mで進むボートが川のある区間を休まずに上ると40分かかります。とちゅうで9分間エンジンを止めて下流に流されたので，上るのに52.5分かかりました。同じ区間を休まずに下ると何分かかるかを求めなさい。〔関西学院中〕

(　　　　　)

**2** 船Aが川の上流P地点を出発し，P地点から4800 m下流のQ地点の間を往復(おうふく)します。また，船Bは下流のQ地点を出発し，上流のP地点の間を往復します。船A，Bの速さはともに静水時で分速80 mであり，川の流れの速さは分速20 mです。ただし船AはQ地点にとう着後12分間とまっていますが，船BはP地点にとう着後，すぐに引き返すものとします。船A，Bが同時にP，Qを出発したとき，次の問いに答えなさい。(30点/1つ10点)〔開明中〕

(1) 船A，Bが初めて出会うのは，出発してから何分後ですか。

(　　　　　)

(2) 船BがP地点にとう着したとき，船AはQ地点から何mのところを進んでいますか。

(　　　　　)

(3) 船A，Bが2回目に出会うのは，出発してから何分何秒後ですか。

(　　　　　)

**3** 川の上流にA町，その 36 km 下流にB町があります。定期船XはA町からB町に向けて出発し，B町に 90 分停(てい)はくしてからA町にもどります。また，定期船YはB町からA町に向けて出発し，A町に 30 分停はくしてからB町にもどります。午前8時 30 分に定期船X，Yがそれぞれ同時にA町，B町を出発し，午前 10 時にA町の下流 27 km の地点ではじめて出会います。また，定期船X，Yが2度目に出会うのは午後4時です。定期船X，Yの静水での速さは一定で，川の流れの速さも一定であるとします。(30点/1つ10点) 〔奈良学園中〕

(1) 定期船XがA町からB町へ向かうときの速さは時速何 km ですか。

(　　　　　)

(2) 定期船YがA町にとう着するのは何時何分ですか。

(　　　　　)

(3) 川の流れの速さは時速何 km ですか。

(　　　　　)

**4** 歩道の横に，秒速 1 m の速さで動く歩道があります。この動く歩道上をAさんが歩いています。動く歩道の終点の手前 13 m のところで，反対方向から歩道上を歩いてくるBさんとすれちがいました。Aさんは終点で動く歩道をおり，動く歩道上を歩くときと同じ速さで，Bさんを追いかけました。右のグラフは，AさんとBさんがすれちがってからの時間と2人の間の道のりの関係を表しています。(20点/1つ10点) 〔親和中〕

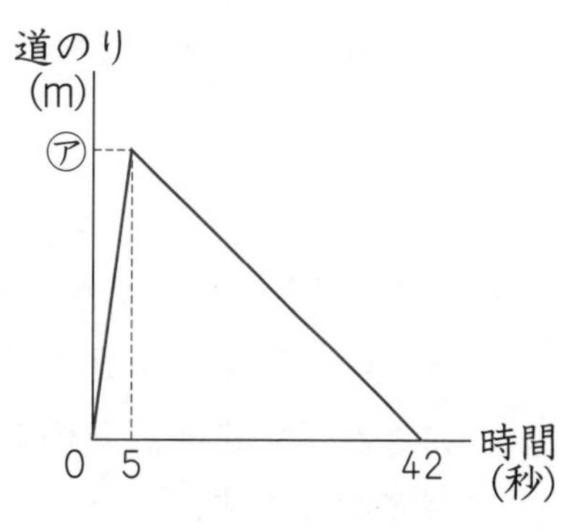


(1) Aさん，Bさんの速さは，秒速何 m ですか。

Aさん(　　　　　)　Bさん(　　　　　)

(2) ㋐にあてはまる数はいくらですか。

(　　　　　)

答え▶別さつ28ページ

# 17 通過算

## 標準クラス

**1** 次の□にあてはまる数を求めなさい。

(1) 長さ180mの電車が，900mの鉄橋をわたり始めてからわたり終わるまでに45秒かかりました。この電車が1320mのトンネルを通るとき，電車がトンネルに完全にかくれているのは□秒間です。 〔法政大中〕

(　　　　　)

(2) ある列車は，長さ1500mのトンネルに入り始めてから入りきるまでに7秒かかり，この列車がトンネルに完全に入っている時間は68秒でした。この列車の長さは□mです。 〔淑徳与野中〕

(　　　　　)

(3) ある列車が1km96mのトンネルを通過するのに48秒，また，411mの橋をわたり終えるのに23秒かかります。この列車の長さは□mです。 〔麗澤中〕

(　　　　　)

(4) 長さ120mの電車A，長さ200mの電車Bがそれぞれ時速72km，分速900mで向かいあって進んでいます。いま，電車Aの先頭と電車Bの先頭は555mはなれています。このあと，電車Aと電車Bのすれちがいが終わるのは□秒後となります。 〔西大和学園中〕

(　　　　　)

(5) ある列車がトンネルに入り始めてから18秒後に，列車の先頭がちょうどトンネルのまん中を90m過ぎた地点に来ました。また，さらにその14秒後に列車はトンネルから完全に出ました。列車の速さが時速99kmのとき，列車の長さは□mです。 〔湘南白百合学園中〕

(　　　　　)

**2** 一定の速さで走っている列車がトンネルに入る前から出たあとまでの30秒間のようすを観察しました。グラフは，そのときの時間の経過と見えた列車の長さを表しています。〔普連土学園中〕

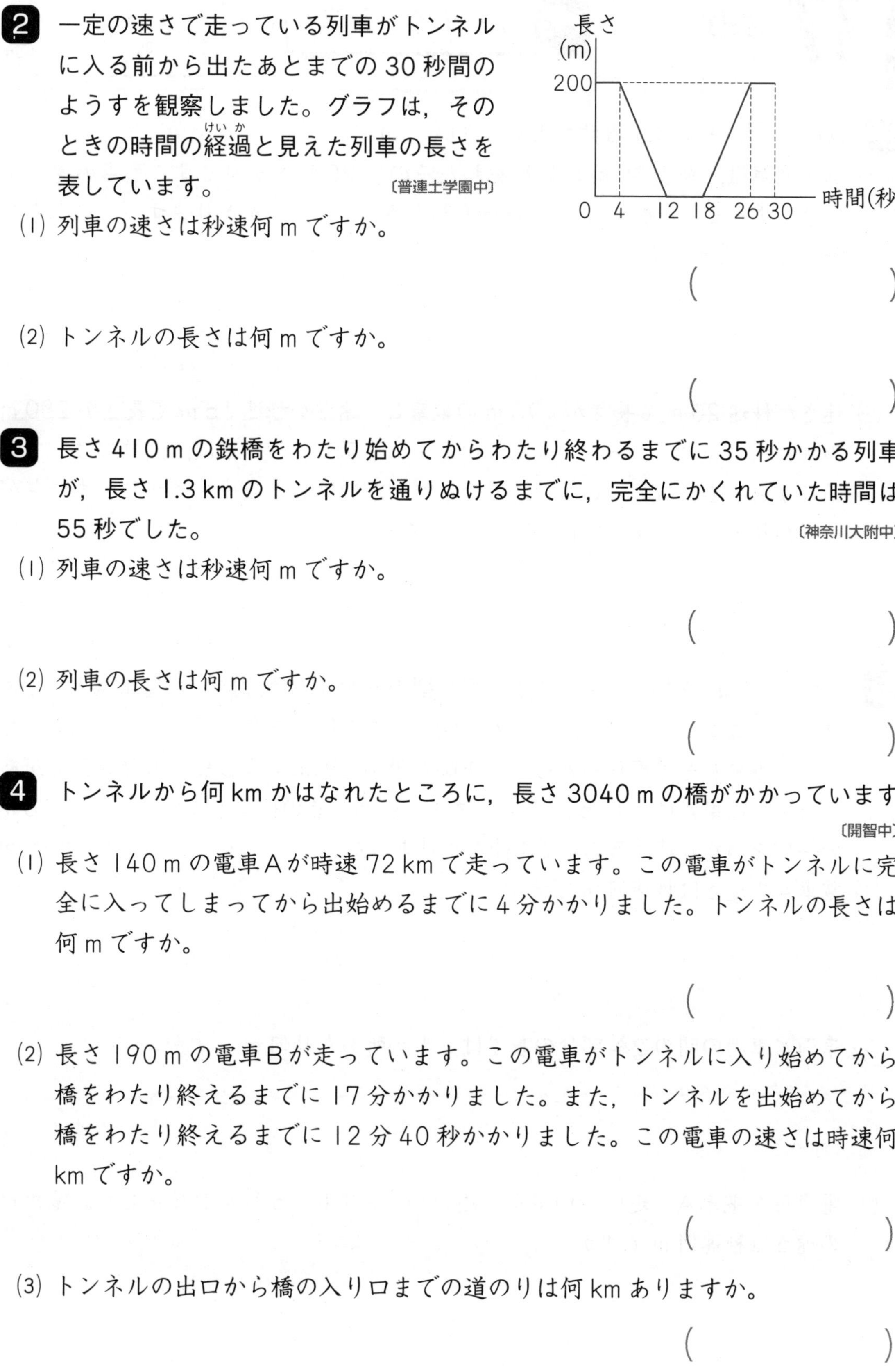


(1) 列車の速さは秒速何mですか。

(　　　　　　)

(2) トンネルの長さは何mですか。

(　　　　　　)

**3** 長さ410mの鉄橋をわたり始めてからわたり終わるまでに35秒かかる列車が，長さ1.3kmのトンネルを通りぬけるまでに，完全にかくれていた時間は55秒でした。〔神奈川大附中〕

(1) 列車の速さは秒速何mですか。

(　　　　　　)

(2) 列車の長さは何mですか。

(　　　　　　)

**4** トンネルから何kmかはなれたところに，長さ3040mの橋がかかっています。〔開智中〕

(1) 長さ140mの電車Aが時速72kmで走っています。この電車がトンネルに完全に入ってしまってから出始めるまでに4分かかりました。トンネルの長さは何mですか。

(　　　　　　)

(2) 長さ190mの電車Bが走っています。この電車がトンネルに入り始めてから橋をわたり終えるまでに17分かかりました。また，トンネルを出始めてから橋をわたり終えるまでに12分40秒かかりました。この電車の速さは時速何kmですか。

(　　　　　　)

(3) トンネルの出口から橋の入り口までの道のりは何kmありますか。

(　　　　　　)

答え▶別さつ29ページ

# 17 通過算(つうかざん) ハイクラス

時間 30分 | 合格 80点 | 得点 点

**1** 次の□にあてはまる数を求めなさい。(20点/1つ10点)

(1) ある列車は，全長80mの鉄橋をわたるのに20秒かかります。列車の速さを2倍にすると，全長580mの鉄橋をわたるのに30秒かかります。この列車の長さは□mです。〔金蘭千里中〕

(　　　)

(2) 速さが秒速20mで長さが175mの電車と，速さが秒速15mで長さが280mの貨物列車が向かいあって進んでいます。電車と貨物列車は，鉄橋のはしで先頭どうしがすれちがい始め，鉄橋のもう一方のはしで最後尾(さいこうび)どうしがすれちがい終わりました。鉄橋の長さは□mです。

(　　　)

**2** 1両が20mの車両があります。同じ型の車両を6両連結した電車Aと12両連結した電車Bがあり，それぞれ一定の速さで同じ方向に進んでいきます。ただし，電車Aも電車Bもともに，車両と車両の間には同じ長さの連結部分があります。電車Aは337.5mのトンネルを通過(つうか)するのに23秒かかり，477.5mの鉄橋をわたり終えるのに30秒かかりました。(24点/1つ8点)〔日本大中〕

(1) 電車Aの速さは秒速何mですか。

(　　　)

(2) 車両と車両の間の連結部分の長さは，1か所あたり何mですか。

(　　　)

(3) 電車Bが電車Aに追いついてから追いぬくまでに46秒かかりました。電車Bの速さは秒速何mですか。

(　　　)

**3** 長さ 76 m の電車が一定の速さで進んでいます。長さ 4384 m の橋をわたって，何 m か進むと長さ 9638 m のトンネルがあります。電車が橋をわたり始めてから，電車がトンネルに入り始めるまでに 5 分 20 秒かかりました。また，電車の先頭が橋を出たときから，電車がトンネルを通りぬけるまでに 9 分 40 秒かかりました。この電車の速さは，時速何 km ですか。(12点)　〔早稲田中〕

(　　　　　)

**4** たかしさんが通学で利用している電車はとちゅうでトンネルを通過します。秒速 1.5 m で電車内を進行方向に向かって歩いていると，トンネル内にたかしさんがいる時間は 42 秒で，進行方向と反対向きに歩いていると，トンネル内にたかしさんがいる時間は 46 秒です。また，この電車はトンネルに入り始めてから完全にぬけるまでに 50 秒かかります。(20点/1つ10点)　〔高槻中〕

(1) トンネルの長さを求めなさい。

(　　　　　)

(2) 電車の長さを求めなさい。

(　　　　　)

**5** ある特急列車は，時速 90 km のふつう列車に追いついてから追いこすまでに 54 秒かかり，時速 72 km の貨物列車と出会ってからはなれるまでに 7 秒かかります。特急列車の長さがふつう列車の長さより 30 m 長く，貨物列車の長さより 50 m 短いとき，次の問いに答えなさい。(24点/1つ8点)　〔金蘭千里中〕

(1) ふつう列車の速さは秒速何 m ですか。

(　　　　　)

(2) 特急列車の長さは何 m ですか。

(　　　　　)

(3) 特急列車の速さは時速何 km ですか。

(　　　　　)

答え▶別さつ30ページ

# 18 時計算

## 標準クラス

**1** 次の□にあてはまる数を求めなさい。

(1) 9時42分のとき，時計の長いはりと短いはりのつくる小さいほうの角は□°です。〔和洋国府台女子中〕

(　　　)

(2) 10時ちょうどを示している時計があります。このあと，長しんと短しんがはじめて重なるのは□分後です。

(　　　)

(3) 4時から5時までの間で，時計の長しんと短しんが一直線になって反対方向をさすのは，4時□分です。〔智辯学園中〕

(　　　)

(4) 右の時計のように，9時から10時の間で，長しんと短しんが12時の目もりをはさんで等しい角度になるのは9時□分です。〔清教学園中〕

12
9
3
6

(　　　)

(5) 図のように時計の短しんは長しんよりも50°進んでいます。ただし，長しんは長しんの5分きざみのある目もりをちょうど指しています。時こくは□時□分です。〔開明中〕

50°

(　　　)時(　　　)分

**2** 右の図のように，時計のはりは午後５時 36 分を指しています。このときの長しんと短しんのつくる小さいほうの角の大きさを㋐とします。〔明治大付属明治中〕

(1) ㋐は何度ですか。

(　　　　　)

(2) 長しんと短しんのつくる角の大きさが，次に㋐と同じになるのは，午後何時何分ですか。

(　　　　　)

(3) 午後５時から午前０時の間で，長しんと短しんのつくる角の大きさが㋐と同じになるのは，全部で何回ですか。

(　　　　　)

**3** 現在，時計の長しんと短しんが４時と５時の間で重なっています。〔開明中〕

(1) 現在の時こくは４時何分ですか。

(　　　　　)

(2) (1)のあと，はじめて長しんと短しんが左右対称の位置になりました。４時ちょうどから短しんと長しんが動いた角の和は何度ですか。

(　　　　　)

(3) (2)の状態になるのは４時何分ですか。

(　　　　　)

答え▶別さつ31ページ

# 18 時計算 ハイクラス

時間 30分 得点

合格 80点 点

**1** 長しんが左まわりに1時間で1周し，短しんが右まわりに12時間で1周するかわった時計があります。長しんと短しんでできる角の大きさは180°以下で考えるものとします。答えがわり切れない場合は分数で答えなさい。

(30点/1つ10点)〔東邦大付属東邦中〕

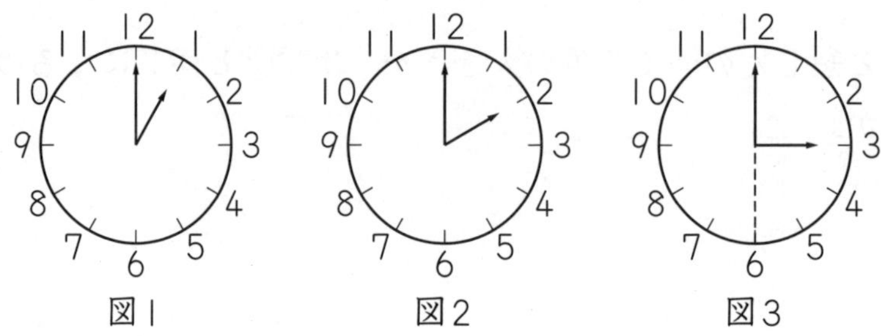


図1 図2 図3

(1) 図1の時計の長しんは12，短しんは1を指しています。このあと，初めて長しんと短しんが重なるのは何分後か求めなさい。

(　　　　　)

(2) 図2の時計の長しんは12，短しんは2を指しています。このあと，初めて長しんと短しんでできる角の大きさが60°になるのは何分後か求めなさい。

(　　　　　)

(3) 図3の時計の長しんは12，短しんは3を指しています。このあと，長しんと点線でできる角の大きさと，短しんと点線でできる角の大きさが初めて等しくなるのは何分後か求めなさい。

(　　　　　)

**2** 次の ア ～ オ にあてはまる数を求めなさい。(40点/1つ8点) 〔立教女学院中〕

Aさんは，午後1時何分かに勉強を始めて，午後4時に終わる予定でしたが，気がついたときには，午後4時を少し過(す)ぎており，時計の長しんと短しんの位置が，勉強を始めた時とちょうど入れかわっていました。そこで，Aさんは次のように考えました。

「1分間で時計の長しんは ア °，短しんは イ °だけ動きます。次の図から，長しんが動いた角度と短しんが動いた角度の和は ウ °なので，勉強をしていた時間は エ 時間 オ 分です。」ただし， オ は帯分数にしなさい。

ア（　　　）イ（　　　）ウ（　　　）エ（　　　）オ（　　　）

**3** 時計Aと時計のようなそう置Bがあります。そう置Bはめもりが40あり，長しんは1分間で時計まわりに1めもり進み，長しんが1周する間に短しんは時計まわりに5目もり進みます。時計Aのはりを0時の位置に合わせそう置Bのはりも時計Aと同じ位置に合わせて同時に動かし始めます。

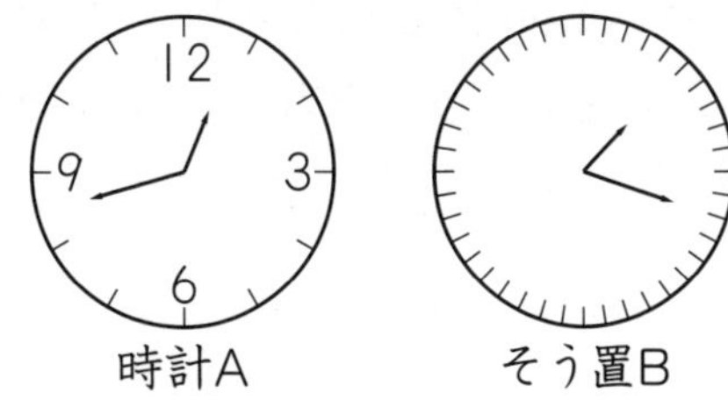
時計A　　そう置B

(30点/1つ10点) 〔四天王寺中〕

(1) そう置Bの長しんと短しんのつくる角度がはじめて90°になるのは，動かしはじめてから何分後ですか。

（　　　）

(2) 時計Aとそう置Bの短しんがはじめて同じ位置にくるのは，動かしはじめてから何分後ですか。

（　　　）

(3) 時計Aの長しんと短しんのつくる角度とそう置Bの長しんと短しんのつくる角度がはじめて同じになるのは，動かしはじめてから何分後ですか。

（　　　）

答え▶別さつ32ページ

| 時間 30分 | 得点 |
| --- | --- |
| 合格 80点 | 点 |

# チャレンジテスト⑥

**1** 次の問いに答えなさい。(30点/1つ10点)

(1) 1周400mの池のまわりをAさんとBさんが同じ方向に同時に走り始めました。Aさんは分速250m，Bさんは分速220mで走るとき，AさんがBさんに初めて追いつくのは，2人が走り始めてから何分何秒後ですか。〔慶應義塾中〕

(　　　　　　)

(2) ある船は，24kmはなれたA，B地点間を往復(おうふく)するのに，上りは3時間，下りは2時間24分かかります。ある日，川の流れの速さがいつもの3倍になりました。この日にこの船でA，B地点間を往復すると何時間かかりますか。

〔国府台女子学院中〕

(　　　　　　)

(3) 3kmはなれたA地点に45分かけて行くのに，はじめは分速60mで歩いていましたが，それでは間に合わないので，とちゅうから分速80mで歩くと，予定より5分早く着きました。分速60mで歩いた時間は何分ですか。〔大阪信愛学院中〕

(　　　　　　)

**2** 桜(さくら)さんは毎朝7時50分に家を出て，家から1632mはなれた学校に分速68mで歩いて向かいます。ある日，家を出て18分歩いた時点でわすれ物に気づき，同じ速さで家に引き返しました。一方，桜さんの姉は家で桜さんのわすれ物に気づき，8時6分に分速272mで自転車に乗って桜さんを追いかけました。(20点/1つ10点)

〔桜美林中〕

(1) 桜さんと姉が出会う時こくは何時何分ですか。

(　　　　　　)

(2) 桜さんがいつもと同じ時こくに学校に着くには，姉と出会った後に分速何mで学校に向かって走ればよいですか。ただし，わすれ物の受けわたしの時間は考えないものとします。

(　　　　　　)

**3** 太郎さんと次郎さんはそれぞれ一定の速さで走り，500 m はなれたA地点とB地点の間を何度も往復します。2人がA地点を同時に出発したところ，太郎さんが先にB地点を折り返し，B地点から 100 m はなれたところで次郎さんとすれちがいました。また，2回目にすれちがったのは，出発してから4分後でした。(24点/1つ8点)　〔中央大附属横浜中〕

(1) 太郎さんと次郎さんの走る速さはそれぞれ分速何 m ですか。

太郎さん（　　　　）　次郎さん（　　　　）

(2) はじめて2人が同時にA地点に着くのは出発して何分後ですか。

（　　　　）

(3) 向かいあった2人の間の道のりが，はじめて 200 m になるのは出発してから何分何秒後ですか。

（　　　　）

**4** 一定の速さで流れる川にそって，7 km はなれたA地とB地があります。船PはA地を，船QはB地を同時に出発して，それぞれ AB 間を休まずに1往復しました。右のグラフは，そのときのようすを表したものです。船P，Qの静水時の速さはそれぞれ一定です。(16点/1つ8点)　〔専修大松戸中〕

B地
Q
P
A地
0　35　40　63　□（分）

(1) この川の流れの速さは分速何 m ですか。

（　　　　）

(2) グラフの□にあてはまる数を求めなさい。

（　　　　）

**5** 奈美さんと良子さんはA町からB町へそれぞれ分速 60 m，80 m で歩きます。学さんはB町からA町へ分速 120 m で走ります。3人は同時に出発し，学さんは良子さんに出会ってから4分後に奈美さんに出会いました。A町からB町までの道のりは何 m ですか。(10点)　〔奈良学園中〕

（　　　　）

# チャレンジテスト⑦

答え▶別さつ33ページ

| 時間 30分 | 得点 |
| --- | --- |
| 合格 80点 | 点 |

**1** 次の問いに答えなさい。(30点/1つ10点)

(1) 秒速18mの速さで走っている列車があります。この列車の先頭が，トンネルに入り始めて入り口からトンネルの全長の$\frac{3}{5}$の地点に来るまでに15秒かかりました。その後，この列車がトンネルを完全に通過(つうか)するのに16秒かかりました。この列車の長さは何mですか。〔甲南女子中〕

(　　　　　)

(2) あつしさんは毎朝同じ時こくに家を出て学校へ行きます。分速90mで歩くと8時25分に着きますが，自転車で分速300mで行くと8時11分に着きます。あつしさんが毎朝家を出る時こくは何時何分ですか。〔高輪中〕

(　　　　　)

(3) 時計の長しんと短しんが反対向きに一直線になっていて，この直線によって分けられた2つの部分の文字ばんの数の和が等しいのは何時何分と何時何分ですか。〔大阪星光学院中〕

(　　　　　)

**2** 時速2kmで流れている川があります。上流にA地点があり，24km下流にB地点があります。静水での速さが時速10kmの船Xは，A地点を出発しB地点で折り返してA地点にもどりました。また，静水での速さが時速8kmの船Yは，同時にB地点を出発しA地点で折り返してB地点にもどりました。

(20点/1つ10点)〔甲南中〕

(1) 最初に船XとYが出会うのは，同時に出発してから何時間何分後ですか。

(　　　　　)

(2) 2回目に船XとYが出会うのは，同時に出発してから何時間何分後ですか。

(　　　　　)

**3** 長さ 400 m の列車Aと長さ 350 m の列車Bが走るとき，AとBがすれちがうのにかかる時間は 27 秒，AがBを追いこすのにかかる時間は 67.5 秒です。

(24点/1つ8点)〔青稜中〕

(1) 列車Aの速さは時速何 km ですか。

(　　　　　)

(2) 列車Aが長さ 650 m のトンネルを通過するのにかかる時間は何秒ですか。

(　　　　　)

(3) 時速 120 km で走る列車Cが，列車Bを追いこすのに 20 秒かかりました。列車Cの長さは何 m ですか。

(　　　　　)

**4** 池のまわりに 1 周 900 m の道があります。この道をAさん，Bさん，Cさんの 3 人が一定の速さで同じ地点から走ります。AさんとBさんは同じ向きに，Cさんは 2 人とは反対の向きに走ります。Aさんは分速 240 m の速さで走り，AさんはBさんに 9 分ごとに追いこされ，BさんとCさんは 1 分 48 秒ごとにすれちがいます。(16点/1つ8点)〔甲南中〕

(1) Bさんの速さを求めなさい。

(　　　　　)

(2) AさんとCさんは何分何秒ごとにすれちがいますか。

(　　　　　)

**5** 3 時から 4 時の間で，図のような時計の文字ばんの 1 と 7 を結ぶ直線に関して長しんと短しんが対称(たいしょう)な位置になるのは 3 時何分ですか。(10点)〔浅野中〕

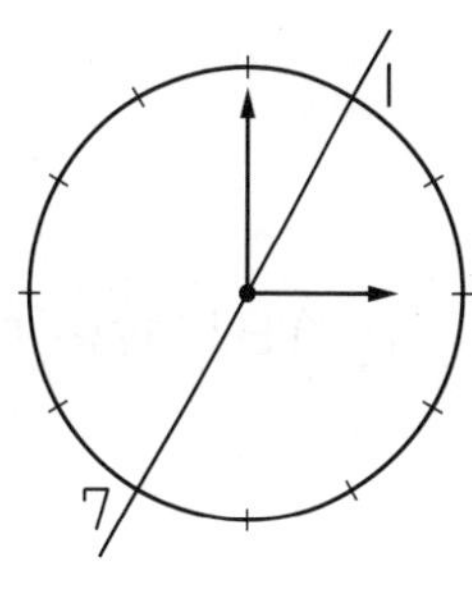


(　　　　　)

# 19 合同な図形・円と多角形

## 標準クラス

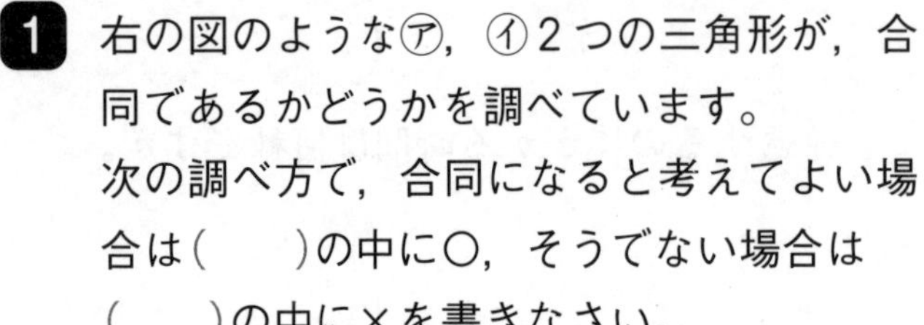

**1** 右の図のような㋐，㋑2つの三角形が，合同であるかどうかを調べています。
次の調べ方で，合同になると考えてよい場合は(　　)の中に○，そうでない場合は(　　)の中に×を書きなさい。

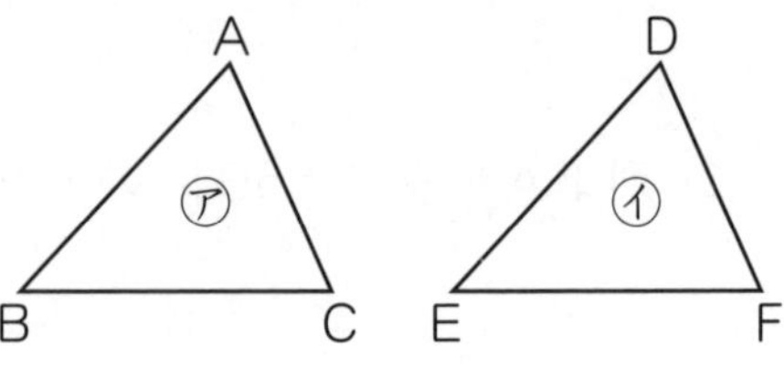


(　　) (1) ㋐，㋑の三角形のまわりの長さが同じであった。

(　　) (2) 辺ABと辺DE，辺BCと辺EF，角Bと角Eが同じであった。

(　　) (3) 角Aと角D，角Bと角E，角Cと角Fが同じであった。

(　　) (4) 辺ABと辺DE，辺CAと辺FD，角Bと角Eが同じであった。

(　　) (5) 辺ABと辺DE，辺BCと辺EF，辺CAと辺FDが同じであった。

(　　) (6) 角Bと角E，辺BCと辺EF，角Cと角Fが同じであった。

**2** 右の2つの四角形は合同です。

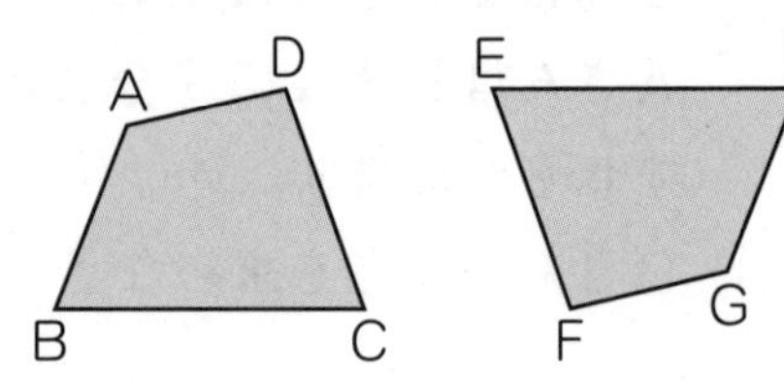


(1) 頂点(ちょうてん)Aに対応(たいおう)する頂点はどれですか。

(　　　　　　)

(2) 頂点Dに対応する頂点はどれですか。

(　　　　　　)

(3) 辺BCに対応する辺はどれですか。

(　　　　　　)

(4) 角Bに対応する角はどれですか。

(　　　　　　)

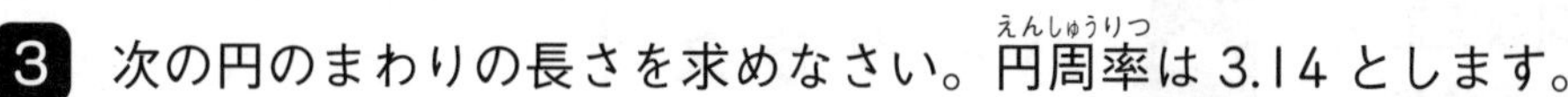

**3** 次の円のまわりの長さを求めなさい。円周率（えんしゅうりつ）は 3.14 とします。

(1)

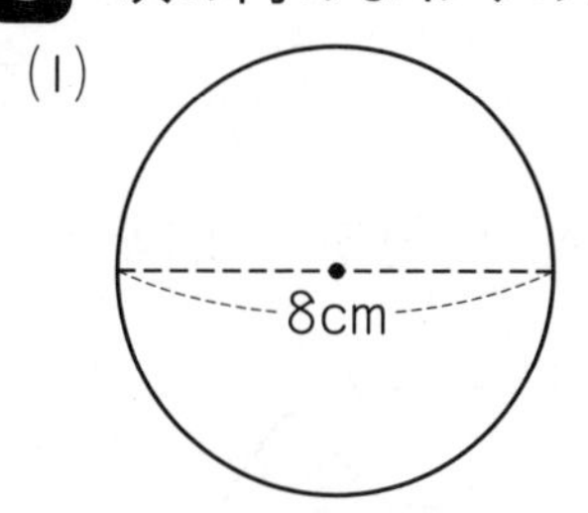


（直径 8 cm の円）

(2)

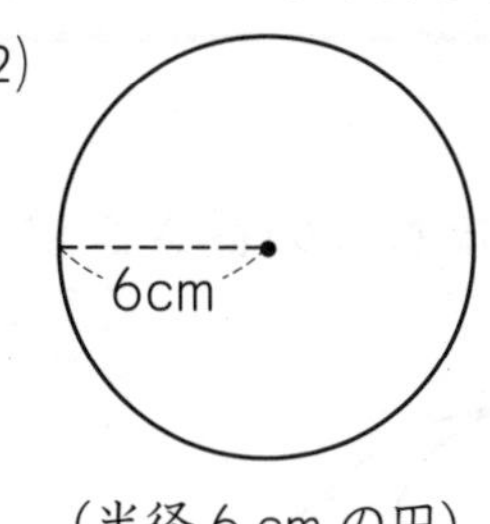


（半径 6 cm の円）

(3)

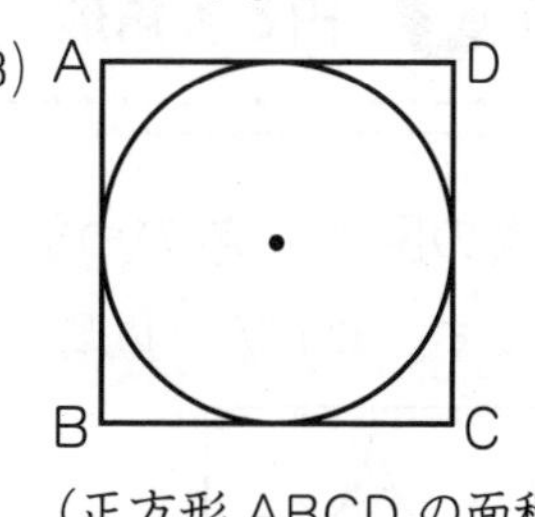


（正方形 ABCD の面積は 9 cm$^2$）

（　　　　）（　　　　）（　　　　）

**4** 次のおうぎ形のまわりの長さを求めなさい。円周率は 3.14 とします。

(1)

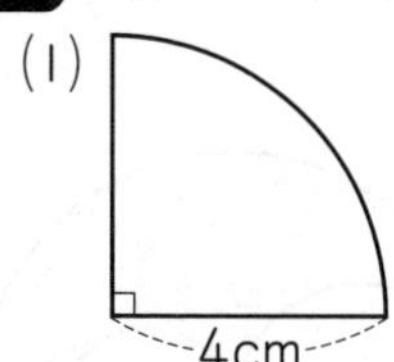


(2)

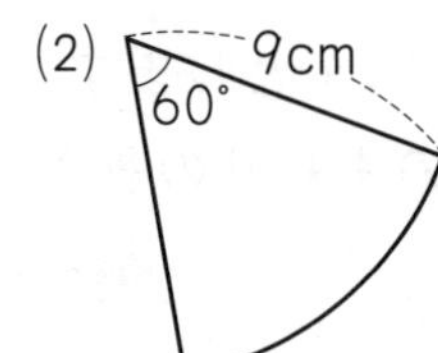


(3)

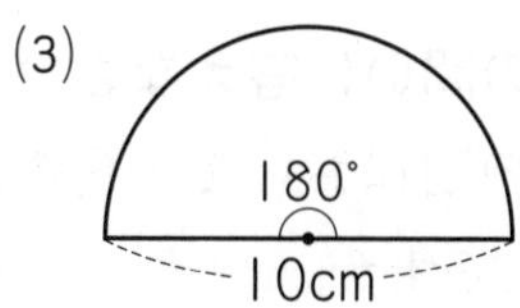


（　　　　）（　　　　）（　　　　）

**5** 下の図のように，円を使って正多角形をかいています。㋐，㋑，㋒，㋓の角を何度にすればよいですか。

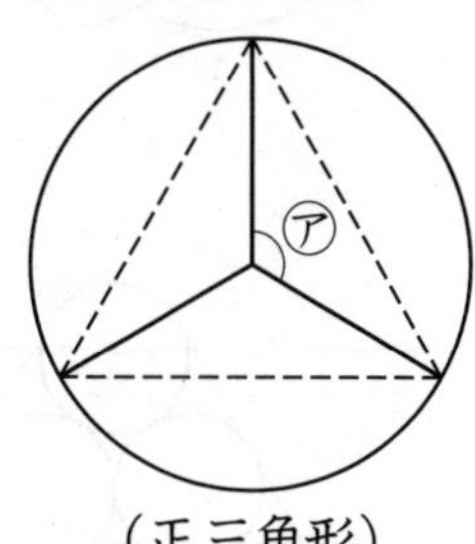


（正三角形）

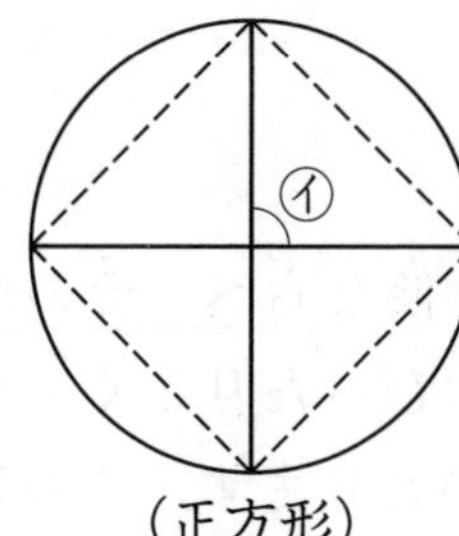


（正方形）

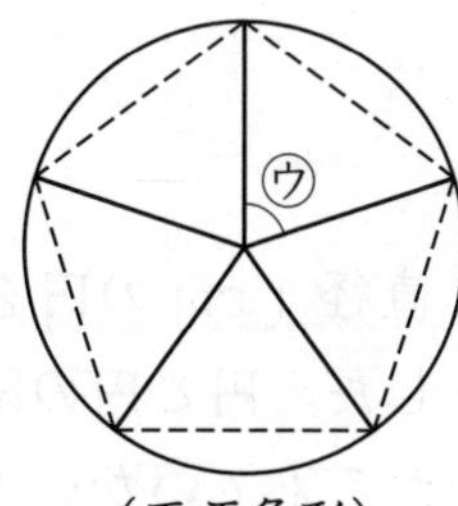


（正五角形）

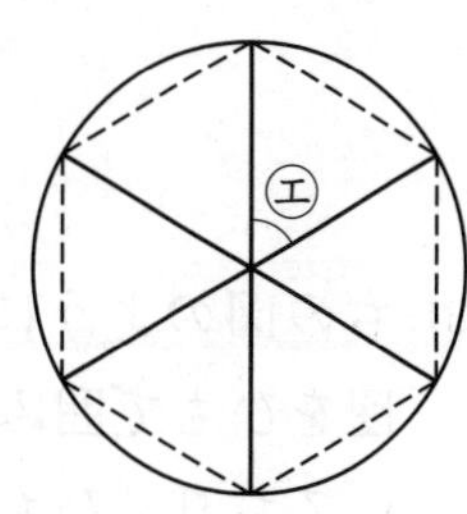


（正六角形）

㋐（　　　　）㋑（　　　　）㋒（　　　　）㋓（　　　　）

答え▶別さつ34ページ

# 19 合同な図形・円と多角形

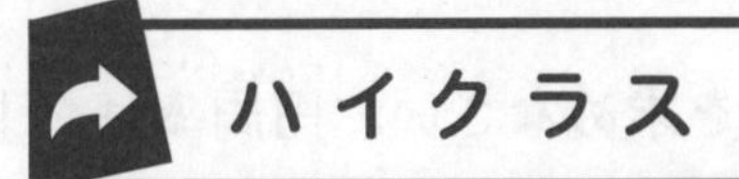


| 時間 | 30分 | 得点 |
| --- | --- | --- |
| 合格 | 80点 | 点 |

**1** 次の図で，色のついた部分のまわりの長さを求めなさい。円周率（えんしゅうりつ）は 3.14 とします。（30点/1つ10点）

(1)
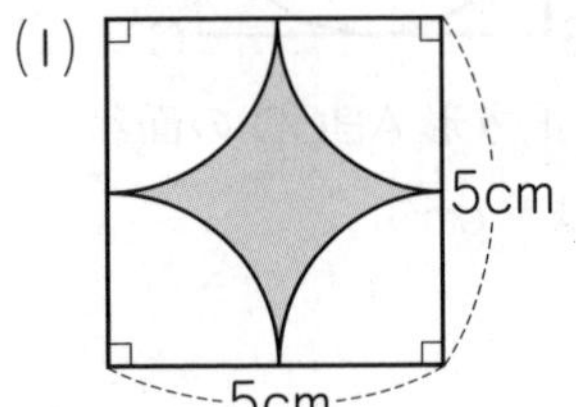


(2)
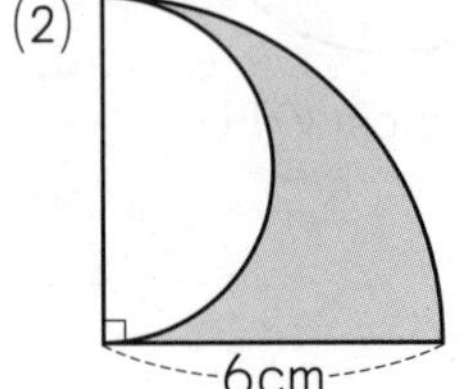


(3)
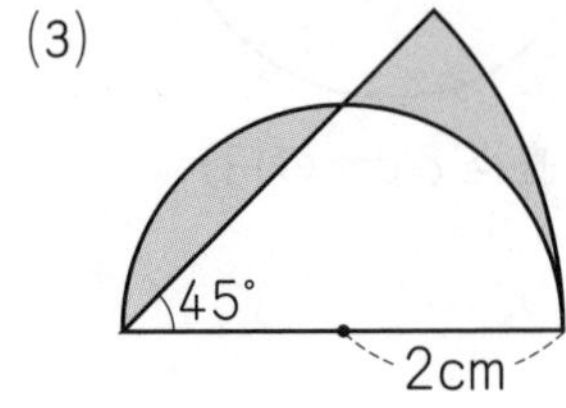


（　　　　）（　　　　）（　　　　）

**2** 次の問いに答えなさい。円周率は 3.14 とします。（30点/1つ10点）

(1) 右の図において，色のついた部分のまわりの長さは何 cm ですか。〔同志社香里中〕

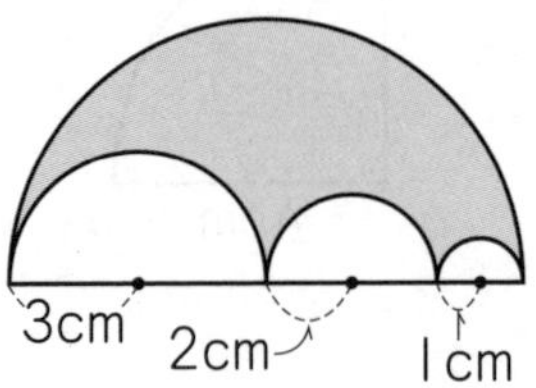


（　　　　）

(2) 右の図のように，半径 6 cm の円が 2 つ重なっています。青線部分の長さは何 cm ですか。〔奈良学園登美ヶ丘中〕

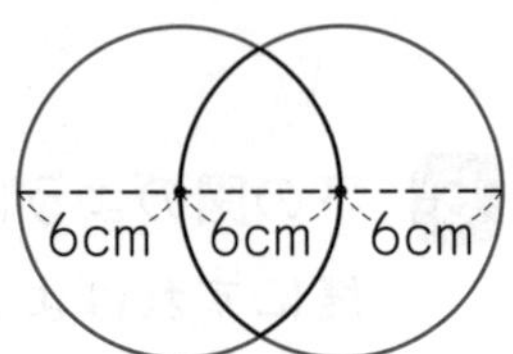


（　　　　）

(3) 右の図のように，直径 1 cm の円を 6 個（こ）ならべ，その周囲をひもで囲みました。円と円の間はぴったりとくっついており，ひもはたるんでいないものとします。このとき，ひもの長さを求めなさい。〔清風中〕

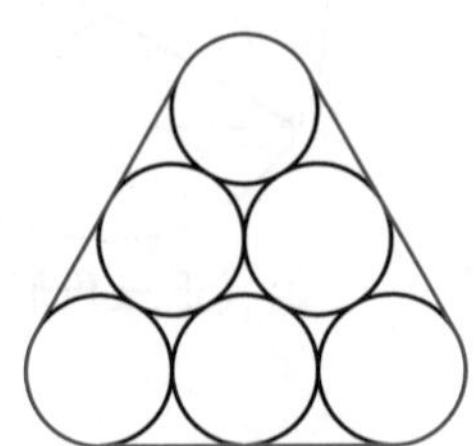

（　　　　）

**3** 次の問いに答えなさい。円周率は 3.14 とします。(20点/1つ10点)

(1) 右の図のように半径 5 cm の円が 3 個，1 つの点で交わっています。3 つの色のついた部分は同じ形です。色のついた部分のまわりの長さを求めなさい。

〔昭和女子大附属昭和中〕

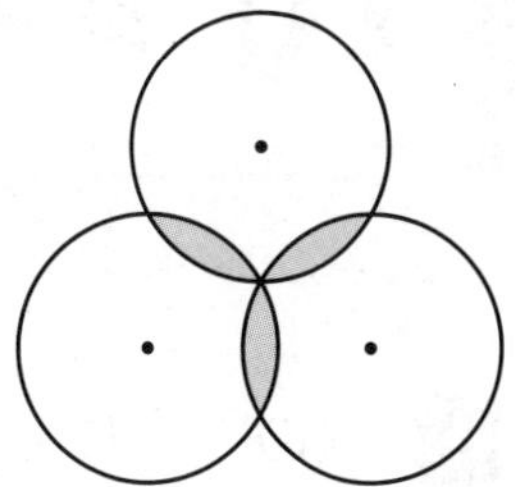

(　　　　　　)

(2) 右の図のように，同じ大きさの小さい円が 6 つと，大きい円が 1 つあります。小さい円の円周 6 つの和が 207.24 cm のとき，大きい円の円周は何 cm ですか。

〔六甲中〕

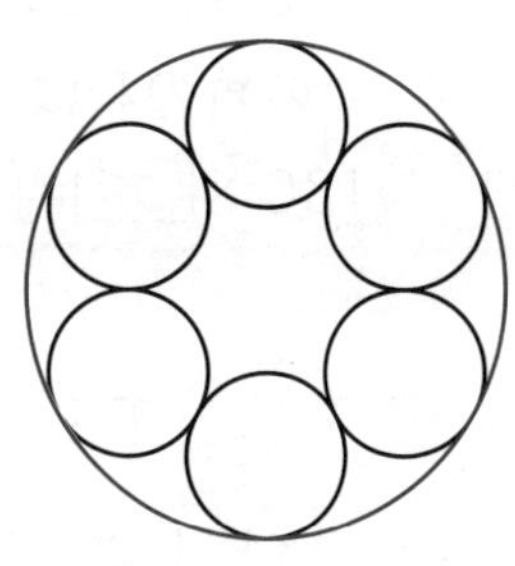

(　　　　　　)

**4** 右の図は，半径 9 cm，中心角 90° のおうぎ形 ABC を，直線 CD で A が E にくるように折り返したものです。色のついた部分のまわりの長さは何 cm ですか。ただし，円周率は 3.14 とします。(10点)

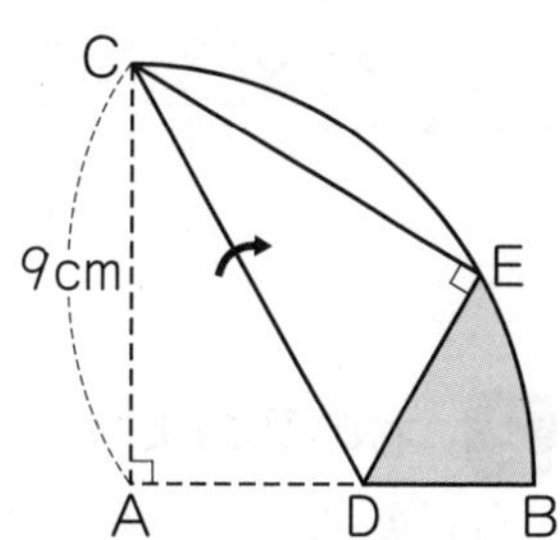


(　　　　　　)

**5** 右の図は，正方形の中にぴったり入る円をかき，その円の中にぴったり入る正六角形をかいたものです。この図を使って，円周率が 3 より大きく 4 より小さい理由を説明しなさい。(10点)

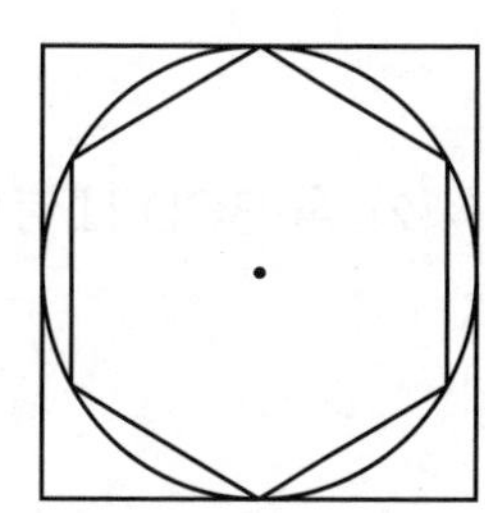

(　　　　　　)

答え▶別さつ35ページ

# 20 多角形の角度

## 標準クラス

**1** 次の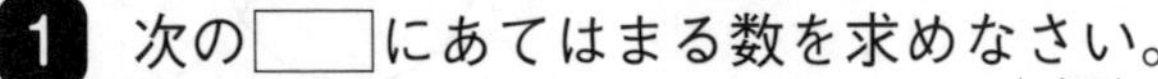□にあてはまる数を求めなさい。

(1) 右の図のように，五角形は１つの頂点（ちょうてん）を通る対角線によって３個の三角形に分けることができます。三角形の３つの角の和は180°だから，五角形の５つの角の和は180°×［ア］＝［イ］°になります。

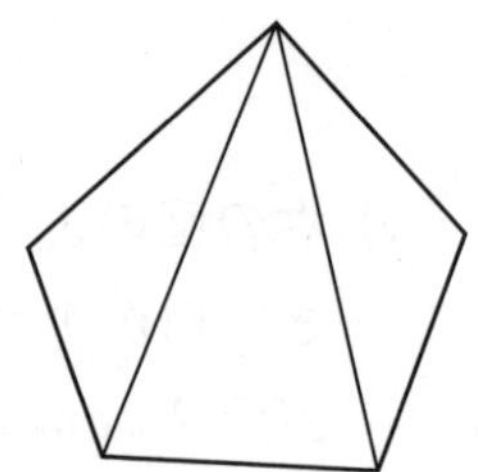

ア（　　　　　）イ（　　　　　）

(2) (1)と同じように考えると，八角形は１つの頂点を通る対角線によって［ウ］個の三角形に分けることができるので，八角形の８つの角の和は180°×［ウ］＝［エ］°になります。

ウ（　　　　　）エ（　　　　　）

**2** 右の図のように，円の中に正九角形をかきました。

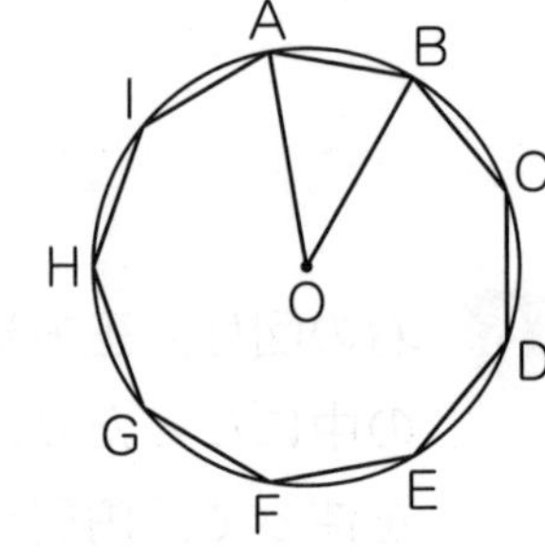


(1) 角AOBは何度になりますか。

（　　　　　）

(2) 角BCDは何度になりますか。

（　　　　　）

(3) (1)，(2)と同じように考えると，正十五角形の１つの角の大きさは何度ですか。

（　　　　　）

(4) １つの角の大きさが162°の正多角形は，正何角形ですか。

（　　　　　）

**3** すすむさんは，六角形の６つの角の和を求めるのに，右の図のように六角形を６個の三角形に分けた図で考えました。ことばや式を使って，すすむさんの求め方を説明しなさい。

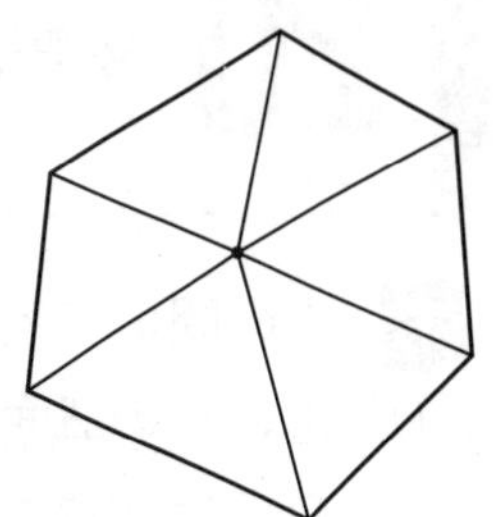

（　　　　　　　　　　　　　　　　　　）

**4** 右の図のように，正五角形の内部に正方形があります。角㋐と角㋑はそれぞれ何度ですか。〔同志社香里中〕

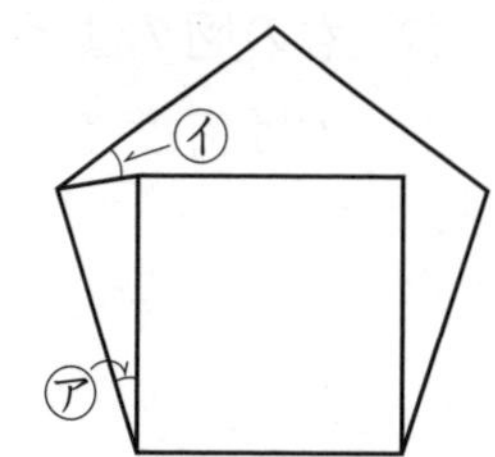


㋐（　　　　　　）　㋑（　　　　　　）

**5** 右の図のように，円を利用して，正十角形をかきました。角㋐と角㋑はそれぞれ何度ですか。〔奈良学園中〕

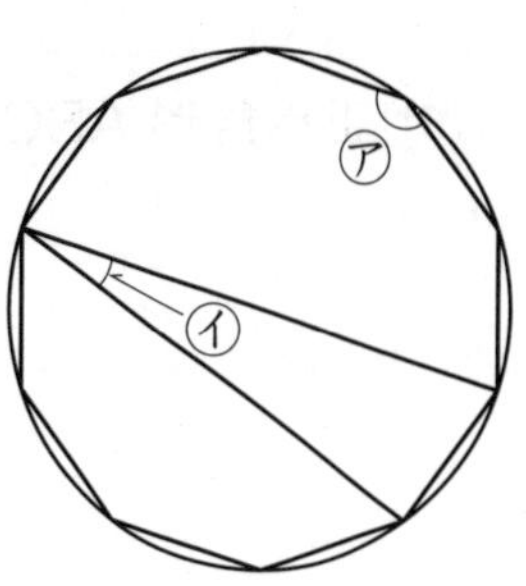


㋐（　　　　　　）　㋑（　　　　　　）

**6** 右の図は，１辺の長さが６cmの正五角形の各頂点を中心に円の一部をかいたものです。〔プール学院中〕

(1) 角㋐と角㋑はそれぞれ何度ですか。

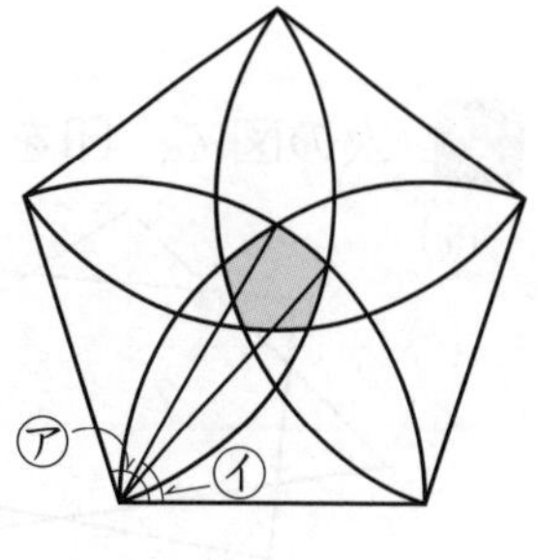


㋐（　　　　　　）　㋑（　　　　　　）

(2) 色をつけた図形のまわりの長さを求めなさい。円周率（えんしゅうりつ）は3.14とします。

（　　　　　　）

答え▶別さつ36ページ

# 20 多角形の角度

| 時間 | 30分 | 得点 |
| --- | --- | --- |
| 合格 | 80点 | 点 |

**1** 次の問いに答えなさい。(30点/1つ10点)

(1) 右の図の五角形 ABCDE は正五角形です。角㋐は何度ですか。 〔近畿大附中〕

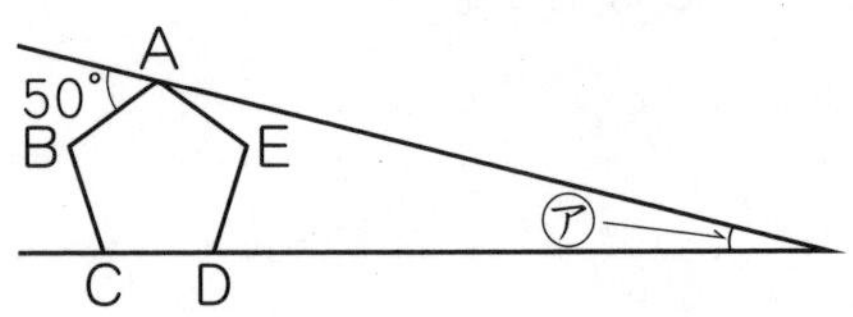


(　　　　　)

(2) 右の図のように，正九角形があります。このとき，角㋐は何度ですか。 〔関西大北陽中〕

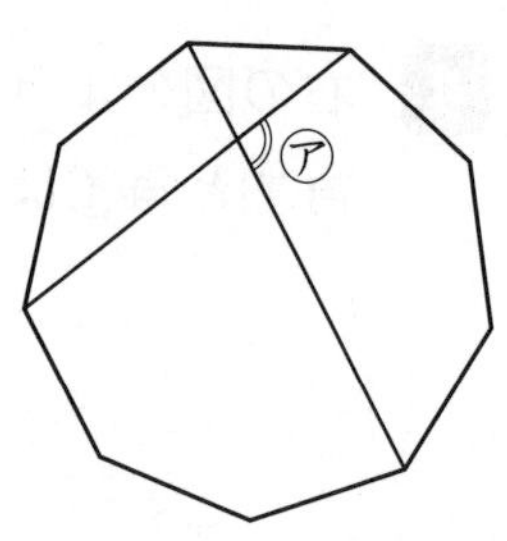


(　　　　　)

(3) 正八角形 ABCDEFGH があります。角㋐は何度ですか。 〔京都女子中〕

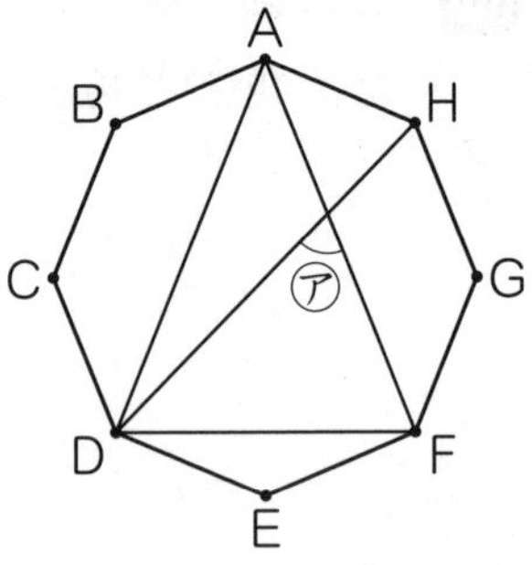


(　　　　　)

**2** 次の図で，印をつけた角の大きさの和は何度ですか。(20点/1つ10点)

(1)

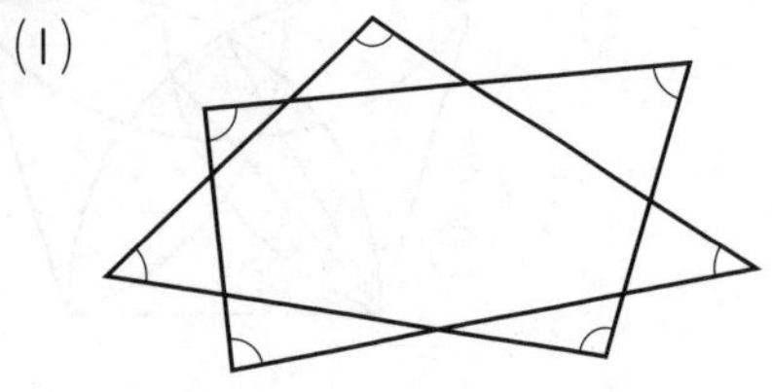

〔開明中〕

(2)

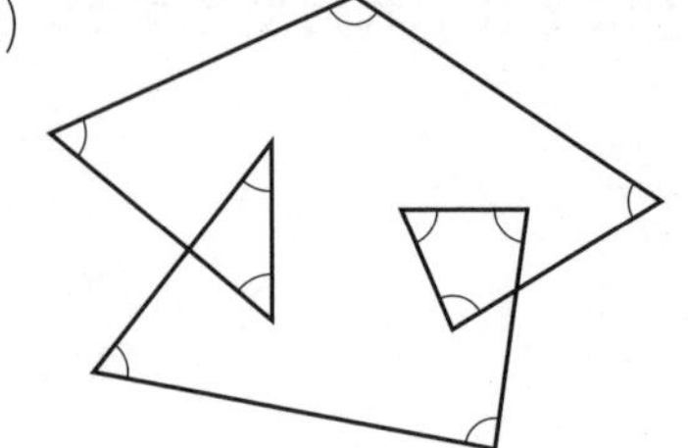

〔洛南高附中〕

(　　　　　)　　(　　　　　)

**3** 右の図のように，正方形と正五角形があります。角㋐は何度ですか。（10点）

〔須磨学園中〕

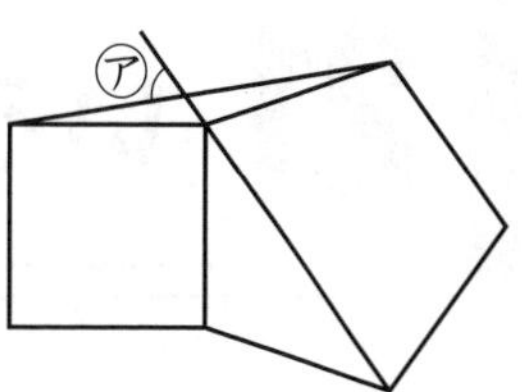


（　　　　　　　）

**4** 右の図のように，正六角形の１辺と正八角形の１辺が重なっています。角㋐は何度ですか。（10点）　〔國學院大久我山中〕

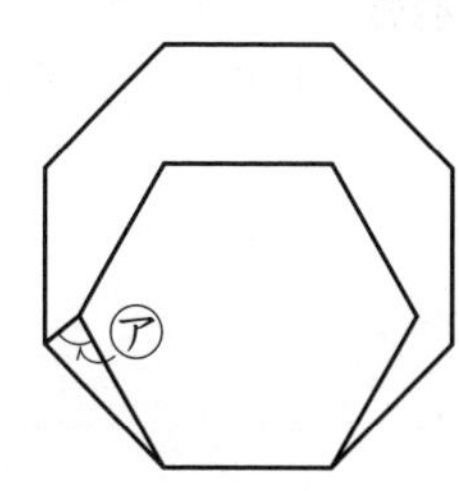


（　　　　　　　）

**5** 右の図は正十角形です。角㋐は何度ですか。（10点）

〔早稲田実業中〕

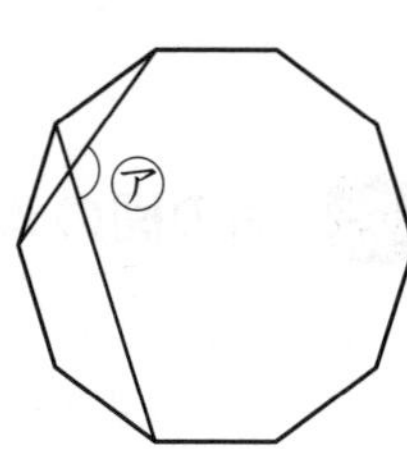


（　　　　　　　）

**6** 右の図のような正五角形 ABCDE と正六角形 DEFGHI があります。このとき，角㋐は何度ですか。（10点）　〔青稜中〕

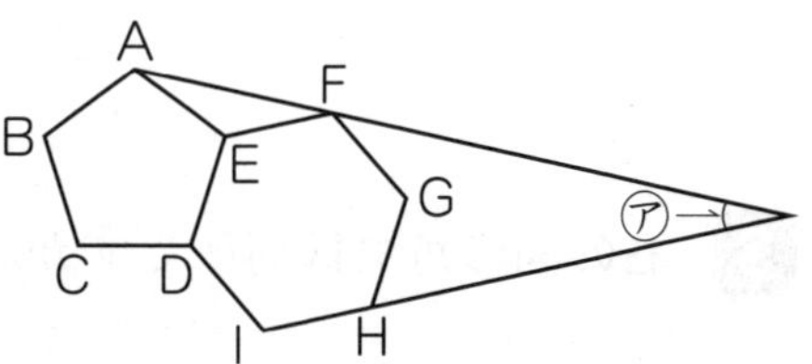


（　　　　　　　）

**7** 正五角形 ABCDE を頂点(ちょうてん) B が辺 DE 上にくるように折ったら，下の図のようになりました。角㋐と角㋑はそれぞれ何度ですか。（10点/1つ5点）　〔ラ・サール中〕

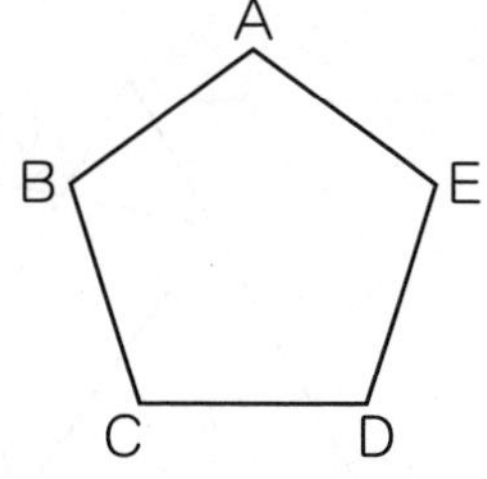


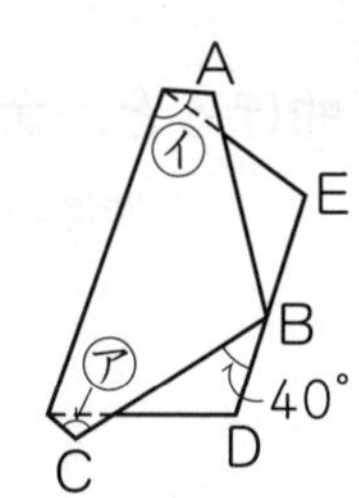


㋐（　　　　　　　）　㋑（　　　　　　　）

答え▶別さつ 37 ページ

# 21 いろいろな角度

## 標準クラス

**1** 右の図で，辺 AB，AC，AD，DC の長さはすべて等しいとします。このとき，角㋐は何度ですか。
〔桐蔭学園中〕

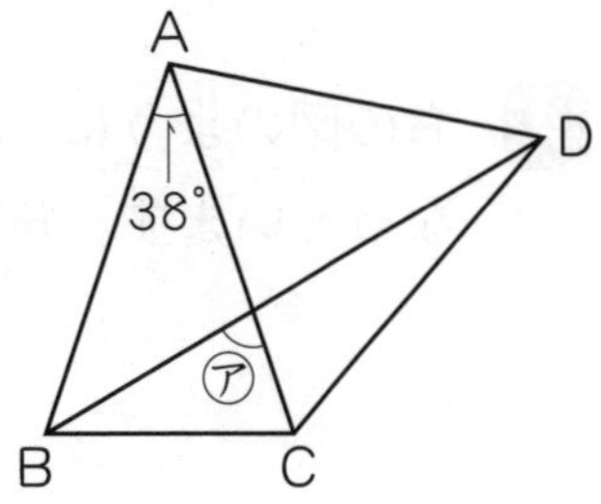


（　　　　）

**2** 右の図の角㋐は何度ですか。〔多摩大附属聖ヶ丘中〕

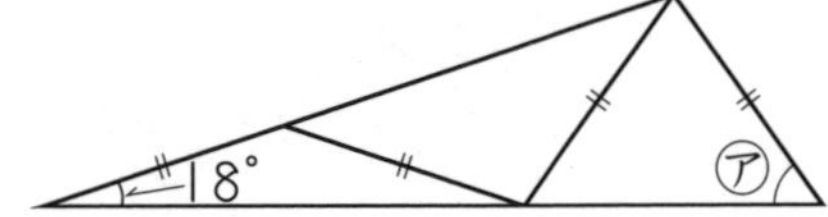


（　　　　）

**3** 右の図の角㋐は何度ですか。〔大阪女学院中〕

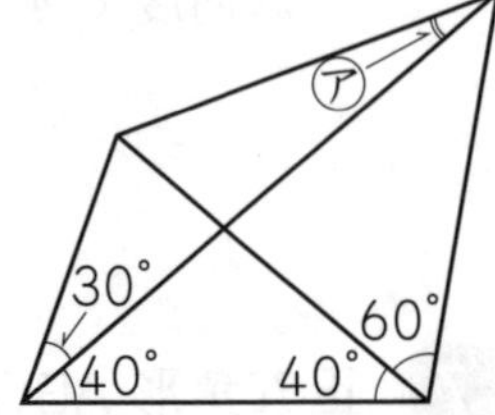


（　　　　）

**4** 右の図のように，正三角形の紙を折り曲げると，角㋐は何度ですか。
〔甲南女子中〕

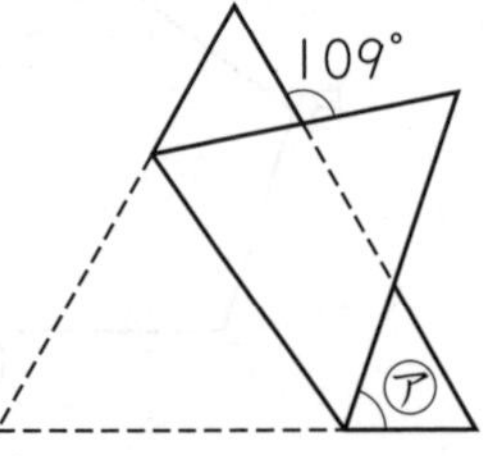


（　　　　）

**5** 右の図の角㋐は何度ですか。ただし，点はそれぞれ2つの円の中心を表します。〔帝塚山中〕

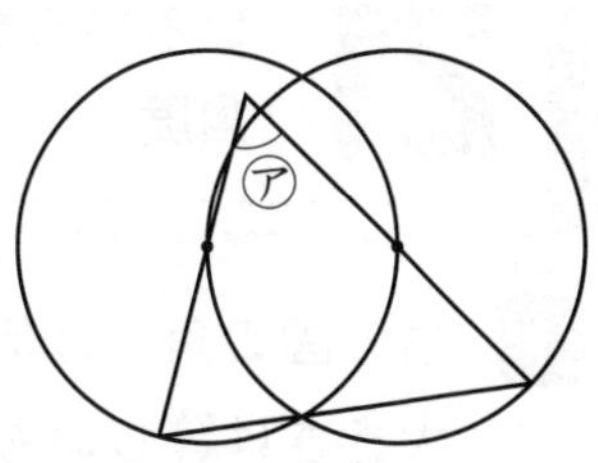


(　　　　　　)

**6** 下のそれぞれの図で，同じ印のついた角の大きさは等しくなっています。角㋐は何度ですか。

(1)

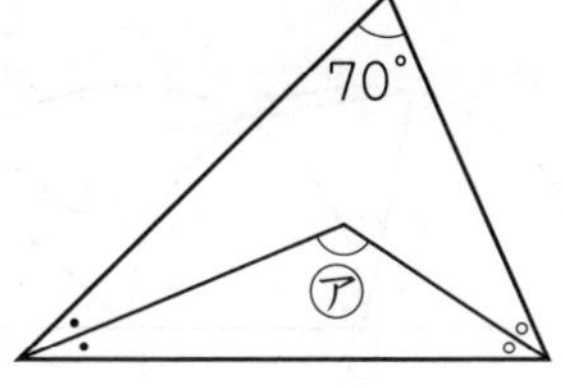


〔京都学園中〕

(2)

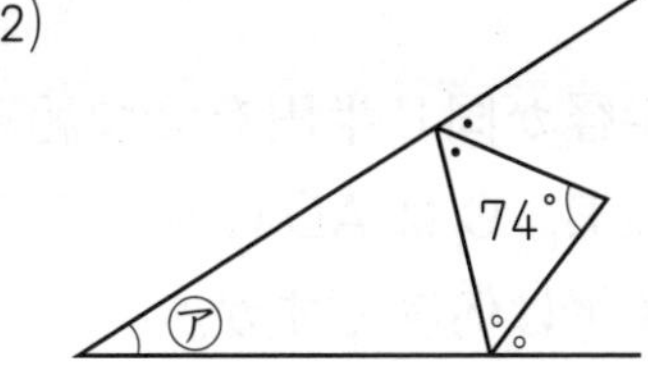


〔中央大附中〕

(　　　　　　)　(　　　　　　)

**7** 右の図は，1めもり1cmの方眼紙です。角㋐は何度ですか。〔頌栄女子学院中〕

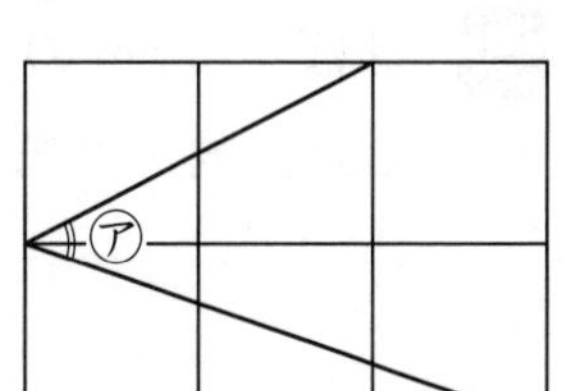


(　　　　　　)

**8** 右の図は，中心角112°のおうぎ形を折り，中心Oを円周上の点Cに重ねた図です。このとき，角㋐は何度ですか。〔昭和学院秀英中〕

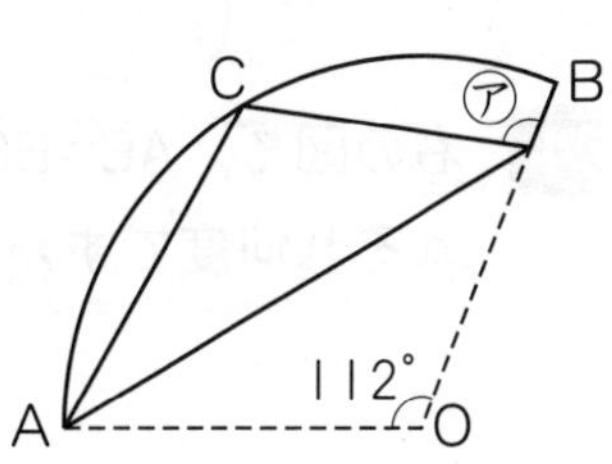


(　　　　　　)

答え▶別さつ38ページ

# 21 いろいろな角度

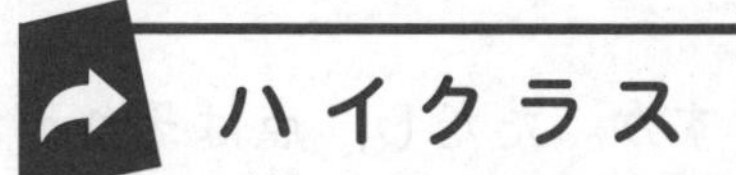


時間 30分 合格 80点 得点 点

**1** 右の図の角㋐は何度ですか。ただし，同じ記号の角の大きさは等しいものとします。(10点) 〔芝浦工業大附中〕

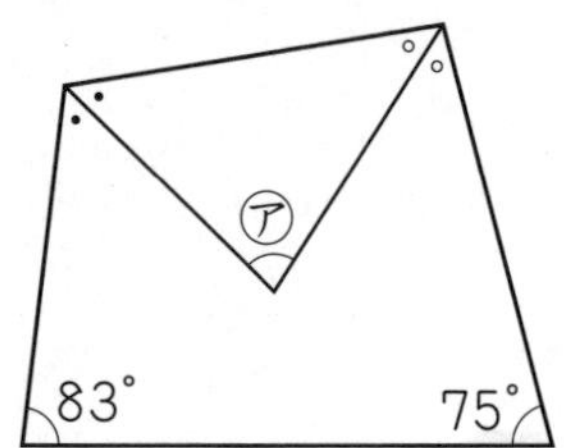


(　　　　　　)

**2** 右の図は，半径が同じ半円を2つ組み合わせたもので，点B，CはADの長さを3等分する点です。角㋐は何度ですか。(10点)

〔帝塚山学院泉ヶ丘中〕

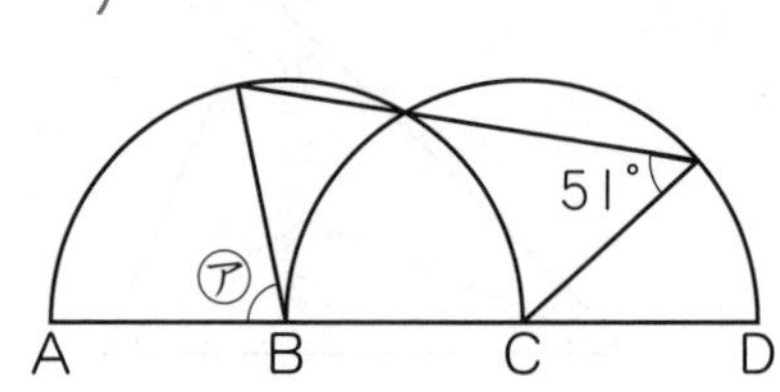


(　　　　　　)

**3** はばが2cmの紙テープを右の図のように折り曲げました。角㋐と角㋑はそれぞれ何度ですか。(16点/1つ8点)

〔神戸海星女子中〕

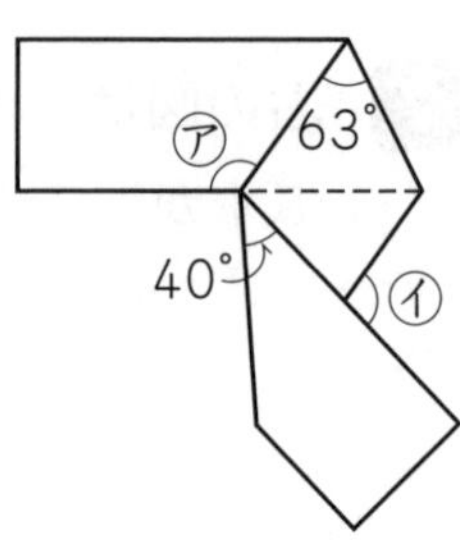


㋐(　　　　　　) ㋑(　　　　　　)

**4** 右の図で，AB=ECであるとき，角㋐と角㋑はそれぞれ何度ですか。(16点/1つ8点) 〔ラ・サール中〕

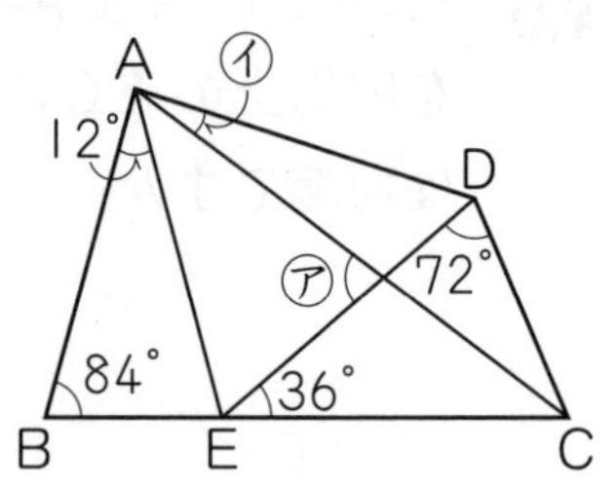


㋐(　　　　　　) ㋑(　　　　　　)

**5** 右の図で，CD=AE，AB=BC のとき，角㋐は何度ですか。（10点） 〔和洋九段女子中〕

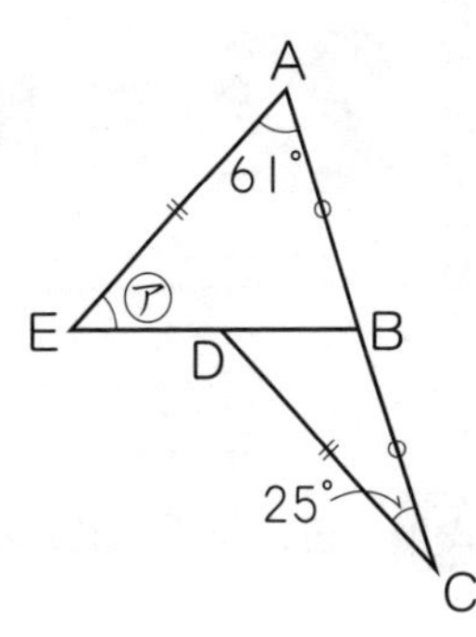


（　　　　　　）

**6** 右の図のような四角形ABCDと三角形DEFがあります。辺ADと辺BCは平行であり，Cは辺EF上にあります。また，辺ABと辺EF，辺DCと辺DEはそれぞれ同じ長さです。角㋐と角㋑はそれぞれ何度ですか。（16点/1つ8点）

〔六甲学院中〕

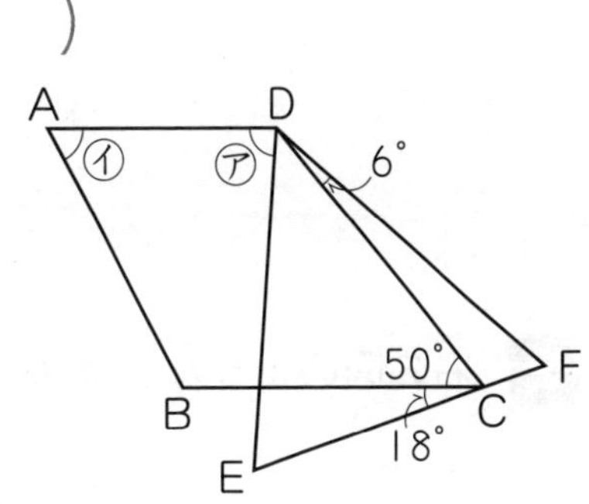


㋐（　　　　　　）　㋑（　　　　　　）

**7** 右の図で，四角形ABCDは長方形で，辺ABのまん中の点がMです。また，２本の直線CE，MEは垂(すい)直(ちょく)です。このとき，角㋐は何度ですか。（10点） 〔灘中〕

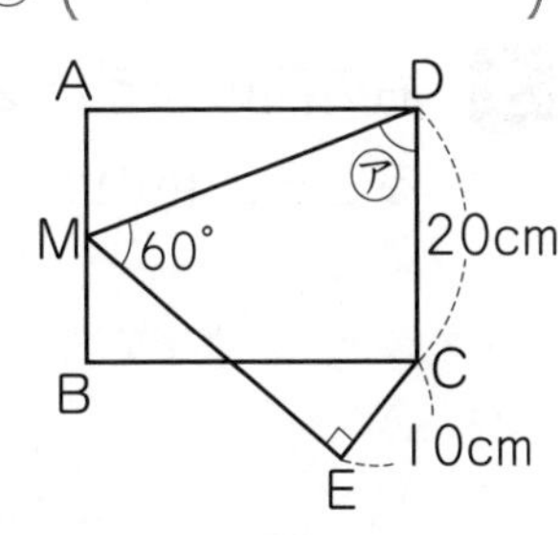


（　　　　　　）

**8** 下の図の四角形ABCDは長方形です。角㋐は何度ですか。（12点） 〔穎明館中〕

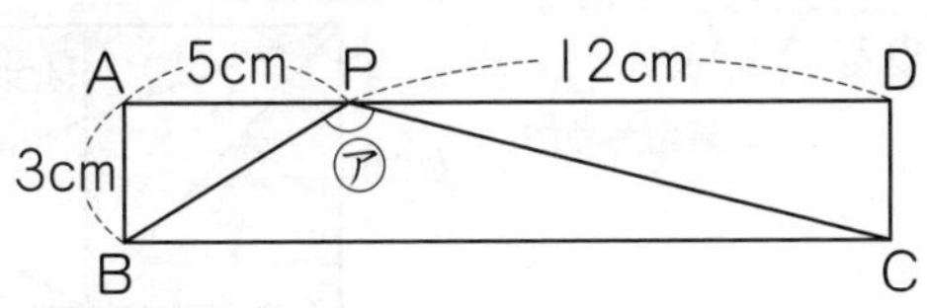


（　　　　　　）

答え▶別さつ39ページ

# 22 三角形の面積

## 標準クラス

**1** 右の図のBDの長さを求めなさい。 〔昭和学院中〕

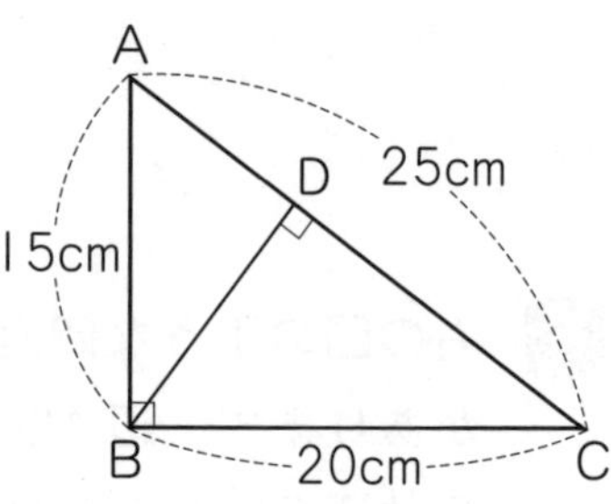


(　　　　　　)

**2** 右の図のような二等辺三角形の面積を求めなさい。 〔上宮中〕

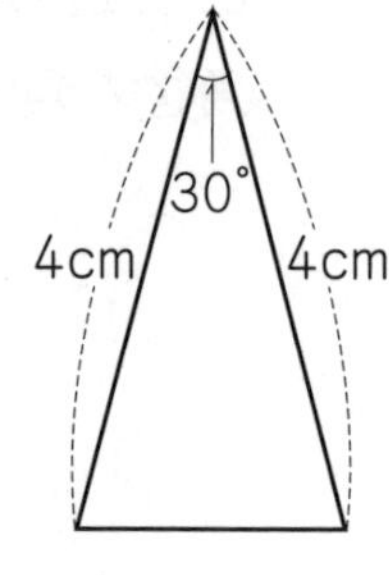


(　　　　　　)

**3** 右の図のように2つの直角二等辺三角形が重なっているとき，色のついた部分の面積を求めなさい。

〔大谷中(大阪)〕

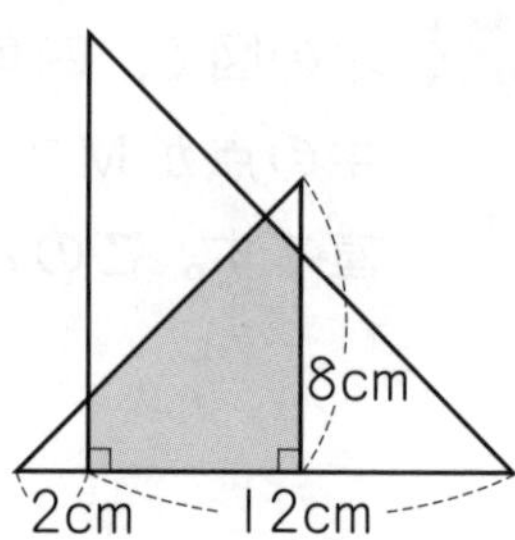


(　　　　　　)

**4** 右の図で，色のついた部分の面積を求めなさい。

〔近畿大附中〕

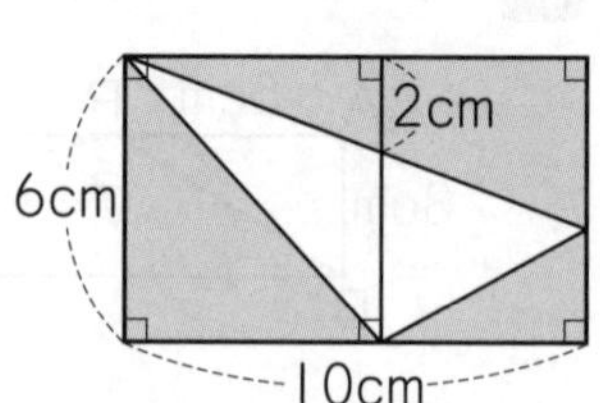


(　　　　　　)

**5** 右の図は，1辺の長さが4 cmの正三角形と正方形を組み合わせた図です。正三角形の頂点(ちょうてん)の1つが正方形の頂点と重なり，他の2つの頂点は正方形の辺上にあります。

〔雲雀丘学園中〕

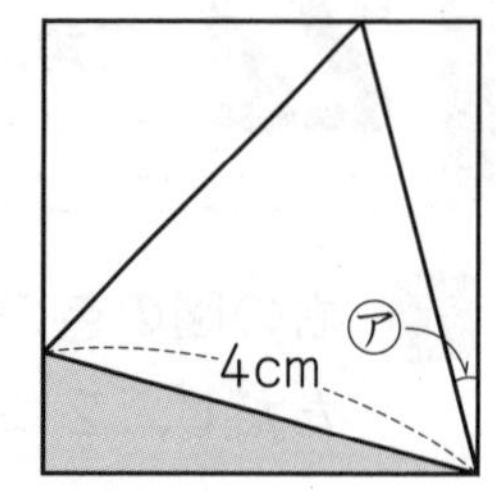


(1) 角㋐は何度ですか。

(　　　　　　　)

(2) 色のついた部分の面積を求めなさい。

(　　　　　　　)

**6** 右の図の長方形ABCDの面積は200 cm$^2$，三角形PCQの面積は60 cm$^2$です。PB=5 cmのとき，次の問いに答えなさい。〔滝中〕

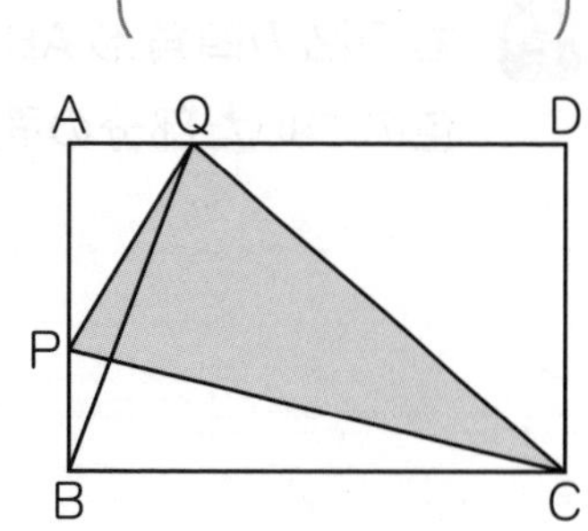


(1) 三角形BQCの面積は何cm$^2$ですか。

(　　　　　　　)

(2) (三角形BCPの面積)−(三角形BQPの面積) は何cm$^2$ですか。

(　　　　　　　)

(3) 辺QDの長さは何cmですか。

(　　　　　　　)

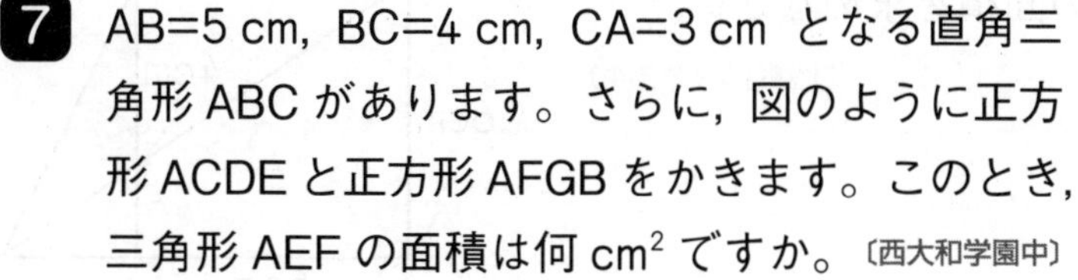

**7** AB=5 cm，BC=4 cm，CA=3 cm となる直角三角形ABCがあります。さらに，図のように正方形ACDEと正方形AFGBをかきます。このとき，三角形AEFの面積は何cm$^2$ですか。〔西大和学園中〕

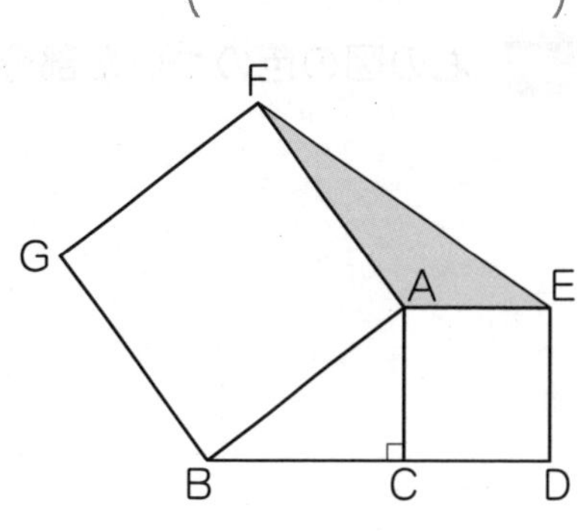


(　　　　　　　)

答え ▶ 別さつ 40 ページ

| 時間 30分 | 得点 |
| --- | --- |
| 合格 80点 | 点 |

# 22 三角形の面積

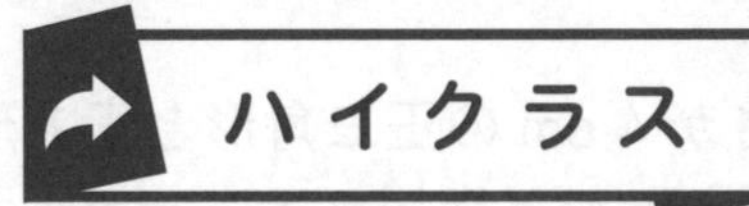


**1** 右の図の色のついた部分の面積を求めなさい。
ただし，2つの四角形はどちらも長方形です。

（10点）〔親和中〕

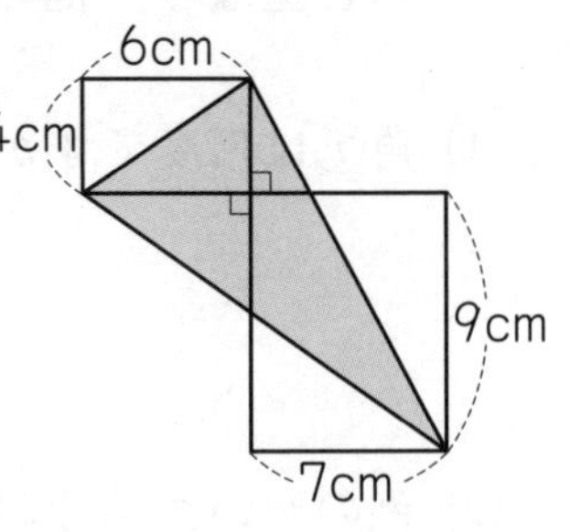


（　　　　　）

**2** 右の図の四角形 ABCD は 1 辺 20 cm の正方形です。
色のついた部分の面積を求めなさい。（10点）〔淳心学院中〕

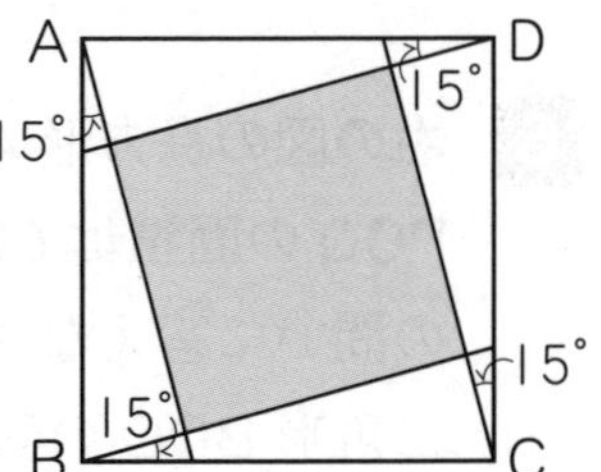


（　　　　　）

**3** 右の図の四角形 ABCD の面積は 60 $cm^2$ です。対角線 AC が角 C を 2 等分するとき，三角形 ACD の面積は何 $cm^2$ ですか。（10点）〔西大和学園中〕

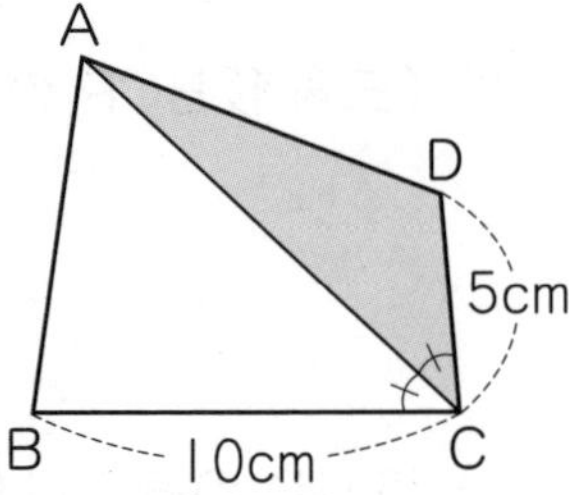


（　　　　　）

**4** 右の図の色のついた部分の面積を求めなさい。

（10点）〔北鎌倉女子学園中〕

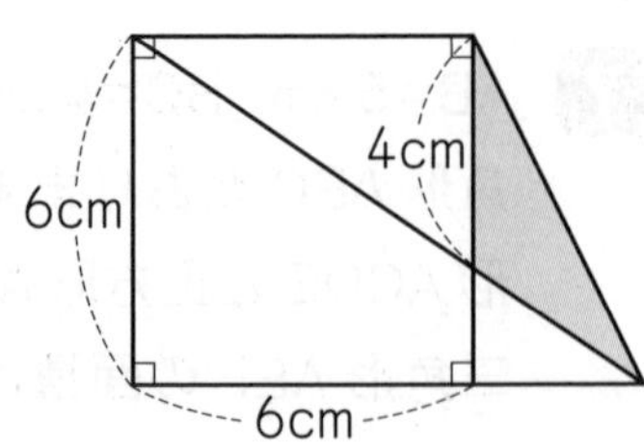


（　　　　　）

**5** 右の図の長方形ABCDで，ABの長さは8cm，BCの長さは6cmです。また，三角形DFCの面積は20 $cm^2$，三角形DEFの面積は16 $cm^2$ です。（20点/1つ10点）

〔桐朋中〕

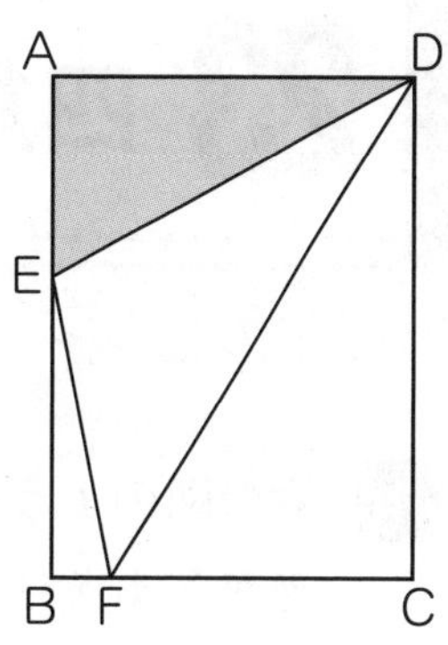


(1) BFの長さは何cmですか。

(　　　　　　)

(2) 三角形AEDの面積は何 $cm^2$ ですか。

(　　　　　　)

**6** 下のそれぞれの図のように，半径が6cmの円周を12等分した点を結んだ図形をつくります。色のついた部分の面積は何 $cm^2$ ですか。（20点/1つ10点）

(1)

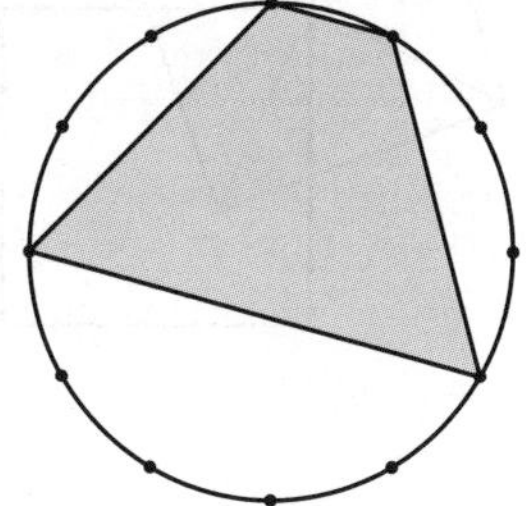

(2)

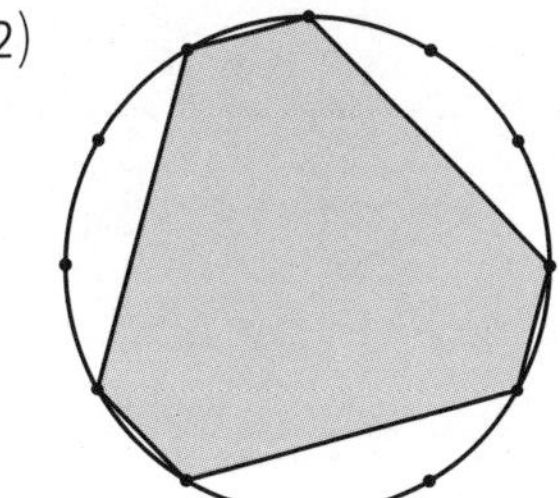

(　　　　　　)　(　　　　　　)

**7** 右の図のように，半径が6cmのおうぎ形OABの円周を3等分する点をC，Dとします。（20点/1つ10点）

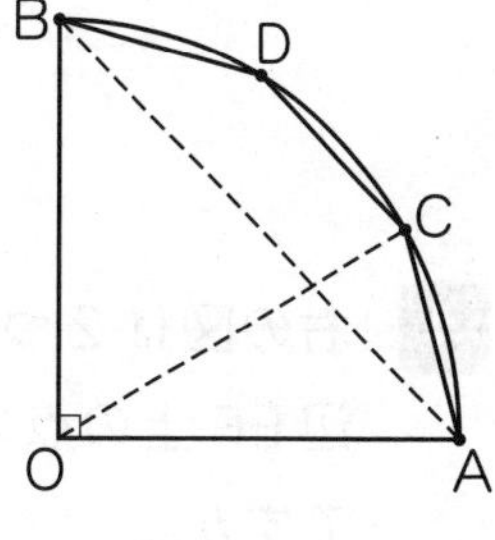


(1) 三角形OACの面積を求めなさい。

(　　　　　　)

(2) 四角形ACDBの面積を求めなさい。

(　　　　　　)

答え▶別さつ 41 ページ

# 23 四角形の面積

## 標準クラス

**1** 右の図のように，長方形の形をした土地の中に，道が２本あります。畑の面積は何 a ですか。

〔滝川中〕

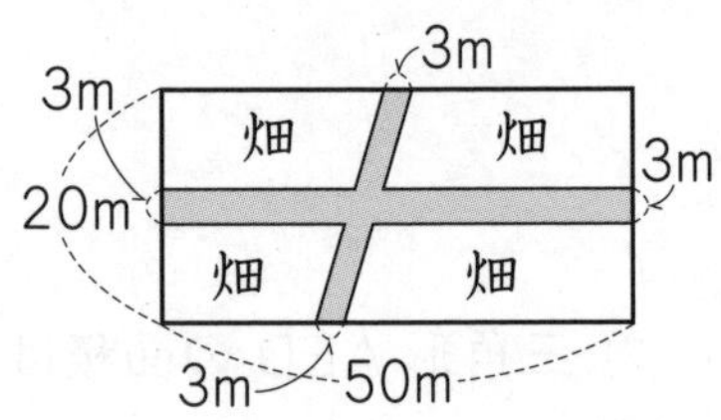


（　　　　　　）

**2** １辺４cm の２つの正方形が，右の図のように重なっています。色のついた部分の面積は何 $cm^2$ ですか。

〔比治山女子中〕

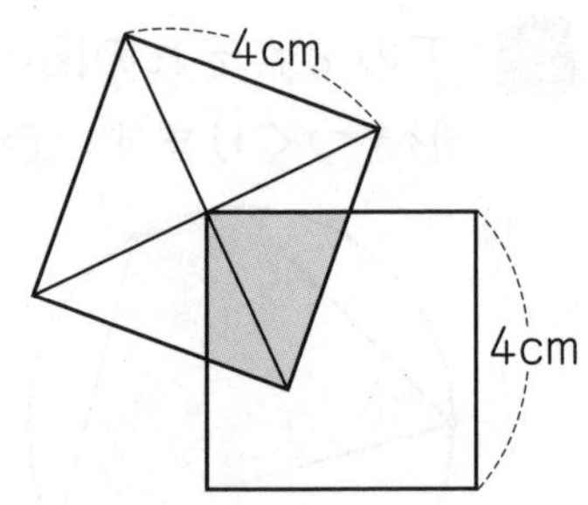


（　　　　　　）

**3** 右の図で，色のついた部分の面積を求めなさい。

〔北鎌倉女子学園中〕

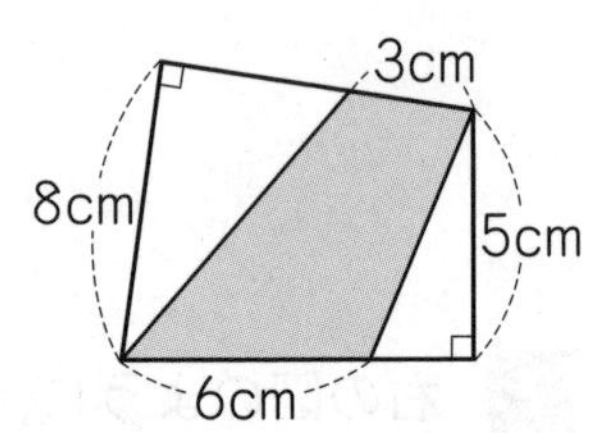


（　　　　　　）

**4** 右の図は２つの長方形 ABCD と AEFC で，点Ｂは辺 EF 上の点です。このとき，辺 CF の長さは何 cm ですか。

〔慶應義塾中〕

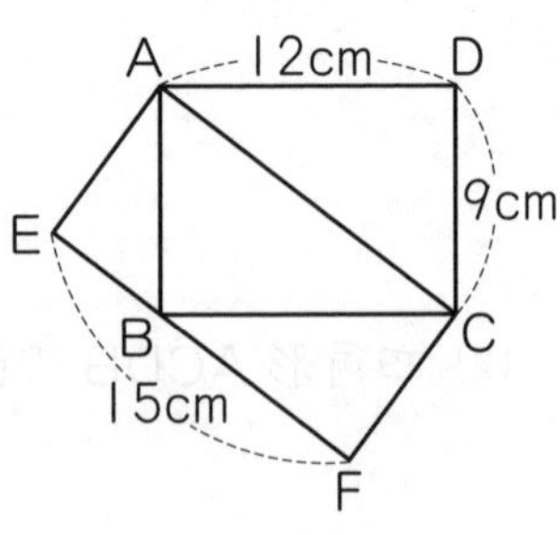


（　　　　　　）

**5** 右の図のように，四角形 ABCD，BEFG はともに長方形で面積は等しく，CE=4 cm，EF=6 cm です。また，BF と CD の交点を H とすると，三角形 BHD の面積は 18 cm² です。〔鎌倉学園中〕

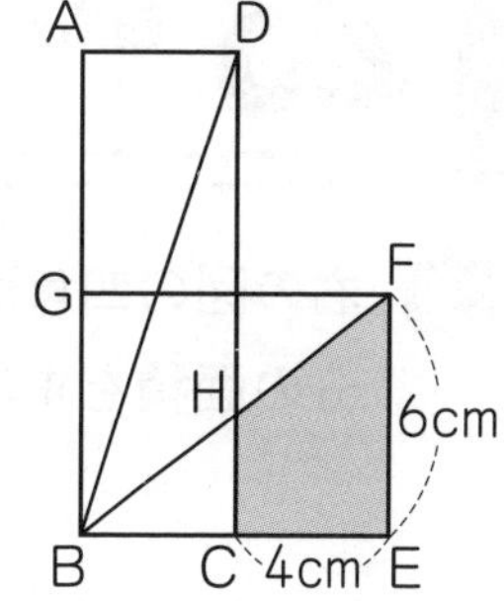


(1) 四角形 CEFH の面積を求めなさい。

(　　　　　　　　)

(2) CH の長さを求めなさい。

(3) AB の長さを求めなさい。

**6** 右の図の四角形 ABCD は正方形であり，内側の 4 つの三角形はすべて同じ直角三角形です。このとき，正方形 ABCD の面積は何 cm² ですか。〔近畿大附中〕

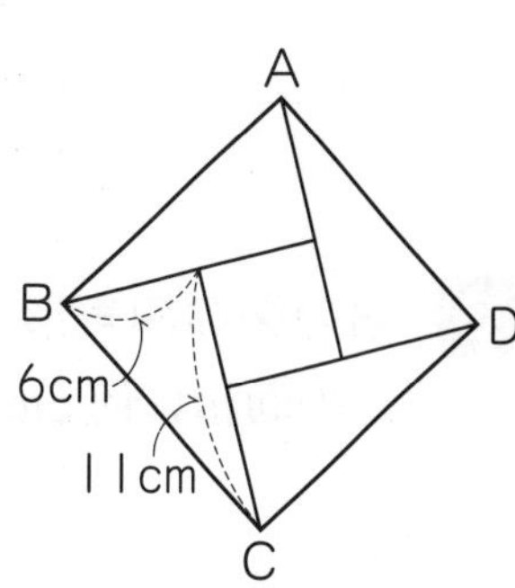


(　　　　　　　　)

**7** 周りの長さが 26 cm で，最も長い辺の長さが 12 cm の同じ直角三角形 8 つを，右の図のようにならべました。色のついた部分の面積は何 cm² ですか。〔慶應義塾中〕

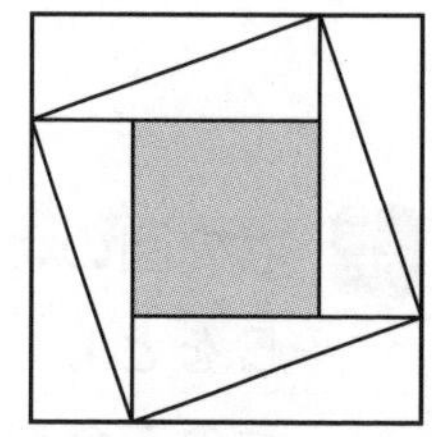

(　　　　　　　　)

**8** 右の図のように正方形と長方形があります。この 2 つの四角形の面積の和は何 cm² ですか。〔淑徳与野中〕

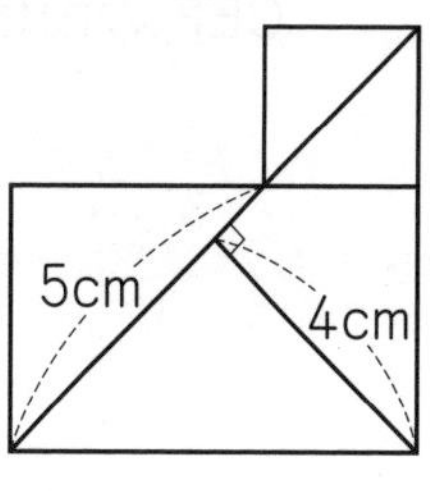


(　　　　　　　　)

答え ▶ 別さつ42ページ

| 時間 | 30分 | 得点 |
| --- | --- | --- |
| 合格 | 80点 | 点 |

# 23 四角形の面積

**1** 右の図の四角形ABCDは長方形です。色のついた部分の面積を求めなさい。(12点) 〔慶應義塾普通部〕

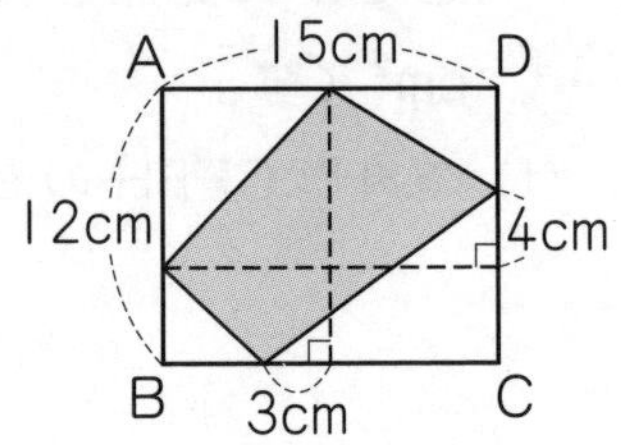


(　　　　　　)

**2** 右の図のように，長方形ABCDと正方形PQRSがあります。色のついた部分の面積は何 $cm^2$ ですか。(12点) 〔カリタス女子中〕

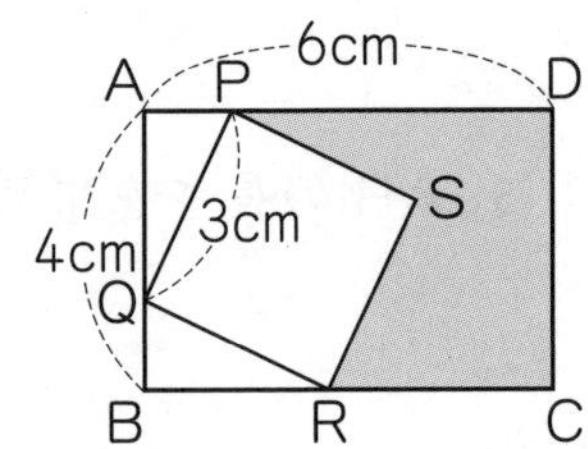


(　　　　　　)

**3** 右の図の四角形ABCDは，AD=CDです。この四角形の面積は何 $cm^2$ ですか。(12点) 〔高輪中〕

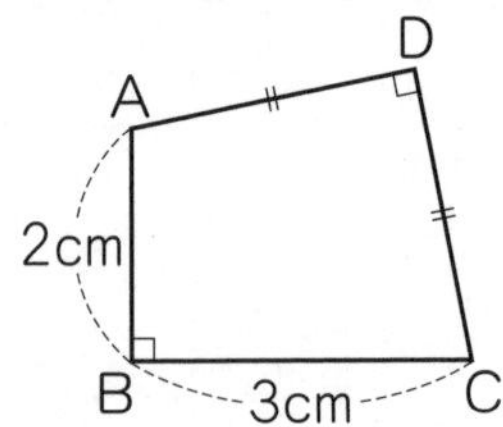


(　　　　　　)

**4** 右の図のように，平行四辺形ABCDの内部に点Eをとり，ACとBEの交点をFとします。3つの三角形ABF，AFE，AEDの面積がそれぞれ17 $cm^2$，6 $cm^2$，12 $cm^2$ であるとき，三角形CEFの面積を求めなさい。(12点) 〔早稲田大高等学院中〕

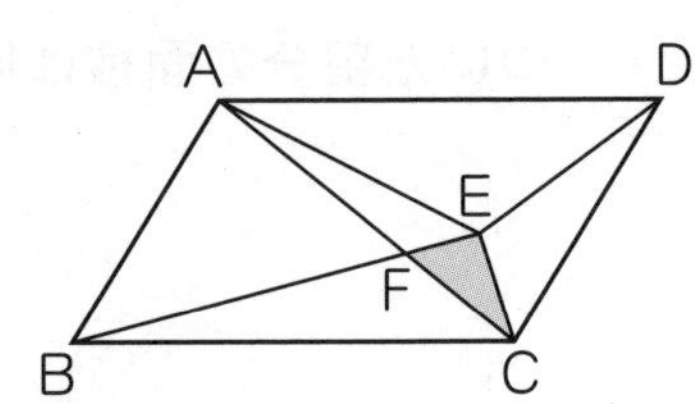


(　　　　　　)

**5** 右の図の色のついた部分の面積は何 cm$^2$ ですか。

(13点) 〔東邦大付属東邦中〕

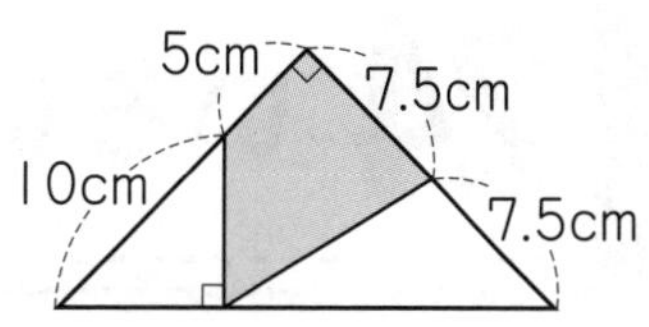


(　　　　　)

**6** 右の図は，1辺の長さが 30 cm の正方形で，その頂点や各辺を3等分した点を結んだものです。色のついた部分の面積を求めなさい。(13点) 〔成城学園中〕

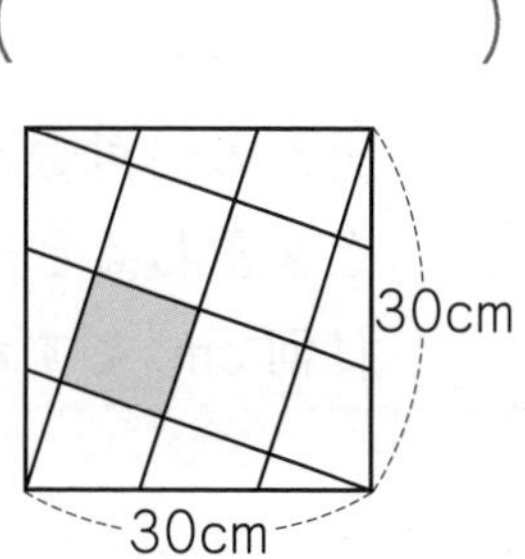


(　　　　　)

**7** 右の図は，1辺が 4 cm の正方形を3個ならべたものです。色のついた部分の面積の和は何 cm$^2$ ですか。(13点)

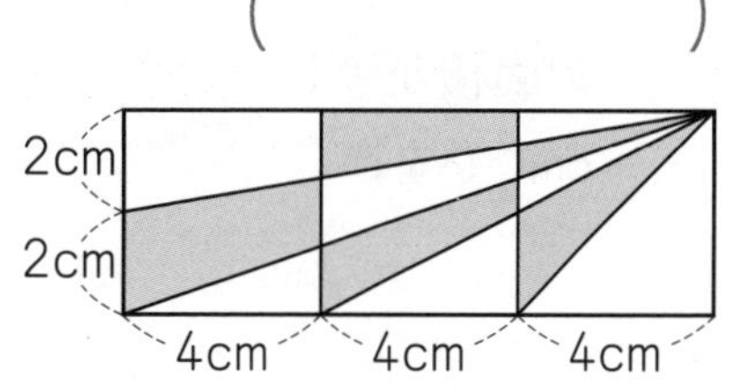


(　　　　　)

**8** 右の図において，長方形 ABCD の面積は 72 cm$^2$ です。長方形 ABCD の対角線 BD のちょうどまん中の点を E とします。点 C が点 E に重なるように折り返したら，三角形 EFG の面積が 10 cm$^2$ になりました。BF の長さをたて，DG の長さを横とする長方形の面積は何 cm$^2$ ですか。(13点)

〔京都女子中〕

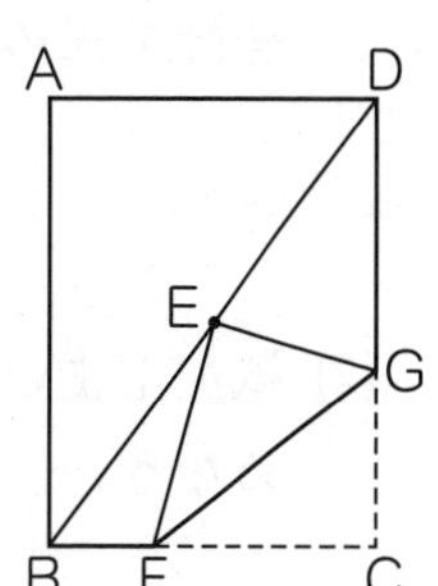


(　　　　　)

答え▶別さつ43ページ

# 24 いろいろな面積

**1** Ⅰ辺の長さが4 cmの正方形の折り紙が6まいあります。右の図のように，それぞれの正方形の対角線の交わる点とほかの正方形のかどを重ねるとき，色のついた部分の面積の和は何 $cm^2$ ですか。 〔西大和学園中〕

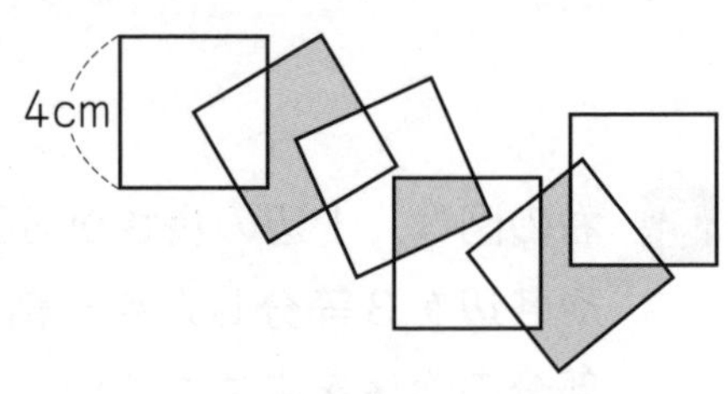


（　　　　　）

**2** 右の図のように，長方形と2つの直線でできる4つの部分㋐，㋑，㋒，㋓の面積で，㋐と㋓の面積が等しいとき，㋑と㋒の面積の差は何 $cm^2$ ですか。 〔奈良学園中〕

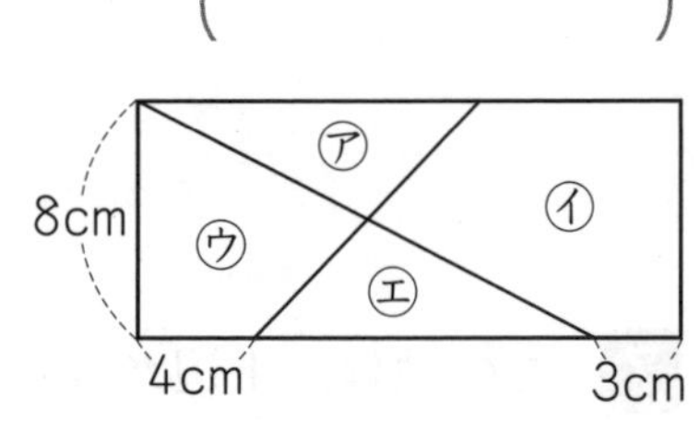


（　　　　　）

**3** 直角をはさむⅠ辺の長さが9 cmの直角二等辺三角形の紙を右の図のように2 cmずつずらして7まいならべました。 〔桃山学院中〕

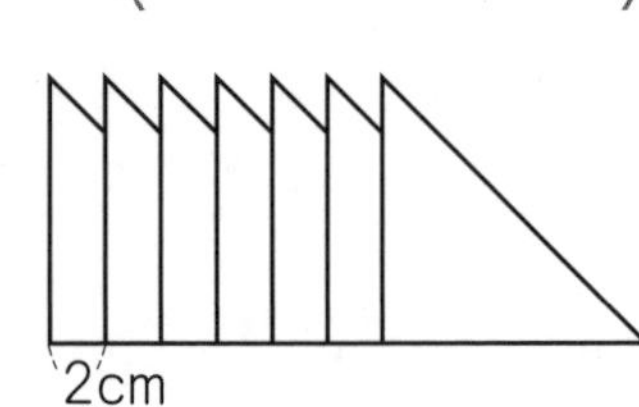


(1) ちょうど5まいの紙が重なっている部分の面積の合計を求めなさい。

（　　　　　）

(2) 紙がⅠまいだけの部分(紙が2まい以上重なっていない部分)の面積の合計を求めなさい。

（　　　　　）

(3) ちょうど3まいの紙が重なっている部分の面積の合計を求めなさい。

（　　　　　）

**4** 各辺を５等分した正方形に，右の図のような三角形㋐，㋑，㋒，㋓を作りました。㋐，㋑，㋒の面積がそれぞれ３ cm²，１ cm²，２ cm² のとき，㋓の面積は何 cm² ですか。

〔六甲学院中〕

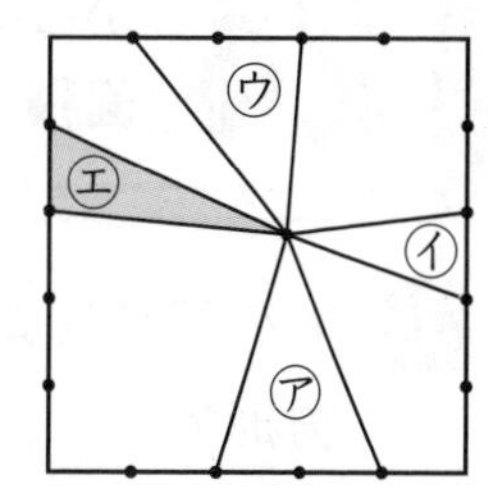


(　　　　　　)

**5** 右の図の色のついた部分の面積は何 cm² ですか。

〔中央大附中〕

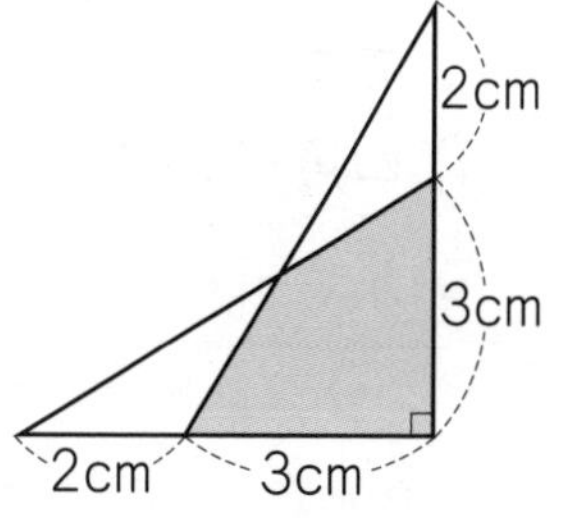


(　　　　　　)

**6** ３つの合同な長方形を右の図のようにならべました。このとき，長方形の３つの頂点 A，B，C を結んでできる三角形の面積を求めなさい。

〔三田学園中〕

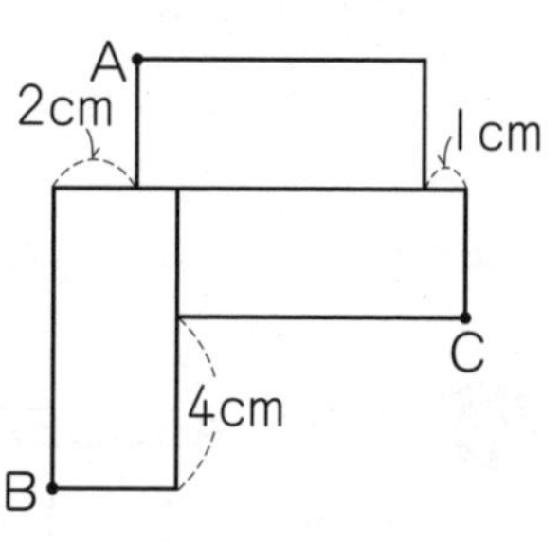


(　　　　　　)

**7** たてと横に１cm 間かくで点がならんでいます。下の図のように，あるきまりにしたがってこれらの点を結び，次々と正方形を作っていきます。１番目の正方形の面積は２ cm² で，２番目の正方形の内側には４個の点がふくまれています。

〔専修大松戸中〕

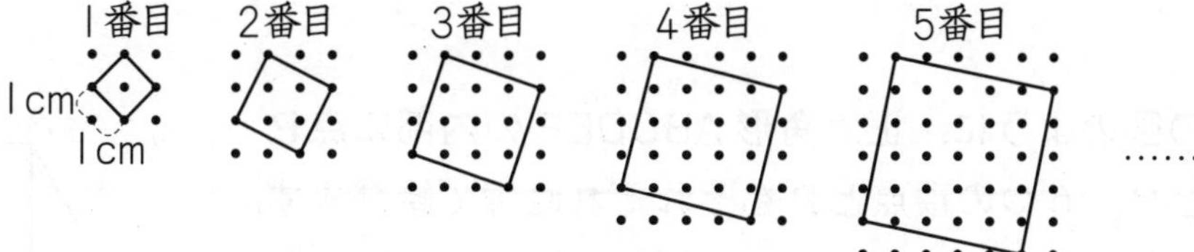


(1) ３番目の正方形の面積は何 cm² ですか。

(　　　　　　)

(2) 正方形の内部に 64 個の点がふくまれているとき，その正方形の面積は何 cm² ですか。

(　　　　　　)

答え 別さつ44ページ

| 時間 30分 | 得点 |
| --- | --- |
| 合格 80点 | 点 |

# 24 いろいろな面積 ハイクラス

**1** 右の図の四角形ABCDは1辺の長さが10 cmの正方形で,

(辺PBの長さ)+(辺DRの長さ)=13.8 cm

(辺ASの長さ)+(辺CQの長さ)=12.5 cm

です。(16点/1つ8点) 〔高槻中〕

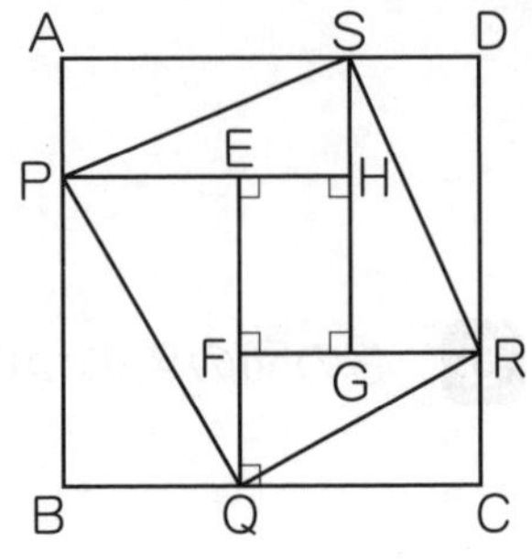


(1) 四角形EFGHの面積を求めなさい。

(　　　　　)

(2) 四角形PQRSの面積を求めなさい。

(　　　　　)

**2** 六角形ABCDEFの各辺を2等分する点をG, H, I, J, K, Lとします。六角形の内側に点Oをとり, 六角形を6つの四角形に分けたとき, それぞれの四角形の面積は右の図のようになりました。四角形OIDJの面積を求めなさい。(14点) 〔立教新座中〕

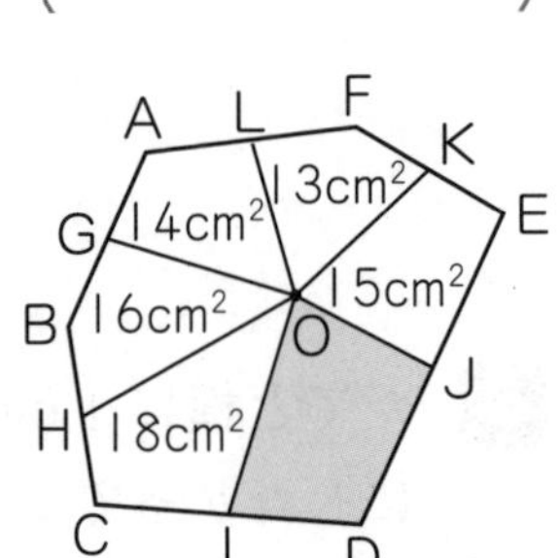


(　　　　　)

**3** 右の図のように, 正六角形ABCDEFの内部に点Pをとり, 6つの頂点とPをそれぞれ直線で結びます。三角形ABP, CDP, EFPの面積がそれぞれ3 cm², 5 cm², 8 cm²であるとき, 三角形BCPの面積は何cm²ですか。(14点) 〔灘中〕

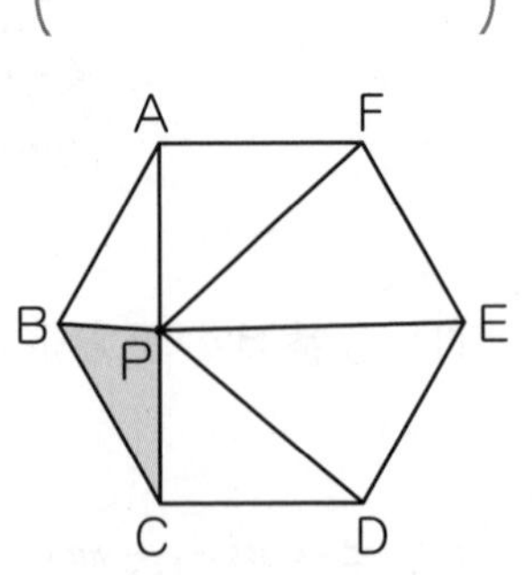


(　　　　　)

**4** 右の図の色のついた部分の面積を求めなさい。(14点)

〔帝京大中〕

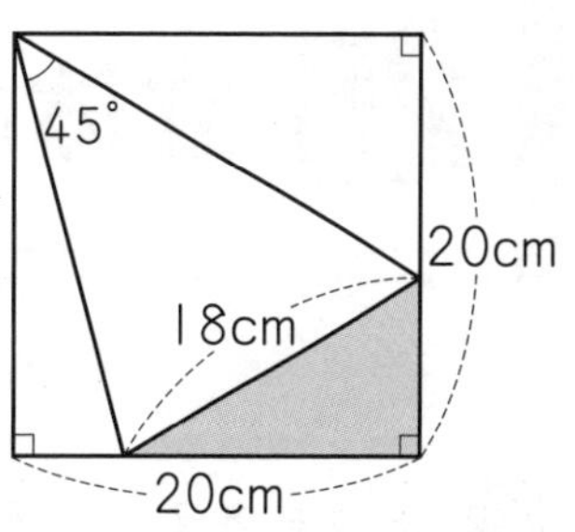


(　　　　　　　)

**5** 右の図の長方形 ABCD で，BC=23 cm，CQ=6 cm，DQ=8 cm，三角形 BPQ の面積が 134 $cm^2$ のとき，AP の長さは何 cm ですか。(14点)

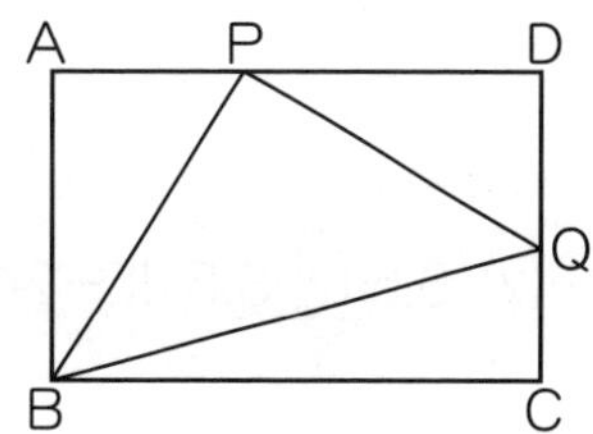


(　　　　　　　)

**6** 右の図で，三角形 ABE と三角形 CDF は正三角形で，四角形 ABCD は正方形です。DE と AF とが交わる点を G としたとき，三角形 GBC は正三角形になります。AB=3 cm のとき，四角形 EHFG の面積は何 $cm^2$ ですか。(14点)

〔西大和学園中〕

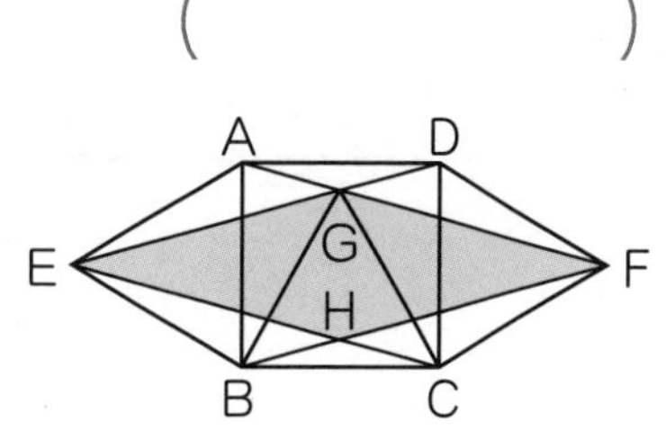


(　　　　　　　)

**7** 右の図は 1 辺の長さが 6 cm の立方体です。P，Q はそれぞれ辺 EF，辺 FG のまん中の点です。三角形 PBQ の面積を求めなさい。(14点)

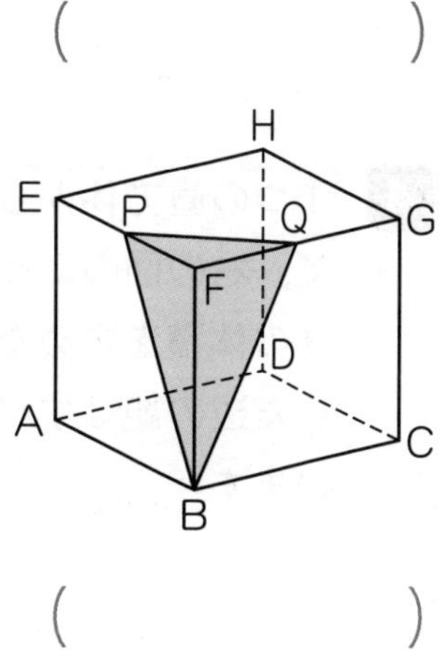


(　　　　　　　)

答え▶別さつ45ページ

# 25 立体の体積

## 標準クラス

**1** 単位を考えて，それぞれの□にあてはまる数を求めなさい。

(1) $450\ cm^3+3.5\ dL+2.25\ L=$□L 〔報徳学園中〕

(　　　　　)

(2) $0.5\ L+3.5\ dL-265\ cc+648\ mL=$□$cm^3$ 〔滝川第二中〕

(　　　　　)

**2** 右の図の立体の体積は何 $cm^3$ ですか。 〔長崎大附中〕

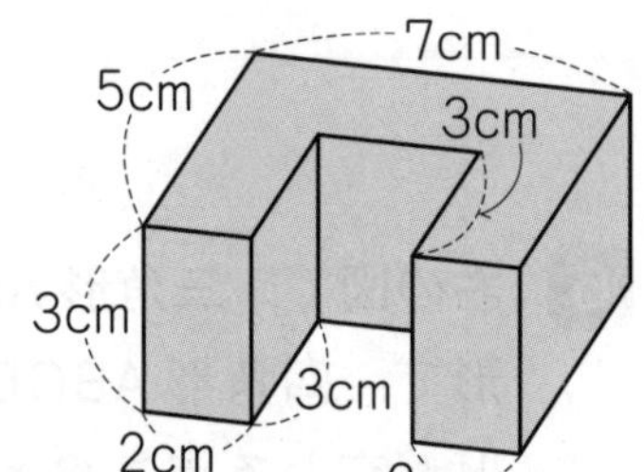


(　　　　　)

**3** 右の図の立体は，大きな直方体から同じ大きさの直方体を2つ切り取ったものです。この立体の体積は何 $cm^3$ ですか。 〔帝塚山学院中〕

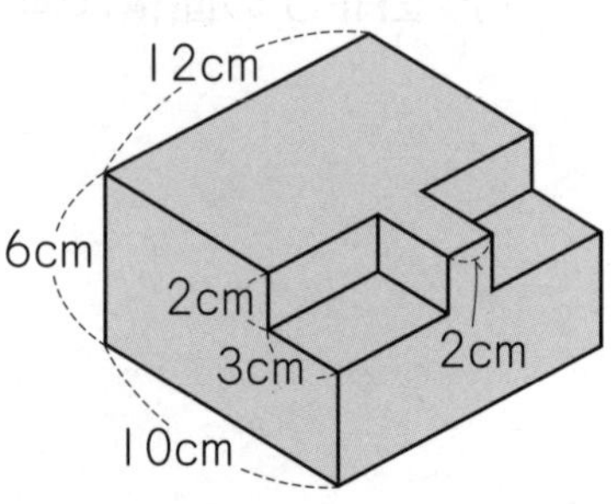


(　　　　　)

**4** 1つの直方体からいくつかの直方体を切り取って，右の図のような立体を作りました。この立体の体積を求めなさい。ただし，同じ記号のついた辺の組はすべて長さが等しいことを表しています。 〔大阪教育大附属天王寺中〕

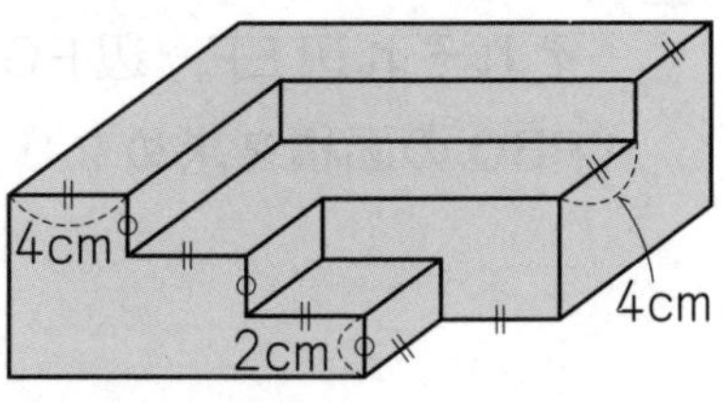


(　　　　　)

**5** 右の図は１辺の長さが 8 cm の立方体から，たて 8 cm，横 3 cm，高さ 3 cm の直方体を切り取った立体です。〔滝川中〕

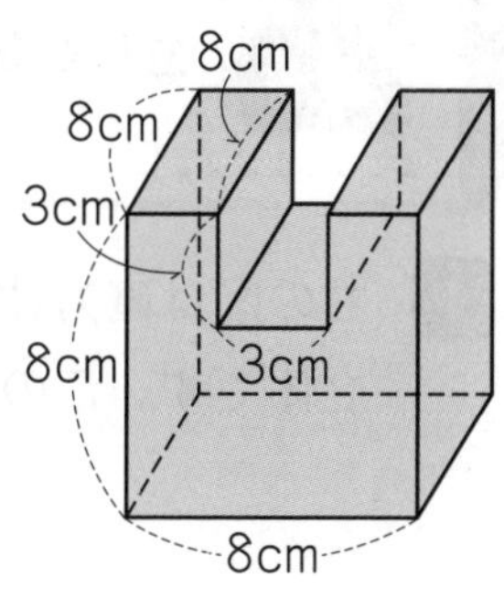


(1) この立体の体積は何 $cm^3$ ですか。

(　　　　　　　　)

(2) この立体を切り開いて，展開図(てんかいず)を作ります。展開図の面積は何 $cm^2$ ですか。

(　　　　　　　　)

**6** たて 2 cm，横 2 cm，高さ 4 cm の直方体をたくさん用意して，右の図のような立体を作ります。直方体は何個(こ)必要ですか。〔京都学園中〕

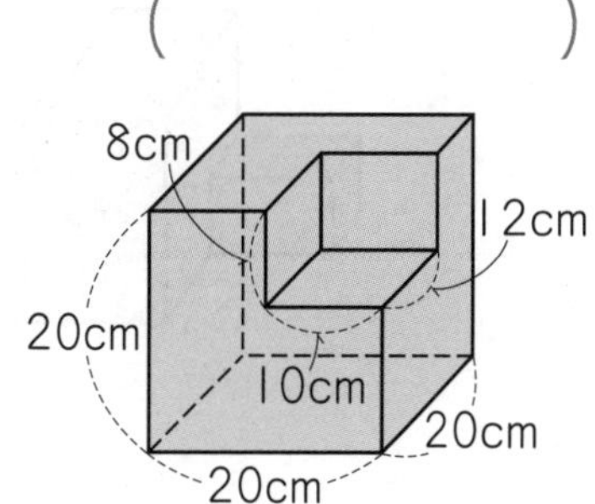


(　　　　　　　　)

**7** １辺が 2 cm の立方体を使って，右の図のような立体を作りました。この立体の体積は何 $cm^3$ ですか。〔横浜富士見丘学園中〕

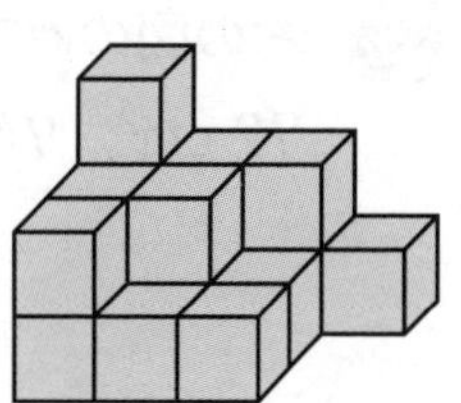

(　　　　　　　　)

**8** 右の図の立体の体積は何 $cm^3$ ですか。〔捜真女学校中〕

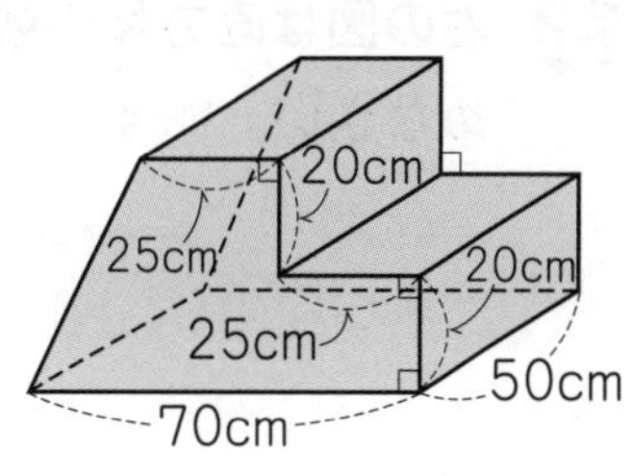


(　　　　　　　　)

答え▶別さつ 46 ページ

# 25 立体の体積

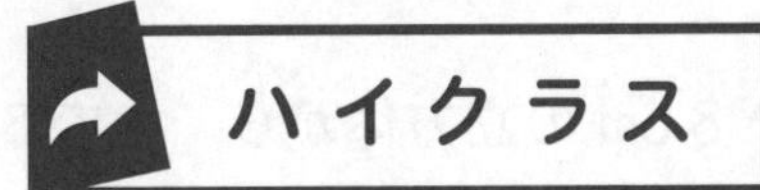


| 時間 30分 | 得点 |
| --- | --- |
| 合格 80点 | 点 |

**1** 右の図は直方体を平らな面でななめに切ってできた立体です。この立体の体積を求めなさい。(12点)

〔成城学園中〕

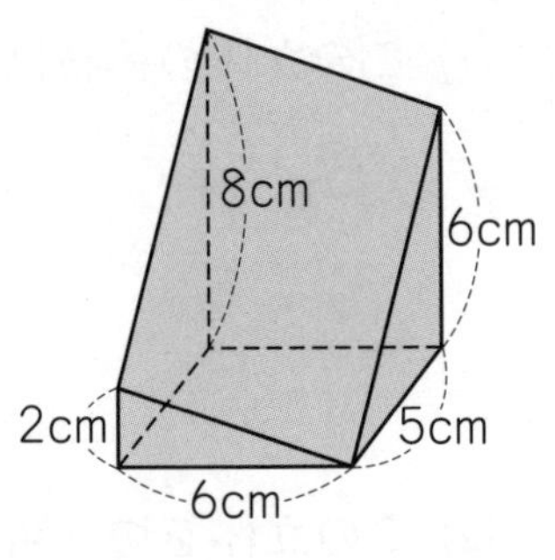


(　　　　　　　　)

**2** 図 1 は直方体を組み合わせた立体です。この立体の体積を求めなさい。ただし，図 2 はこの立体を真上から見たもの，図 3 はこの立体を正面から見たものです。

(12点) 〔清泉女学院中〕

図 1

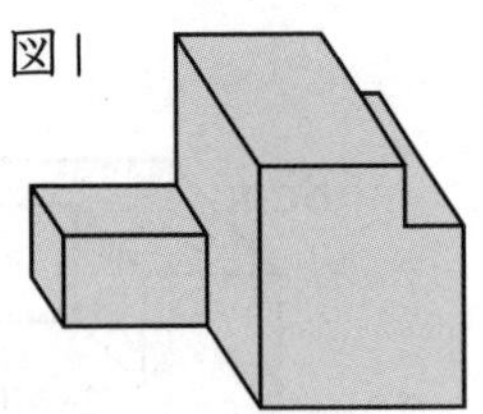

図 2

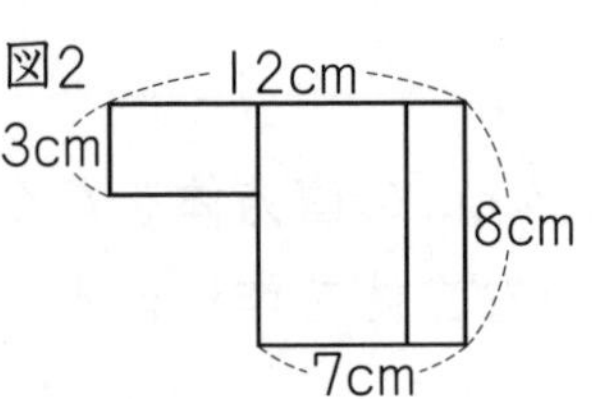


図 3

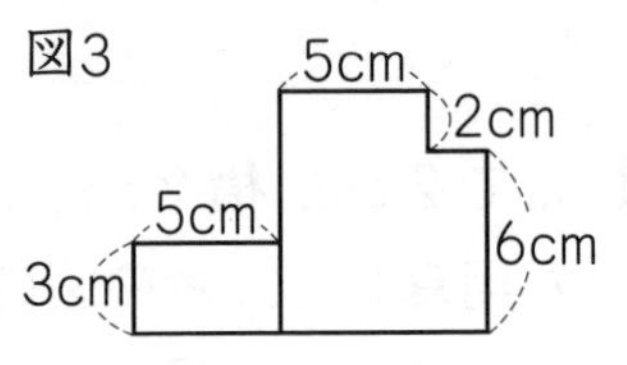


(　　　　　　　　)

**3** 右の図の直方体において，各面の面積はそれぞれ 48 $cm^2$，72 $cm^2$，96 $cm^3$ です。この直方体の体積を求めなさい。

(12点) 〔日本大中〕

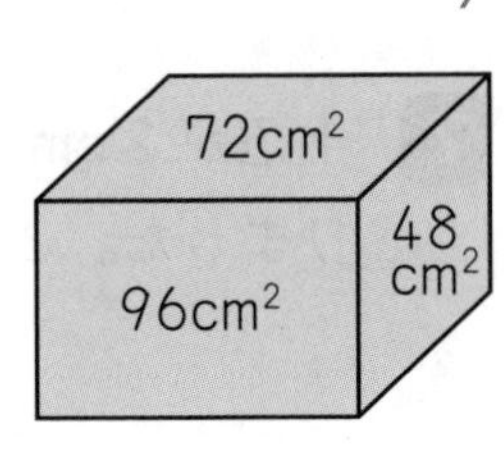


(　　　　　　　　)

**4** 右の図は直方体の展開図(てんかいず)です。この立体の体積を求めなさい。(12点)

〔自修館中〕

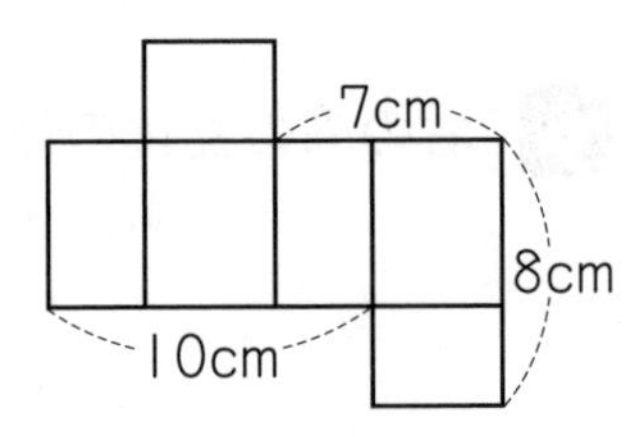


(　　　　　　　　)

**5** 右の図のように１辺の長さが１cmの小さい立方体を125個くっつけて１辺の長さが５cmの立方体を作りました。12個の色のついた正方形をそれぞれの面に垂直に反対側の面までくりぬいた立体の体積は何 $cm^3$ ですか。(12点)　〔大阪学芸中〕

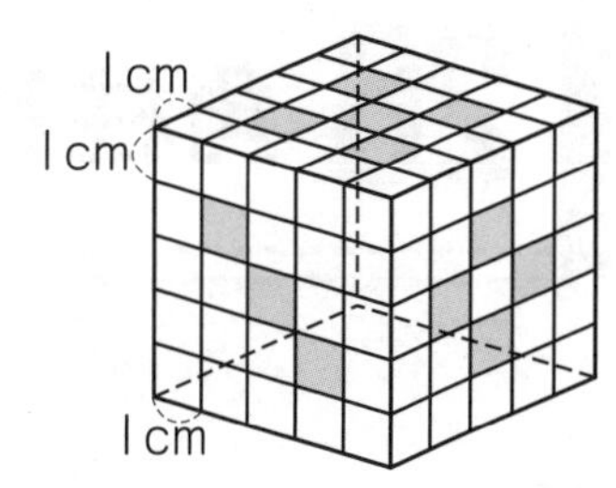


(　　　　　　)

**6** 右の図は，厚さ２cmの木の板で作った底のある容器です。(16点/1つ8点)

(1) この容器には水が何 $cm^3$ まで入りますか。

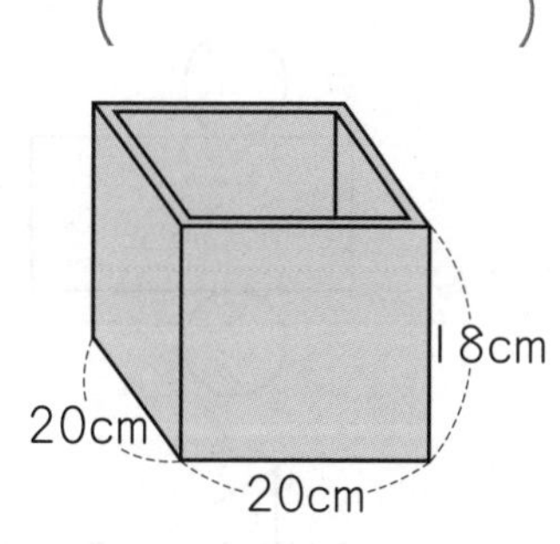


(　　　　　　)

(2) この容器を作るのに使った木の体積の合計は何 $cm^3$ ですか。

(　　　　　　)

**7** 右の図の立体は直方体を組み合わせた容器です。この容器には水面の高さが10cmまで水が入っています。この容器を，色のついた面を底にして水平に置いたら，水面の高さは何cmになりますか。(12点)

〔玉川聖学院中〕

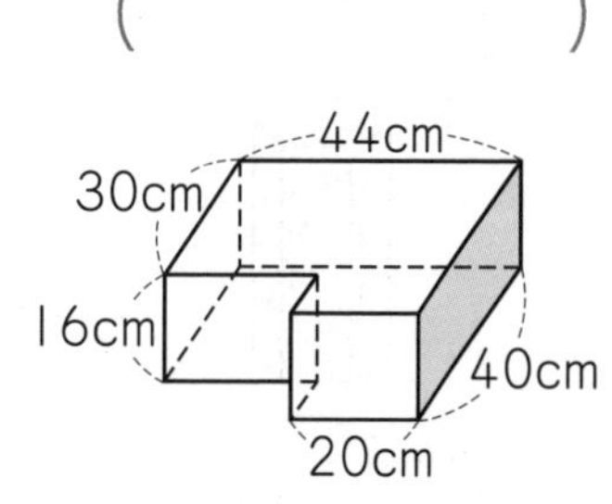


(　　　　　　)

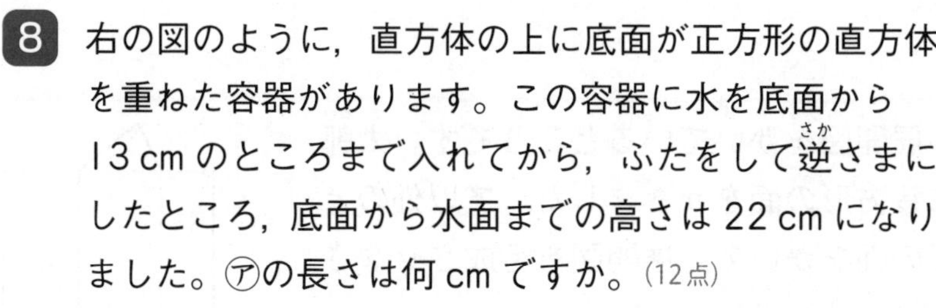

**8** 右の図のように，直方体の上に底面が正方形の直方体を重ねた容器があります。この容器に水を底面から13cmのところまで入れてから，ふたをして逆さまにしたところ，底面から水面までの高さは22cmになりました。㋐の長さは何cmですか。(12点)

〔帝塚山学院泉ヶ丘中〕

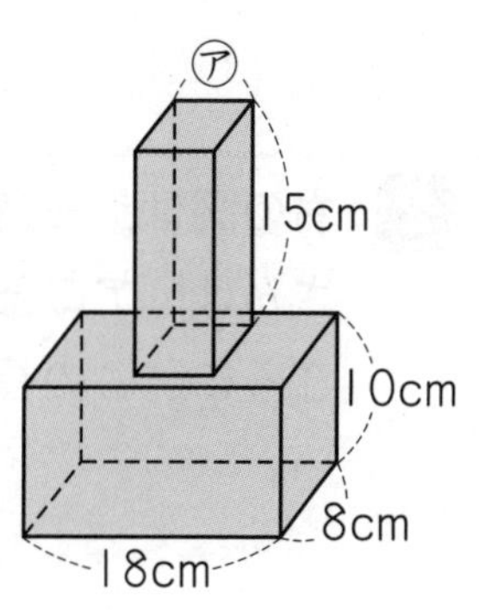


(　　　　　　)

答え▶別さつ46ページ

# 26 角柱と円柱

## 標準クラス

**1** 下の㋐～㋓の展開図(てんかいず)を組み立ててできる立体は，下の①～④のどれですか。また，できる立体の名まえも書きなさい。

㋐
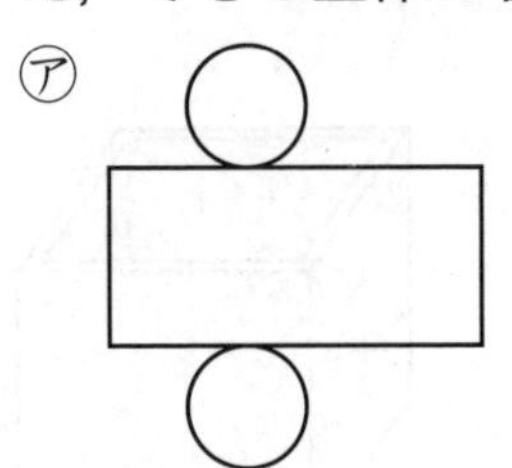

㋑
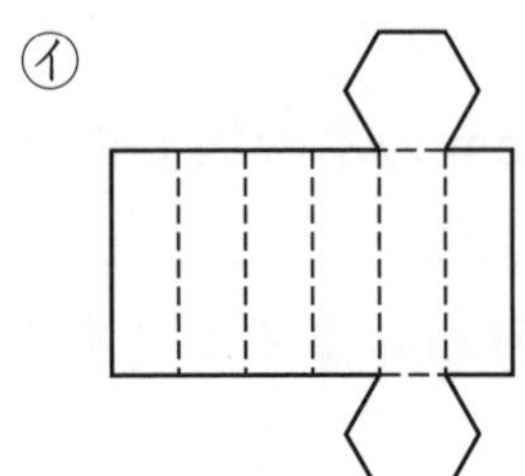

㋒
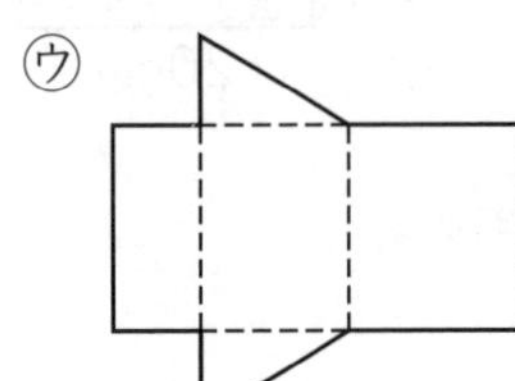

㋓
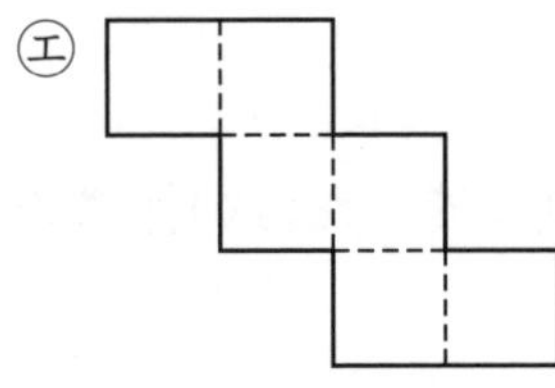

①
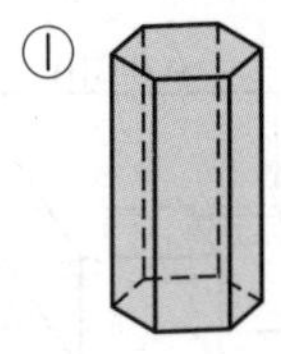

②
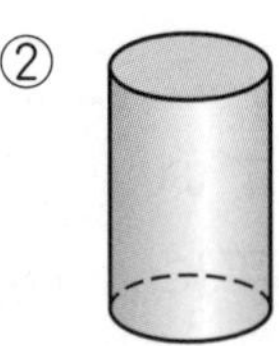

③
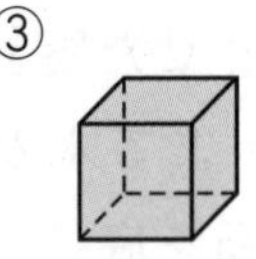

④
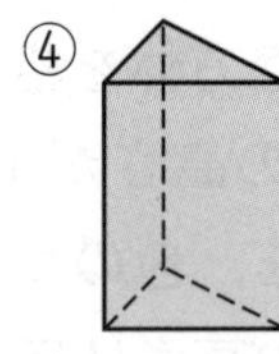

㋐（　　　　　　　　）　㋑（　　　　　　　　）

㋒（　　　　　　　　）　㋓（　　　　　　　　）

**2** 右の図は，三角柱の展開図をかいているところです。太郎(たろう)さんは，アの部分に長方形の面をかきました。ア以外のところに，この長方形の面をかいて，展開図を完成させなさい。

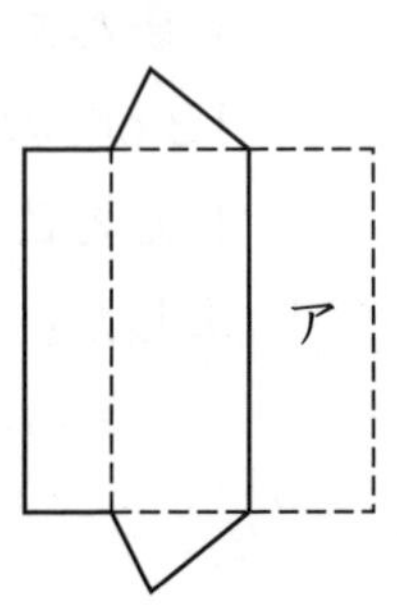

**3** 下の①～⑩の図で，立方体の展開図でないものの番号をすべて選びなさい。

〔六甲中〕

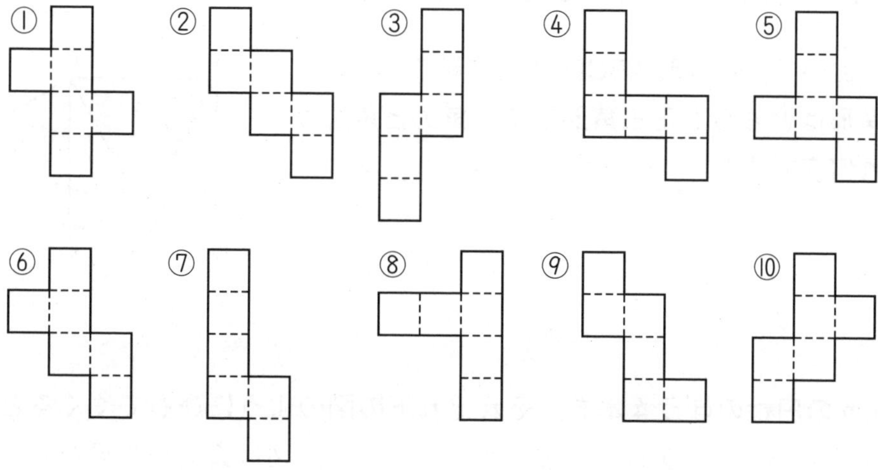


（　　　　　　　　）

**4** 下の図は，さいころの展開図です。図１と図２は組み立てたとき，同じさいころになりました。図２の展開図のあいたところに，さいころの目の方向まで考えて正確(せいかく)に目をかき入れなさい。

〔愛知淑徳中〕

（図１）　（図２）

**5** 下の図のような箱があります。この箱の●の面の図がらを，右側の展開図へかき入れなさい。

〔三重大附中〕

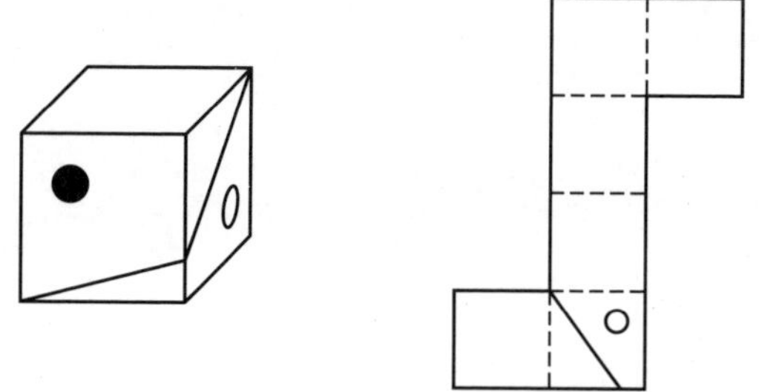

# チャレンジテスト⑧

答え▶別さつ47ページ

| 時間 30分 | 得点 |
| --- | --- |
| 合格 80点 | 点 |

**1** 右の図において，四角形 ABCD は正方形で，色のついた三角形はどちらも正三角形です。角㋐と角㋑はそれぞれ何度ですか。(16点/1つ8点)　〔ノートルダム女学院中〕

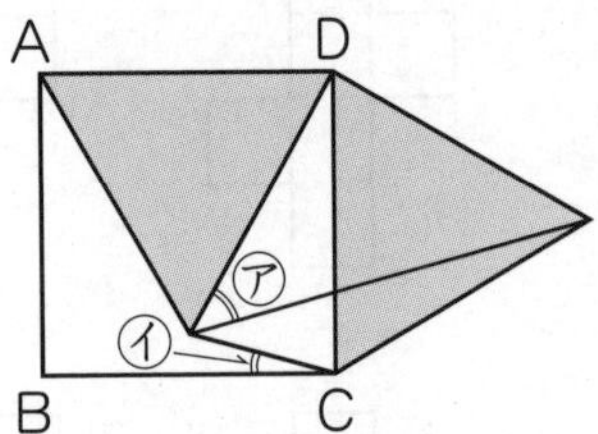


㋐（　　　　　）㋑（　　　　　）

**2** 半径 3 cm の円柱のぼう 4 本を，それぞれ下の図のようにひもでくくるとき，ひもの長さは何 cm になるか求めなさい。ただし，図は真上から見たもので，結び目に使うひもの長さは 6 cm とします。(16点/1つ8点)　〔プール学院中〕

(1)

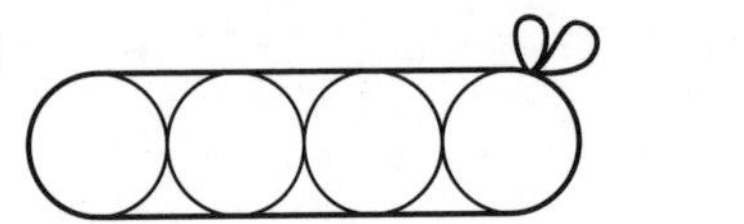

(2)

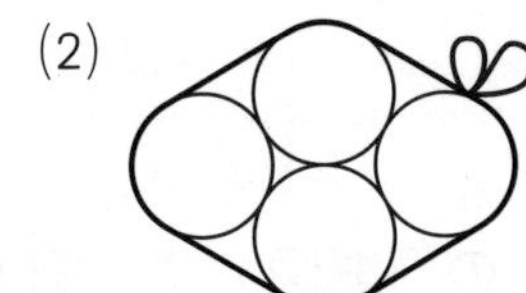

（　　　　　）　（　　　　　）

**3** 右の図の四角形 ABCD の面積は，対角線 BD をひくと 2 等分されます。また，四角形 BFDE の面積は三角形 ABE の面積の $\frac{9}{4}$ 倍になります。(16点/1つ8点)

〔日本大第二中〕

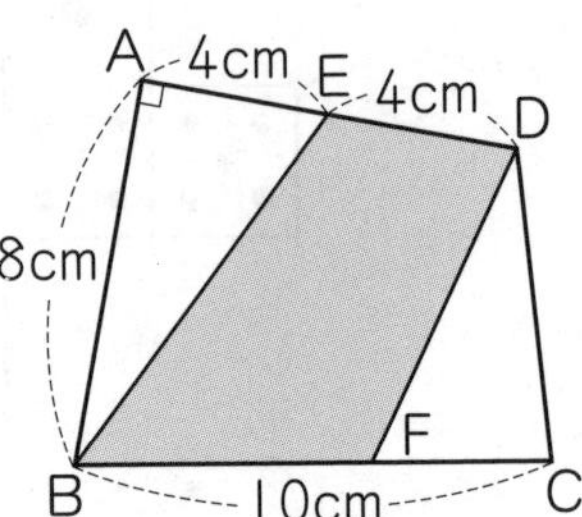


(1) 四角形 BFDE の面積は何 $cm^2$ ですか。

（　　　　　）

(2) FC の長さは何 cm ですか。

（　　　　　）

**4** 右の図のように，台形 ABCD と辺 BC 上に点 E があります。（16点/1つ8点）〔駒場東邦中〕

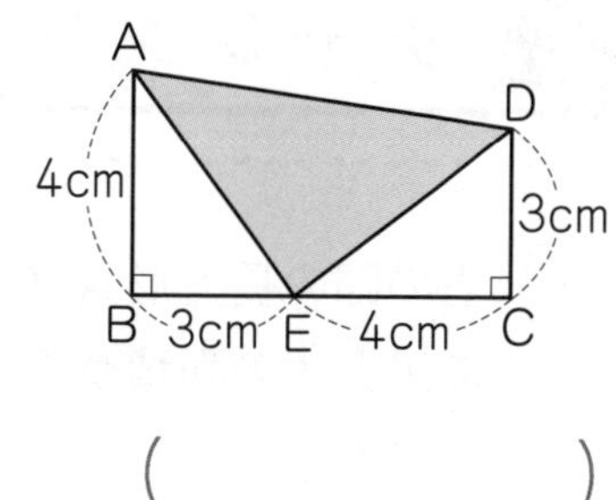


(1) 三角形 AED の面積を求めなさい。

（　　　　　）

(2) 三角形 AED の辺 AE の長さを求めなさい。

（　　　　　）

**5** 右の図のような正十二角形の面積は何 $cm^2$ ですか。（10点）〔富士見中〕

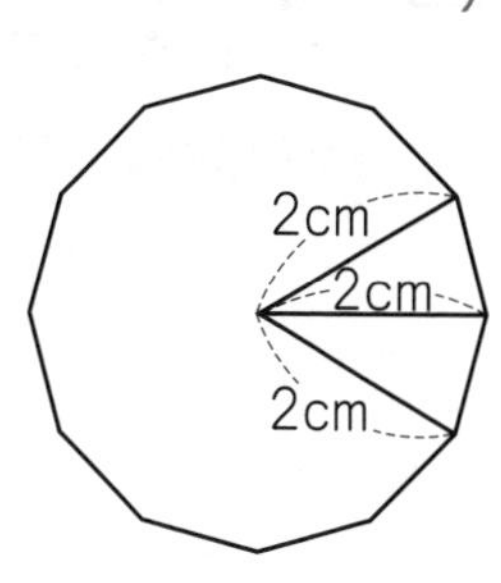


（　　　　　）

**6** 1 辺が 8 cm の 2 つの正方形が図のように重なっています。（16点/1つ8点）〔関西大第一中〕

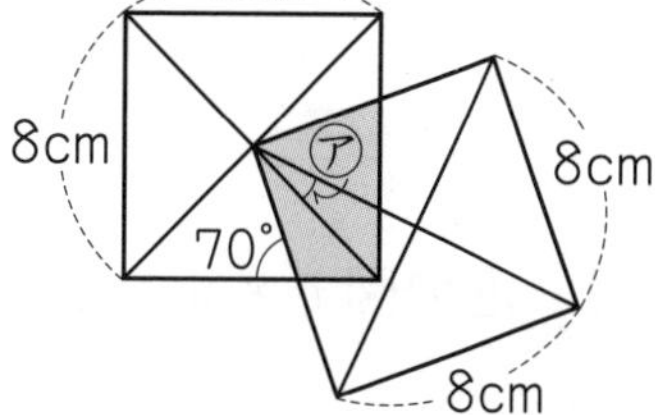


(1) 角㋐は何度ですか。

（　　　　　）

(2) 色のついた部分の面積を求めなさい。

（　　　　　）

**7** 2 つの立方体を重ねた右図のような立体を，真上から見ると図 1 のようになりました。この立体の体積を求めなさい。（10点）〔東洋英和女学院中〕

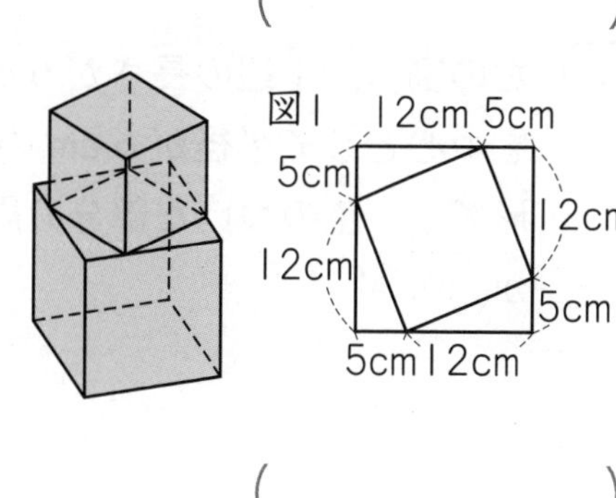


（　　　　　）

答え▶別さつ48ページ

| 時間 30分 | 得点 |
| --- | --- |
| 合格 80点 | 点 |

# チャレンジテスト⑨

**1** 右の図の長方形ABCDにおいて，色のついた部分の㋐と㋑の面積が等しいとき，AEの長さは何cmですか。（12点）
〔中央大附中〕

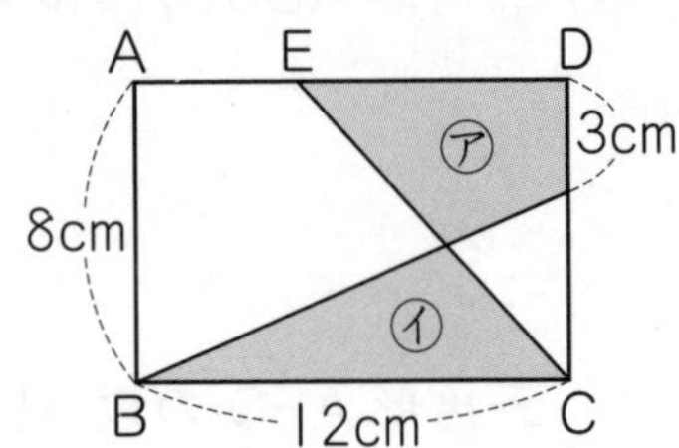


（　　　　　）

**2** 図1の立体は，1辺が10cmの立方体に穴をあけたものです。どの面も図2のようになっていて，それぞれの穴は1辺が4cmの正方形を底面とする直方体を反対側までくりぬいたものです。この立体の体積は何$cm^3$ですか。（12点）
〔淳心学院中〕

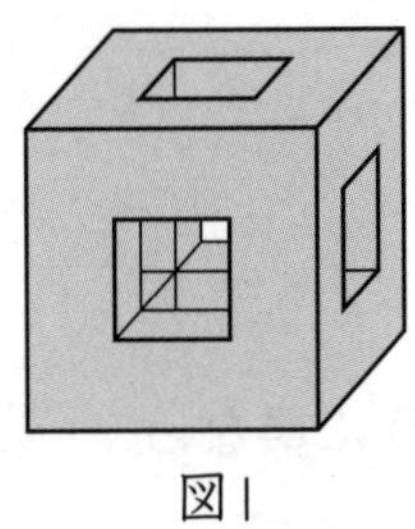
図1

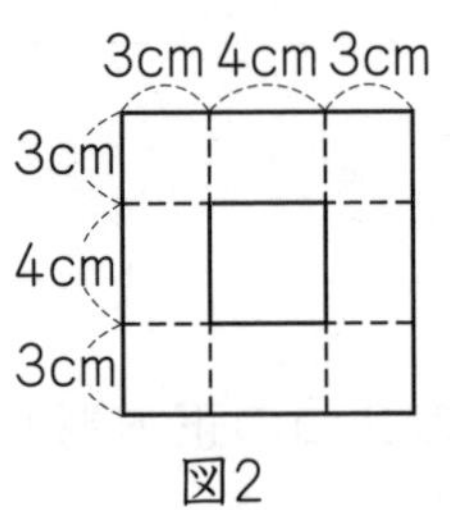

図2

（　　　　　）

**3** 右の図で×印をつけた角の和を求めなさい。（12点）
〔神戸海星女子中〕

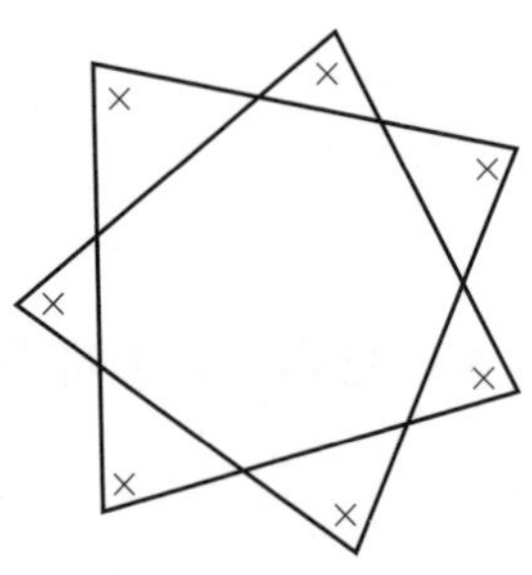

（　　　　　）

**4** 右の図は，1辺の長さが6cmの正十角形と，その頂点を中心として半径が6cmの円の一部を組み合わせた図形です。色のついた部分の周の長さの合計は何cmですか。（12点）
〔豊島園女子学園中〕

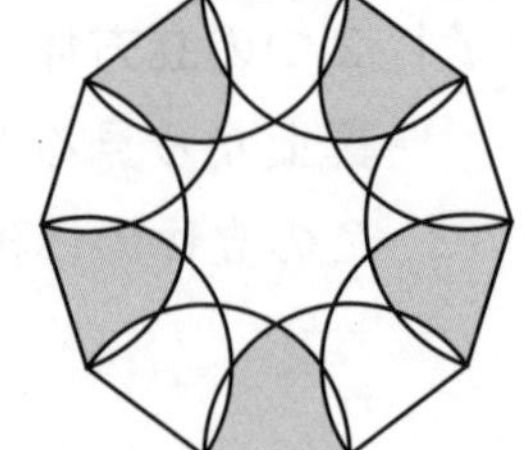

（　　　　　）

**5** 右の図の角㋐と角㋑はそれぞれ何度ですか。

(16点/1つ8点) 〔武庫川女子大附中〕

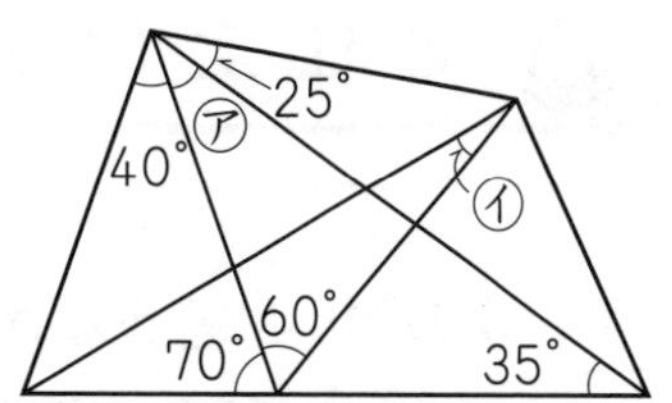


㋐(　　　　　)　㋑(　　　　　)

**6** 右の図のような横の長さが6cmの長方形があります。その内部の点あと各辺のまん中の点を直線で結び，㋐〜㋓の4つの四角形に分けます。㋐，㋒の面積がそれぞれ17cm²，13cm²のとき，もとの長方形のたての長さを求めなさい。(12点) 〔大阪教育大附属池田中〕

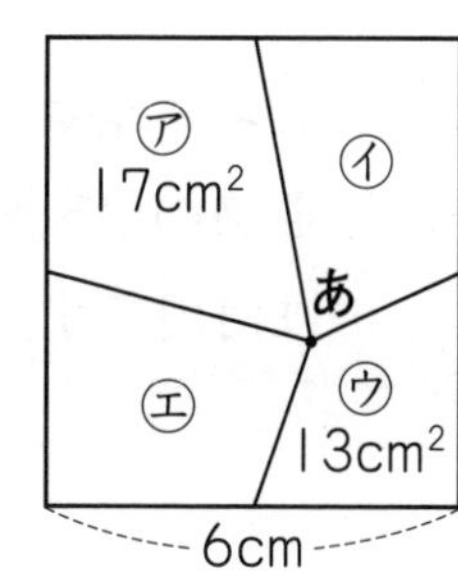


(　　　　　)

**7** 右の図は1辺の長さが10cmの正方形です。色のついた部分の面積が53cm²のとき，㋐の長さを求めなさい。(12点) 〔三田学園中〕

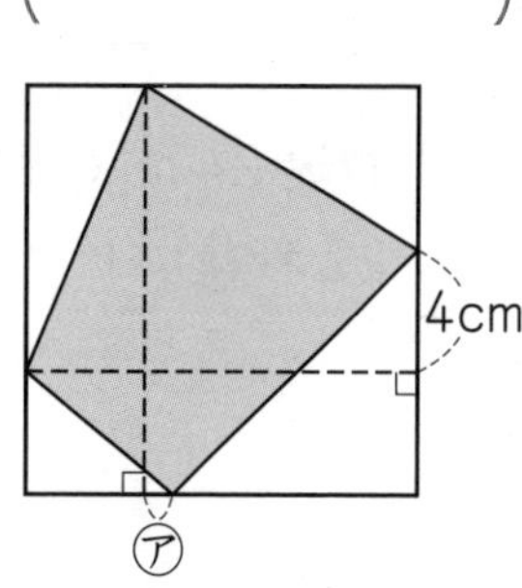


(　　　　　)

**8** 右の図のように，1辺が3cmの正六角形のひとつの頂点Aに長さ18cmの糸のはしがとめられています。糸のとめられていない方のはしの点をPとします。右の図の状態から，糸がたるまないようにして，糸を正六角形のまわりを時計回りに1周させたとき，Pが動いた道のりを求めなさい。(12点) 〔洛星中〕

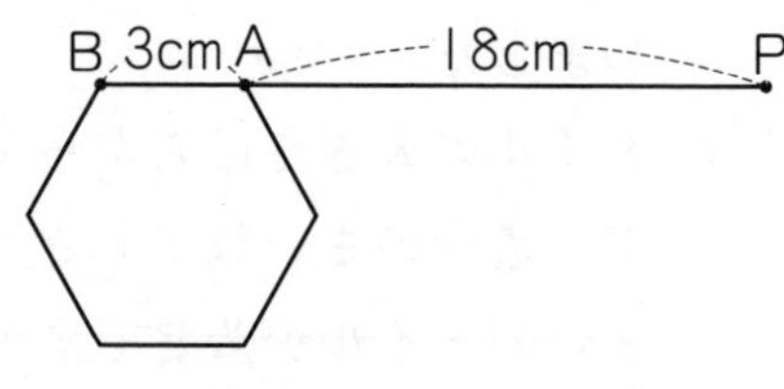


(　　　　　)

答え▶別さつ 49 ページ

| 時間 30分 | 得点 |
| --- | --- |
| 合格 80点 | 点 |

# 総仕上げテスト①

**1** 次の問いに答えなさい。(32点/1つ8点)

(1) 1001 と 377 の最大公約数を求めなさい。〔かえつ有明中〕

(　　　　　)

(2) ある商品を定価(ていか)の 10％引きで売ると仕入れねに対して 1500 円の利益(りえき)があり，定価の 25％引きで売ると仕入れねに対して 750 円の損失(そんしつ)になります。定価は何円ですか。〔穎明館中〕

(　　　　　)

(3) 12％の食塩水Aが 300 g あります。この食塩水Aに食塩を加えて，濃度(のうど)を 20％にしました。加えた食塩は何 g ですか。〔神奈川大附中〕

(　　　　　)

(4) 秒速 24 m で走る電車があります。この電車が 400 m のトンネルに入ってから 22 秒後にトンネルから出終わりました。この電車の長さは何 m ですか。〔聖学院中〕

(　　　　　)

**2** たてが 24 cm，横が 64 cm の長方形の板の上に，正方形のタイルをすき間なくしきつめることにしました。(16点/1つ8点)〔明治学院中〕

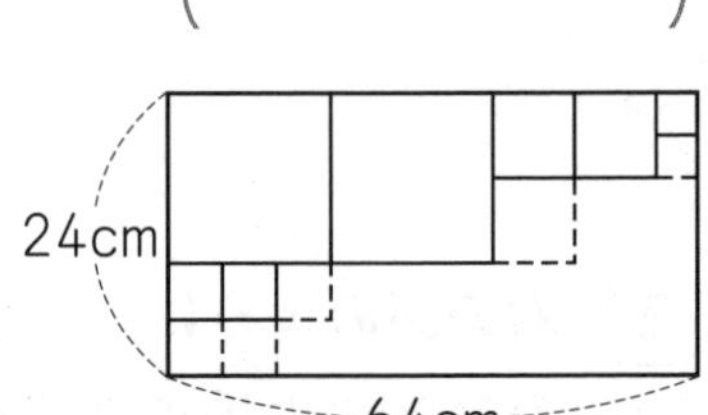


(1) タイルの大きさはちがっていてもよいものとして，最少のまい数でしきつめるとき，全部で何まいのタイルが必要ですか。

(　　　　　)

(2) 同じ大きさのタイルを使い，最少のまい数でしきつめるとき，全部で何まいのタイルが必要ですか。

(　　　　　)

**3** 家から 1680 m はなれた図書館へ分速 60 m で歩いて行きましたが，とちゅうでわすれ物に気づき，分速 80 m で家にもどりました。そして分速 80 m でもう一度図書館へ向かいました。とう着した時間は，はじめの予定より 3 分 30 秒おくれていました。(16点/1つ8点) 〔同志社中〕

(1) はじめから分速 80 m で歩き，わすれ物もしなかった場合，図書館へは何分かかりますか。

(　　　　　　　　)

(2) わすれ物に気づいたのは，家から何 m のところですか。

(　　　　　　　　)

**4** 落ちた高さの $\frac{5}{6}$ の高さまではね返るボールがあります。このボールが右の図のようにはずみました。(18点/1つ9点) 〔甲南女子中〕

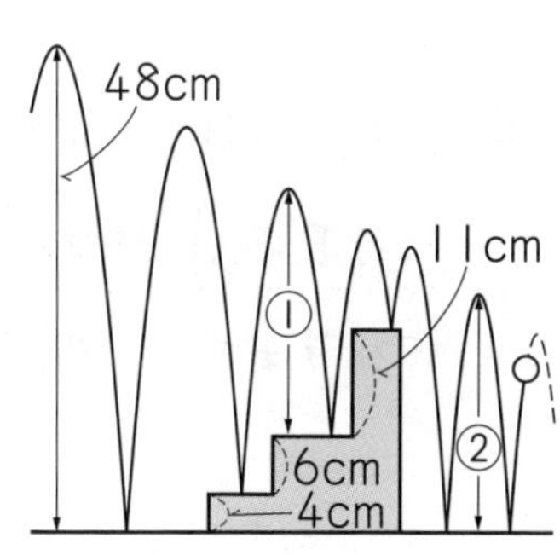


(1) 図の①は何 cm ですか。

(　　　　　　　　)

(2) 図の②は何 cm ですか。

(　　　　　　　　)

**5** 右の図のように，正方形 ABCD を BE を折り目として折ったところ，点Aは点Fの場所にきました。(18点/1つ9点) 〔明星中(大阪)〕

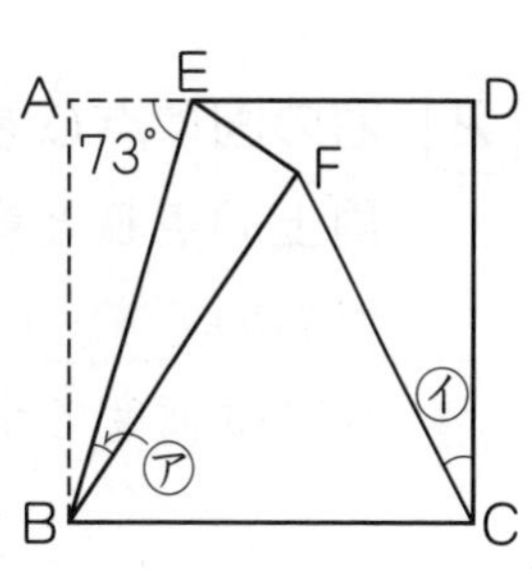


(1) 角㋐は何度ですか。

(　　　　　　　　)

(2) 角㋑は何度ですか。

(　　　　　　　　)

答え ▷ 別さつ 50 ページ

| 時間　30分 | 得点 |
| --- | --- |
| 合格　80点 | 点 |

# 総仕上げテスト②

**1** 次の□にあてはまる数を求めなさい。（32点/1つ8点）

(1) ある数から5をひくと7でわり切れ，7を引くと5でわり切れます。このような整数のうち，3番目に小さい数は□です。 〔帝塚山中〕

（　　　　　）

(2) 男子24人，女子18人のクラスでテストをしたところ，男子の平均（へいきん）点は女子の平均点より7点高く，クラス全体の平均点は77点でした。女子の平均点は□点です。 〔滝川中〕

（　　　　　）

(3) AさんはBさんより15cmせが高く，2人が同じつくえの横に立つと，Aさんは身長の$\frac{4}{7}$がつくえよりも上側にあり，Bさんは身長の$\frac{9}{17}$が机よりも上側になります。このとき，Aさんの身長は□cmです。 〔中央大附属横浜中〕

（　　　　　）

(4) 午前9時から午前10時の間に，時計の長しんと短しんの作る角度が180°になるのは午前9時□分です。 〔森村学園中〕

**2** 右の図は点Oを中心とする円の一部であり，点Oを円周上の点Bと重なるように，ADを折り目として折ったものです。（16点/1つ8点） 〔立正大付属立正中〕

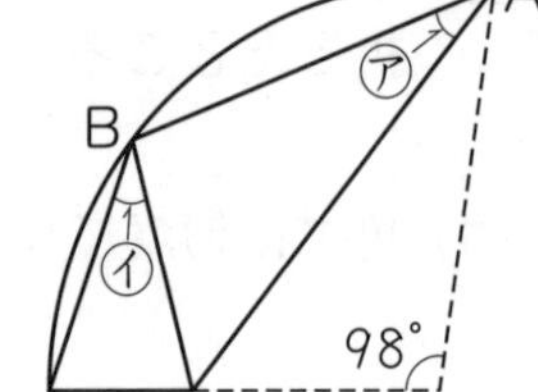


(1) 角㋐は何度ですか。

（　　　　　）

(2) 角㋑は何度ですか。

（　　　　　）

**3** 兄と弟が家から駅まで行きました。弟は9時に家を出て，家から1620 mの地点まで分速60 mで歩き，そのあと駅まで分速120 mで走りました。兄は9時20分に家を出て，自転車に乗って分速185 mで駅に向かいました。

（16点/1つ8点）〔清泉女学院中〕

(1) 兄が弟に追いつくのは何時何分ですか。

（　　　　　）

(2) 兄は駅に弟より13分早く着きました。家から駅までは何 km ありますか。

（　　　　　）

**4** 5%の食塩水300 gが入っている容器（ようき）があります。はじめの10分間は，この容器に一定の割合（わりあい）で食塩だけを加えていき，10分後からは，一定の割合で水だけ加えていくそう作をしました。右のグラフは，そう作を始めてからの時間と，増（ふ）えた重さの関係を表しています。（24点/1つ8点）〔武庫川女子大附中〕

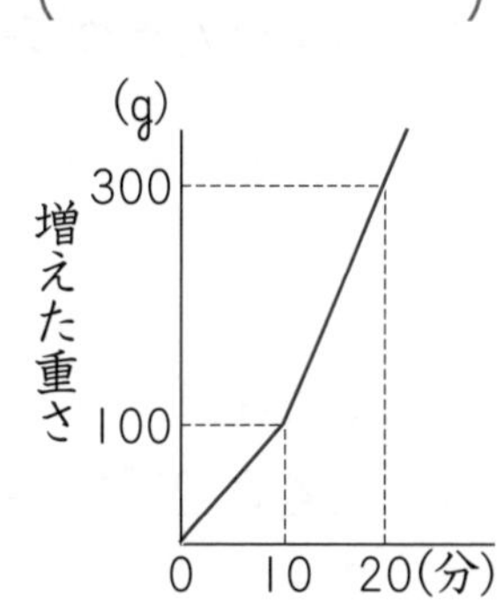


(1) そう作を始めてから5分後の食塩水の重さは何 g ですか。

（　　　　　）

(2) そう作を始めてから15分後の食塩水の濃（こ）さは何％ですか。

（　　　　　）

(3) 食塩水の濃さが再び5％になるのは，そう作を始めてから何時間何分後ですか。

（　　　　　）

**5** 1辺1 cmの立方体を重ねて図のような1辺5 cmの立方体をつくりました。次に図の色のついた部分を反対の面までまっすぐくりぬきます。ただし，くりぬいても立体はくずれないものとします。くりぬいたあとの立体の体積を求めなさい。（12点）〔神戸女学院中〕

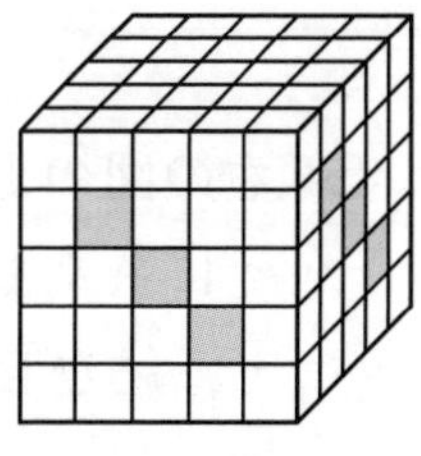

（　　　　　）

答え▶別さつ51ページ

| 時間 30分 | 得点 |
| --- | --- |
| 合格 80点 | 点 |

# 総仕上げテスト③

**1** 次の□にあてはまる数を求めなさい。(30点/1つ6点)

(1) リンゴ1個とミカン3個を買うと270円，リンゴ2個とミカン4個を買うと440円になります。リンゴ1個のねだんは□円です。〔京都教育大附属桃山中〕

(　　　　)

(2) □gの水が入ったやかんがあります。入っていた水の$\frac{2}{7}$を出して，次に残っていた水の$\frac{4}{5}$を出したところ，やかんに残っている水は1050gでした。〔甲南中〕

(　　　　)

(3) 右の図は，長方形と直角三角形を重ねたものです。Aの部分とBの部分の面積が等しいとき，㋐の長さは□cmです。〔日本大豊山女子中〕

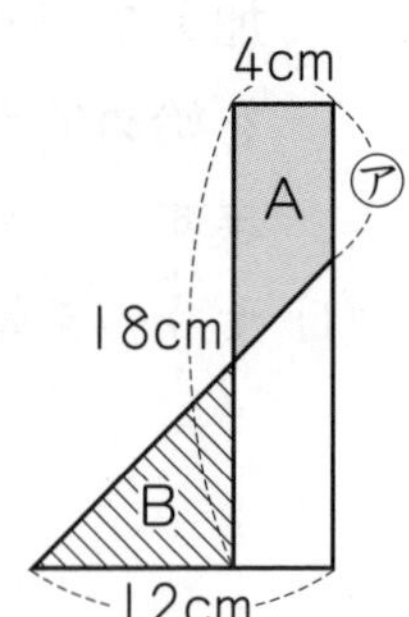


(　　　　)

(4) 右の図のように，3つの正方形をならべた図形をつくりました。三角形ABCの面積は□$cm^2$です。〔桜美林中〕

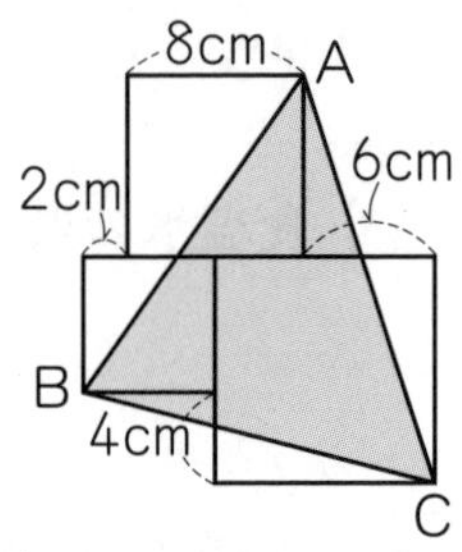


(　　　　)

(5) 右の図のように，半径5cmの5つの円にたるまないように糸をまきつけます。糸の長さは□cmです。ただし，結び目は考えないものとし，円周率(えんしゅうりつ)は3.14とします。〔日本大豊山中〕

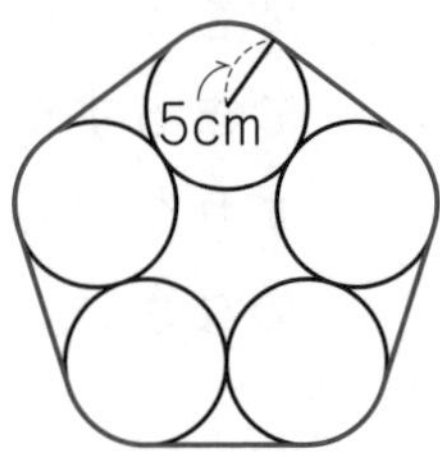


(　　　　)

**2** グラフは，分速 10 m で流れている川を，兄は下流のＡ地点から上流のＢ地点へ，弟はＢ地点からＡ地点へ船で一定の速さでこいでいくようすを表しています。流れがないときの２人の船の速さは同じです。(15点/1つ5点)

〔共立女子第二中〕

B地点
A地点
40分後　60分後

(1) 流れがないときの船の速さは分速何 m ですか。

(　　　　　　)

(2) ２人の船が出会ったのはＡ地点から何 m の地点ですか。

(　　　　　　)

(3) Ａ地点からＢ地点までは何 m ですか。

(　　　　　　)

**3** ある店で，朝にお弁当（べんとう）を仕入れました。仕入れねに 64％の利益（りえき）を見こんで定価（ていか）をつけましたが，午前中は仕入れた数の３割（わり）しか売れませんでした。そこで，午後は定価の 90 円引きのねだんで売ったところ，残りの８割が売れました。売れ残ったお弁当が 49 個（こ）ありましたが，利益は 18270 円でした。

(12点/1つ6点)〔高輪中〕

(1) お弁当は全部で何個仕入れましたか。

(　　　　　　)

(2) お弁当１個の仕入れねはいくらですか。

(　　　　　　)

**4** ３けたの整数 ABC を $\frac{3}{4}$ 倍すると３けたの整数 BCA になり，さらに，BCA を $\frac{3}{4}$ 倍すると３けたの整数 CAB になります。このような３けたの整数 ABC を２つ求めなさい。(7点)

〔灘中〕

(　　　　　　　　　)

**5** Aさん，Bさん，Cさんの３人は，４月１日からある店で次のように働きます。

Aさん……１日働いて１日休む
Bさん……２日働いて１日休む
Cさん……２日働いて２日休む

このとき，次の問いに答えなさい。(18点/1つ6点)〔日本大中〕

(1) ３人のうち５月15日に働いているのはだれですか。ただし，その日に働いている人をすべて答えること。

(　　　　　　　　)

(2) ４月１日から８月25日までの間に３人全員が働いている日は何日ありますか。

(　　　　　　　　)

(3) ３人のうちCさんだけ働いているのが10回目となるのは何月何日ですか。

(　　　　　　　　)

**6** 図のように長方形を９個の正方形に分けました。そのうち，４組の正方形が同じ大きさで，そうでない正方形が１つあります。㋐，㋑の正方形の１辺の長さは７cm，㋕の正方形の１辺の長さは42cmのとき，次の各問いに答えなさい。

(18点/1つ6点)〔関西学院中〕



(1) ㋒の正方形の１辺の長さは何cmですか。

(　　　　　　　　)

(2) 長方形のたての長さは何cmですか。

(　　　　　　　　)

(3) 長方形の周の長さは何cmですか。

(　　　　　　　　)

# 答え



## 1 約 数

### 標準クラス

p.2〜3

**1** (1)12 (2)28 (3)144 (4)14

**2** (1)12 (2)最大公約数 18，公約数の和 39
(3)6，9，18

**3** (1)13 (2)24 (3)6

**4** (例)48 と 72 の最大公約数は 24 だから 24 グループに分けることになります。
1 グループにつき男子が 48÷24=2(人)，女子が 72÷24=3(人) だから，1 グループの人数は 2+3=5(人)　　答え　5人

**5** 1400 個

**6** 18 人

#### 解き方

**1** (3)432 の約数のうち，いちばん小さい約数は 1 で，432 を 1 でわった 432 がいちばん大きい約数です。2 番目に小さい約数は 2 で，432 を 2 でわった 216 が大きい方から 2 番目の約数です。つまり，432 を 3 番目に小さい約数である 3 でわった 144 が，大きい方から 3 番目の約数になります。

(4)45 の約数は，1，3，5，9，15，45 の 6 個だから，【45】=6
72 と 144 の公約数(=72 の約数)は，1，2，3，4，6，8，9，12，18，24，36，72 の 12 個だから，【72，144】=12
27 の約数は，1，3，9，27 の 4 個だから，【27】=4　よって，6+12−4=14

**2** (3)93−3=90 と 75−3=72 の公約数のうち，あまりの 3 より大きい数を求めます。90 と 72 の最大公約数は 18 だから，18 の約数のうち 3 より大きい数は，6，9，18

**3** (1)337−12=325 と 175−6=169 の公約数のうち，あまりの 12 より大きい数を求めます。

(2)124−4=120 と 77−5=72 の最大公約数を求めればよいので，24

(3)101−5=96 と 135−3=132 の公約数のうち，あまりの 5 より大きい数の中でもっとも小さい数を求めます。96 と 132 の最大公約数は 12 だから，12 の約数のうち 5 より大きい数は 6，12 で，そのうち最も小さい数は，6

□を○でわると△あまるとき，○は(□−△)の約数で，あまりの△よりも大きい数です。「あまりをひけばわり切れる」と覚えておきましょう。

**5** 立方体の数を少なくするためには，立方体の 1 辺の長さをできるだけ大きくする必要があります。したがって，1 辺の長さ A は 120，240，84 の最大公約数を求めればよいので，A=12
このとき，立方体はたてに 120÷12=10(個)，横に 240÷12=20(個)，上に 84÷12=7(段) 入るので，必要な立方体は全部で
10×20×7=1400(個)

**6** 不足した分を加えて，ちょうど分けられるようにすると，みかんは 72 個，
りんごは 35+1=36(個)，
かきは 52+2=54(個)
子どもの数は，72，36，54 の最大公約数を求めればよいので，18 人

### ハイクラス

p.4〜5

**1** (1)19 (2)19 (3)9

**2** (1)9 (2)7，14，49，98
(3)最も小さい数 71，C 6個

**3** (1)23 (2)186 個

**4** (1)3 個 (2)(16→15)，(16→18)
(3)15 通り

#### 解き方

**1** (1)117−3=114，174−3=171，250−3=247 の公約数のうち，あまりの 3 より大きい数を求めます。114，171，247 の最大公約数は 19 で，19 の約数は 1 と 19 なので，答えは 19

ポイント　114，171，247 のように，共通してわり切れる数が見つけにくい場合は，2 つずつの差 171−114=57，247−171=76 を計算して，57 と 76 を共通してわり切ることのできる数を求めて見つけることもできます。
それでも見つからないときは，さらにその差 76−57=19 を計算して，19 と 57 を共通してわり切ることのできる数を求めて見つけます。

ひっぱると、はずして使えます。

(2)共通するあまりを△とすると，求める数は，(85−△)，(123−△)，(180−△)の公約数ですが，これらを直接求めることはできません。そこで，2つずつの差を計算して，その差の数の公約数を求めることを考えます。(85−△)と(123−△)の差は38，(123−△)と(180−△)の差は57で，38と57の最大公約数は19だから，求める数は19の約数である1または19です。1でわるとあまりが出ないので，1は不適当(ふてきとう)です。また，3つの数をそれぞれ19でわると，
85÷19=4 あまり9，123÷19=6 あまり9，180÷19=9 あまり9となり，あまりが等しくなるので，答えは19

(3)180÷5=36 より，36の約数は1，2，3，4，6，9，12，18，36
これらに5をかけると，5，10，15，20，30，45，60，90，180となり，これが180の約数のうち5の倍数である数です。したがって，9個

**2** (3)2017−29=1988 より，考えられるCは，1988の約数(=1，2，4，7，14，28，71，142，284，497，994，1988)のうち，あまりの29より大きい71，142，284，497，994，1988です。このうち，最も小さい数は71で，考えられるCは全部で6個

**3** (1)2，3，5，7のように，約数が2個(1とその数自身)しかない整数のことを**素数**(そすう)といいます。2以外の素数はすべて奇数(きすう)です。素数は小さい順に，2，3，5，7，11，13，17，19，23，29，……となり，9番目は23

(2)1(=1×1)，4(=2×2)，9(=3×3)，……のように，同じ整数を2個かけてできる整数は，約数の個数が奇数個です。その他の整数では，約数の個数はすべて偶数(ぐうすう)個になります。1から200までの200個の整数の中に，同じ整数を2個かけてできる整数は，1(=1×1)から196(=14×14)まで14個あるので，約数の個数が偶数個である数は，
200−14=186(個)

1(=1×1)，4(=2×2)，9(=3×3)，……のように，同じ整数を2個かけてできる整数を「**平方数**(へいほうすう)」といいます。平方数の約数の個数は奇数個です。

**4** (1)4の約数は「1，2，4」10の約数は「1，2，5，10」だから，光っているのは「4，5，10」の3個

(2)約数の個数が奇数個なのは1(=1×1)，4(=2×2)，9(=3×3)，16(=4×4)で，そのうち約数が5個あるのは16です。16の約数は「1，2，4，8，16」だから，もう一度スイッチを押したときに光っているライトが7個になるのは，15(約数が1，3，5，15)または18(約数が1，2，3，6，9，18)のスイッチを押したときです。

(3)1から20までの整数のうち，約数が2個あるのは，素数の2，3，5，7，11，13，17，19です。このうち，1回目が2以外の7通りについては，2回目に押すスイッチの番号が4であれば，1だけが消えて2と4が光り，光っているライトが3個になります。同様に，1回目が3以外の7通りについては，2回目に押すスイッチの番号が9であれば，1だけが消えて3と9が光り，光っているライトが3個になります。また，1回目が2のときは，2回目に16を押せば，1，2が消えて4，8，16が光り，光っているライトが3個になります。以上より，手順は全部で，7+7+1=15(通り)

# 2 倍 数

## 標準クラス

p.6~7

**1** (1)48 (2)216 (3)185 (4)252
**2** (1)3の倍数100個(こ)，4の倍数75個
(2)25個 (3)150個
**3** (1)199 (2)907
**4** (例)あまりがそれぞれわる数より1小さいので，求める数は「1を加えると8でも7でもわり切れる数」である。よって，「8と7の公倍数より1小さい数」になる。
**5** 36 cm
**6** 10まい
**7** 午後8時56分

### 解き方

**1** (2)4，6，9の最小公倍数は36だから，36の倍数のうち200に近いものを求めると，
36×5=180，36×6=216 より，答えは216

(3)12と15の最小公倍数は60だから，求める数は60の倍数より5大きい数です。

(4)まず，63，84，126を最大公約数の21でわって，それぞれ3，4，6とし，その最小公倍数を求めると12とわかります。したがって，63，

84，126 の最小公倍数は，12×21=252

大きい数どうしの最小公倍数を求めるときは，まず，それぞれの数を最大公約数でわって，その答えの数の最小公倍数を求めます。その数に最大公約数をかけると，答えが求められます。

**2** (1) 3 の倍数は，300÷3=100（個）
4 の倍数は，300÷4=75（個）
(2) 3 でも 4 でもわり切れる数は，3 と 4 の最小公倍数である 12 の倍数だから，
300÷12=25（個）
(3) 3 または 4 でわり切れる数は，
100+75−25=150（個）だから，3 でも 4 でもわり切れない数は，300−150=150（個）

**3** (1) 7 でわると 3 あまる数は，3，10，17，24，31，38，……で，このうち，6 でわると 1 あまる最小の数は，31 です。したがって，7 でわると 3 あまり，6 でわると 1 あまる数は，31 をはじめとして 6 と 7 の最小公倍数(=42)ごとに現れるので，
31，73，115，157，199，241，……
よって 201 に最も近い数は，199

□でわると★あまり，○でわると▲あまる数は，□と○の最小公倍数ごとに現れます。

(2) 11 でわると 5 あまり，15 でわると 7 あまる整数のうち，最小の整数は 82 で，11 と 15 の最小公倍数は 165 だから，3 けたで最大の整数は，
82+165×5=907
別解　求める数の 2 倍は，「11 でわると 10 あまり，15 でわると 14 あまる整数」「11 と 15 の最小公倍数より 1 小さい整数」は
11×15−1=164　したがって，最小の整数は
164÷2=82　よって，3 けたで最大の数は，
82+165×5=907

**5** できる正方形の 1 辺の長さは，12 cm と 18 cm の最小公倍数だから，36 cm

**6** 4 の倍数のカードは，
120÷4−60÷4+1=16（まい）
最初に A さんが取った 3 の倍数のカードのうち，3 と 4 の最小公倍数である 12 の倍数は，
120÷12−60÷12+1=6（まい）
したがって，B さんが取ったカードのまい数は，
16−6=10（まい）

**7** A と B の花火は，6 と 8 の最小公倍数は 24 なので，24 分ごとに同時に打ち上がります。7 時 20 分を 1 回目とすると，5 回目は 24×4=96（分後）の，8 時 56 分

## ハイクラス

p.8〜9

**1** (1) 959　(2) 18 cm　(3) 97
**2** (1) 56 と 70　(2) 24 と 60 と 84
**3** (1) 143　(2) 40
**4** 41 cm
**5** 2 分 10 秒間
**6** 56

### 解き方

**1** (1) あまりがそれぞれわる数より 1 小さいから，求める数は，3，4，5 の公倍数より 1 小さい数です。3，4，5 の最小公倍数は 60 だから，
60×16−1=959
(2) いちばん小さい正方形の 1 辺の長さは，2 と 3 の最小公倍数は 6 なので 6 cm。したがって，
3 番目は，6×3=18（cm）
(3) 11 をたすと 9 の倍数になる数は，9 の倍数より 7 大きい数だから，7，16，25，34，43，52，61，70，79，88，97，……
このうち，9 をひくと 11 の倍数になる整数のうちもっとも小さいものは，97
別解　求める数は，2 をたすと 9 の倍数にも 11 の倍数にもなるから，9 と 11 の最小公倍数より 2 小さい数を求めます。したがって，
9×11−2=97

**2** (1) 最大公約数が 14 だから，2 つの数は 14 の倍数で，2 けただから，14×1，14×2，14×3，14×4，14×5，14×6，14×7 のうちのどれかです。280=14×20 だから，最小公倍数が 280 になる組み合わせは，14×4 と 14×5 の 2 数で，56 と 70

**3** (1) 商とあまりを□とすると，求める数は，
12×□+□ と表すことができます。このとき，あまりの□は 12 でわったときのあまりなので，最大で 11 です。したがって，求める数は，
12×11+11=143
別解　12×□+□=13×□ だから，求める数は 13 の倍数です。したがって，13 の倍数で，12 でわったときのあまりが最大の 11 だから，求める数は，13×11=143
(2) 7 でわると商とあまりが同じになる数は 8 の倍数であり，9 でわると商とあまりが同じになる数は 10 の倍数です。したがって，求める数

は8と10の公倍数で，あまり(=商)が6以下だから，最小公倍数の40

**4** たての長さは，はじめの9cmから 9−1=8(cm)ずつ長くなるので，8の倍数より1cm長くなります。横の長さは，はじめの11cmから11−1=10(cm) ずつ長くなるので，10の倍数より1cm長くなります。したがって，8と10の最小公倍数より1cm長い長さになるので，40+1=41(cm)

**5** 赤色のランプは 20+10=30(秒) ごと，青色のランプは 25+15=40(秒) ごとについて消えることをくり返すので，30と40の最小公倍数である120秒間のようすを調べると，次のようになります。

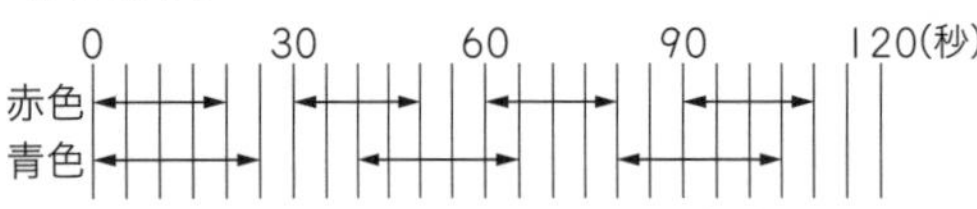


⟷ランプがついている

120秒間(2分間)のうち両方のランプがついている時間は50秒間，はじめの60秒間(1分間)では30秒間とわかるので，5分間のうちに両方のランプがついている時間は，

50×2+30=130(秒間) より，2分10秒間

**6** 条件③，④より，2けたの整数A，B，Cは14の倍数だから，14×1，14×2，14×3，14×4，14×5，14×6，14×7のうちのどれかです。条件①より，Cは14×5と決まります。条件②より，A+B=C だから，Aをできるだけ大きくすると，A=14×4，B=14×1 となるので，A=14×4=56

# 3 分数の性質

## 標準クラス

p.10〜11

**1** (1)$\frac{65}{143}$ (2)99

(3)$\frac{144}{127}$ (4)0.03→$\frac{1}{25}$→$\frac{2}{11}$

**2** (1)8個 (2)4

**3** (1)$\frac{93}{100}$ (2)$\frac{41}{60}$，$\frac{43}{60}$，$\frac{47}{60}$，$\frac{49}{60}$，$\frac{53}{60}$

(3)$\frac{12}{13}$，$\frac{12}{17}$

**4** (1)2 (2)152

**5** 5

**6** 14個

### 解き方

**1** (1)5×13=65，11×13=143 だから，$\frac{65}{143}$

(2)分子を10にそろえると，

$\frac{1}{10}=\frac{10}{100}$，$\frac{5}{49}=\frac{10}{98}$ だから，□=99

(4)$\frac{1}{25}$=0.04，$\frac{2}{11}$=0.1818… だから，小さい順に 0.03→$\frac{1}{25}$→$\frac{2}{11}$ となります。

**2** (1)30=2×3×5 だから，分子が2でも3でも5でもわり切れない整数であれば，既約(きやく)分数になります。したがって，$\frac{1}{30}$，$\frac{7}{30}$，$\frac{11}{30}$，$\frac{13}{30}$，$\frac{17}{30}$，$\frac{19}{30}$，$\frac{23}{30}$，$\frac{29}{30}$ の8個

(2)分子の和は，

1+7+11+13+17+19+23+29

=(1+29)+(7+23)+(11+19)+(13+17)

=30×4 より，求める分数の和は，

$\frac{30\times4}{30}$=4

**3** (1)$\frac{14}{15}=0.933\cdots=\frac{93.3\cdots}{100}$ だから，最も大きい分数は，$\frac{93}{100}$

(2)$\frac{2}{3}=\frac{40}{60}$，$\frac{14}{15}=\frac{56}{60}$ 60=2×2×3×5 だから，40〜56の中で，2でも3でも5でもわり切れない整数が分子の分数は，

$\frac{41}{60}$，$\frac{43}{60}$，$\frac{47}{60}$，$\frac{49}{60}$，$\frac{53}{60}$

(3)$\frac{2}{3}=\frac{12}{18}$，$\frac{14}{15}=\frac{12}{12.8\cdots}$ だから，13〜18の中で12と約分できない整数が分母の分数は，

$\frac{12}{13}$，$\frac{12}{17}$

**4** (1)$\frac{3}{7}$を小数で表すと，0.428571428571… のように，小数点以下に「428571」の6つの数字がくり返し出てきます。2018÷6=336あまり2だから，小数第2018位の数字は小数第2位の数字と同じで，2

(2)$\frac{57}{333}$=0.171171… のように，小数点以下に「171」の3つの数字がくり返し出てきます。50÷3=16あまり2より，小数第50位までには「171」の3つの数字が16回くり返され，残りの2つは1と7だから，各位の数字の和は，(1+7+1)×16+1+7=152

**5** 分子だけをたし算すると，$\frac{45}{□}$=9 □=5

**6** $\frac{89}{67}$, $\frac{98}{67}$, $\frac{79}{68}$, $\frac{97}{68}$, $\frac{89}{76}$, $\frac{68}{79}$, $\frac{86}{79}$, $\frac{79}{86}$, $\frac{97}{86}$, $\frac{67}{89}$, $\frac{76}{89}$, $\frac{68}{97}$, $\frac{86}{97}$, $\frac{67}{98}$ の 14 個

# 4 分数の文章題

## 標準クラス

p.12〜13

**1** (1) $\frac{13}{56}$ L　(2) $4\frac{9}{20}$ m　(3) $8\frac{1}{2}$ m$^2$　(4) 3 m　(5) 24 kg　(6) $\frac{4}{9}$ 倍

**2** (1) $\frac{7}{12}$　(2) $2\frac{13}{18}$

**3** (1) $\frac{6}{7}$　(2) $\frac{5}{11}$

**4** (1) 3, 18　(2) A 2, B 5, C 13

### 解き方

**1** 分数のたし算, ひき算, かけ算, わり算等の文章題です。この本では, 小学6年で学習する「分数のかけ算とわり算」も発展的内容(はってんてきないよう)としてあつかっています。

(2) $1\frac{3}{4}+2\frac{4}{5}-\frac{1}{10}=4\frac{9}{20}$ (m)

(3) $4\frac{1}{4}\times2=\frac{17}{4}\times\frac{2}{1}=\frac{17}{2}=8\frac{1}{2}$ (m$^2$)

分数のかけ算
・分母どうし, 分子どうしをかけます。
・帯分数は仮分数(かぶんすう)に直してから計算します。
・とちゅうで約分できるときは約分してから計算します。

(4) $7\div2\frac{1}{3}=7\div\frac{7}{3}=\frac{7}{1}\times\frac{3}{7}=3$ (m)

ポイント　分数のわり算
わる数の逆数をかけて, 分数のかけ算と同じように計算します。

(5) $6\frac{2}{3}\times3\frac{3}{5}=\frac{20}{3}\times\frac{18}{5}=24$ (kg)

(6) $8\div18=\frac{8}{18}=\frac{4}{9}$ (倍)

**2** (1) ある分数を□とすると, $□\div4\frac{2}{3}=\frac{1}{8}$

$□=\frac{1}{8}\times4\frac{2}{3}=\frac{7}{12}$

(2) $\frac{7}{12}\times4\frac{2}{3}=\frac{49}{18}=2\frac{13}{18}$

**3** (1) $\frac{1}{1\times2}+\frac{1}{2\times3}+\frac{1}{3\times4}+\frac{1}{4\times5}+\frac{1}{5\times6}+\frac{1}{6\times7}$

$=\left(\frac{1}{1}-\frac{1}{2}\right)+\left(\frac{1}{2}-\frac{1}{3}\right)+\left(\frac{1}{3}-\frac{1}{4}\right)+\left(\frac{1}{4}-\frac{1}{5}\right)$

$+\left(\frac{1}{5}-\frac{1}{6}\right)+\left(\frac{1}{6}-\frac{1}{7}\right)=\frac{1}{1}-\frac{1}{7}=\frac{6}{7}$

(2) $\frac{2}{1\times3}+\frac{2}{3\times5}+\frac{2}{5\times7}+\frac{2}{7\times9}+\frac{2}{9\times11}$

$=\left(\frac{1}{1}-\frac{1}{3}\right)+\left(\frac{1}{3}-\frac{1}{5}\right)+\left(\frac{1}{5}-\frac{1}{7}\right)$

$+\left(\frac{1}{7}-\frac{1}{9}\right)+\left(\frac{1}{9}-\frac{1}{11}\right)=\frac{1}{1}-\frac{1}{11}=\frac{10}{11}$

だから, $\frac{10}{11}\div2=\frac{5}{11}$

**4** (1) $\frac{7}{18}$ より小さい, 分子が1の分数のうち, $\frac{7}{18}$ にいちばん近いのは $\frac{1}{3}$ だから,

$\frac{7}{18}-\frac{1}{3}=\frac{1}{18}$ より, $\frac{7}{18}=\frac{1}{3}+\frac{1}{18}$

**別解** 18 の約数である 1, 2, 3, 6, 9, 18 の中で, 和が7になる2数をさがすと, 7=6+1 より, $\frac{7}{18}=\frac{6}{18}+\frac{1}{18}=\frac{1}{3}+\frac{1}{18}$ がなりたちます。したがって, 2つの□は, 3と18

(2) $\frac{101}{130}$ より小さい, 分子が1の分数のうち, $\frac{101}{130}$ にいちばん近いのは $\frac{1}{2}$ だから,

$\frac{101}{130}-\frac{1}{2}=\frac{18}{65}$

さらに, $\frac{18}{65}$ より小さい, 分子が1の分数のうち, $\frac{18}{65}$ にいちばん近いのは $\frac{1}{5}$ だから,

$\frac{18}{65}-\frac{1}{5}=\frac{1}{13}$

したがって, $\frac{101}{130}=\frac{1}{2}+\frac{1}{5}+\frac{1}{13}$

**別解** 130 の約数である 1, 2, 5, 10, 13, 26, 65, 130 の中で, 和が 101 になる3数をさがすと, 101=65+26+10 より, $\frac{101}{130}=\frac{65}{130}+\frac{26}{130}+\frac{10}{130}=\frac{1}{2}+\frac{1}{5}+\frac{1}{13}$ が成り立ちます。したがって, A=2, B=5, C=13

## チャレンジテスト①

p.14〜15

**1** (1) 107　(2) $\frac{29}{70}$　(3) 2　(4) 37　(5) 1019 個(こ)　(6) 12 個

② (1)4　(2)377
③ (1)82 番目　(2)457　(3)11705
④ 8 個
⑤ $\frac{42}{5}$

解き方

① (4)629 と 259 の最大公約数は見つけにくいので，629−259=370 より，370 と 259 の最大公約数を考えます。さらに，370−259=111 より，259 と 111 の最大公約数を考えます。さらに，259−111=148 より，111 と 148 の最大公約数を考えます。さらに，148−111=37 より，37 と 111 の最大公約数を考えます。したがって，答えは 37
(5)4，5，6 の公倍数より 1 小さい数で，1000 以上 1050 以下の数を求めると，4，5，6 の最小公倍数は 60 だから，60×17−1=1019（個）
(6)36=2×2×3×3 だから，約分できない分数は，分子が 2 でも 3 でもわり切れない数なので
$\frac{1}{36}$，$\frac{5}{36}$，$\frac{7}{36}$，$\frac{11}{36}$，$\frac{13}{36}$，$\frac{17}{36}$，$\frac{19}{36}$，$\frac{23}{36}$，$\frac{25}{36}$，$\frac{29}{36}$，$\frac{31}{36}$，$\frac{35}{36}$ の 12 個
② (1)約数の数が 3 個である整数は，4（=2×2），9（=3×3），25（=5×5），49（=7×7），…… のように，同じ素数（そすう）を 2 個かけてできる数です。このうち，最も小さい整数は，4
(2)4+9+25+49+121+169=377

ポイント
約数が 1 個……1 だけ
約数が 2 個……素数
約数が 3 個……同じ素数を 2 個かけた数
約数が 4 個……2 種類の素数をかけた数
または，同じ素数を 3 個かけた数

③ (1)2 の倍数でも 3 の倍数でもない整数を小さい順にならべると，1，5，7，11，13，17，…… のようになり，これらは（1，5），（7，11），（13，17），…… のように，1〜6，7〜12，13〜18，…… の 6 個ずつの数の中に 2 個ずつあります。245÷6=40 あまり 5 より，1 から 245 までにはこの 6 個ずつの数が 40 組あり，41 組目は（241，245）だから，245 は最初から数えて，40×2+2=82（番目）
(2)153÷2=76 あまり 1 だから，153 番目の整数は 77 組目の前の数です。
よって，6×76+1=457
(3)B さんが取るカードは 153÷3=51（まい）で，その数は，5，13，23，31，41，49，……，445，455 です。これを，1 つおきに，5，23，41，……，455 の 26 まいと 13，31，49，……，445 の 25 まいに分けると，それぞれ差が一定である数の列になっているので，B さんの取るカードの整数の和は，
(5+455)×26÷2+(13+445)×25÷2
=11705

1 番目から□番目までの数の和
=（1 番目の数+□番目の数）×□÷2

④ 小数第 2 位を四捨五入すると 0.2 になる数は，0.15 以上 0.25 未満の数です。$\frac{□}{200}$ を小数にすると答えが 0.15 となるとき，□=0.15×200=30 で，$\frac{□}{200}$ を小数にすると答えが 0.25 となるとき，□=0.25×200=50 だから，□は 30 以上 50 未満の整数となります。また，200=2×2×2×5×5 より，□は 2 と 5 の倍数以外となるので，31，33，37，39，41，43，47，49 の 8 個。
⑤ 求める分数を $\frac{□}{○}$ とすると，$\frac{10}{21}×\frac{□}{○}$ が整数になることから，□は 21 の倍数，○は 10 の約数であることがわかります。同じように，$\frac{15}{14}×\frac{□}{○}$ が整数になることから，□は 14 の倍数，○は 15 の約数であることがわかります。$\frac{□}{○}$ をできるだけ小さくするためには，□はできるだけ小さく，○はできるだけ大きい方がよいので，□は 21 と 14 の最小公倍数，○は 10 と 15 の最大公約数となり，求める分数は，$\frac{42}{5}$

# 5 小数の文章題

## 標準クラス

p.16〜17

❶ (1)23.04 m$^2$　(2)3 本　(3)42.12 kg
(4)4.5 m　(5)23 kg　(6)約 0.6 kg
❷ (1)82.6　(2)48.59
❸ (1)0.4 m　(2)0.625 m
❹ (1)91 km　(2)627.75 km

解き方

❶ (6)15.3÷25.2=0.607… → 約 0.6 kg
❷ (1)ある数を□とすると，□×1.7=140.42 より，□=140.42÷1.7=82.6
(2)82.6÷1.7=48.588… → 48.59

**3** (1)白のテープの長さを □ m とすると,
0.48=□×1.2 より, □=0.48÷1.2=0.4(m)
(2)赤のテープの長さは, 0.48÷1.92=0.25(m)
より, 黄色のテープの長さは,
0.25×2.5=0.625(m)

**4** (2) 15.5×40.5=627.75(km)

# 6 平 均

## 標準クラス

p.18〜19

**1** (1)160 cm (2)156 cm (3)85 点
(4)20 人 (5)14 点

**2** (例) AとBの平均の2倍と, BとCの平均の2倍と, CとAの平均の2倍をたして, 2でわる。

**3** (1)7000 円 (2)334 まい以上

**4** 5回

**5** (1)19 人 (2)16 人

### 解き方

**1** (1)男子5人の身長の合計は, 166×5=830(cm)
女子3人の身長の合計は, 150×3=450(cm)
だから, 8人の身長の平均は,
(830+450)÷8=160(cm)
(2)A+B+C+D+E=165×5=825(cm)
C+D+E=163×3=489(cm) より,
A+B=825−489=336(cm) また,
A+B+C+D=162×4=648(cm)より,
C+D=648−336=312(cm)
よって, CとDの平均身長は,
312÷2=156(cm)
(4)グループAは1人につき, 2つのグループを合わせた平均点より 75−65=10(点) ずつ点数が低く, グループBは1人につき
80−75=5(点) ずつ点数が高いので, グループBの人数を□人とすると, 10×10=5×□
より, □=20(人)
別解 次のような「面積図」をかいて考えることもできます。

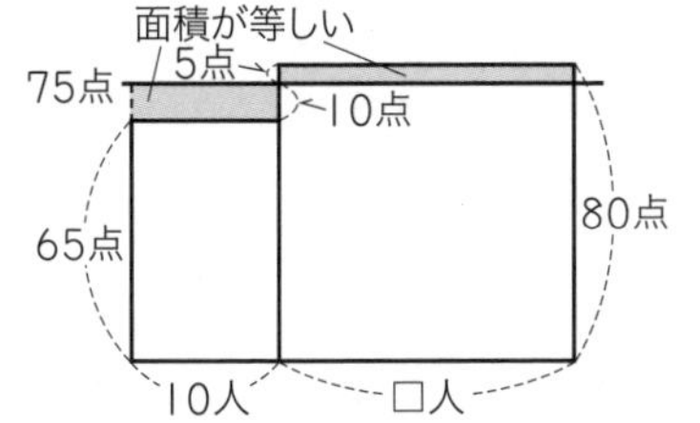


色のついた部分の面積が等しいから,
(80−75)×□=(75−65)×10 より,
5×□=100, □=20(人)
(5) Aさんをのぞいたときよりも Bさんをのぞいたときのほうが, 残り 35 人の平均点が
73.2−72.8=0.4(点) 低いことから, Aさんと Bさんの得点の差は,
0.4×(36−1)=14(点)

**2** AとBの平均の2倍は A+B, BとCの平均の2倍は B+C, CとAの平均の2倍は C+A です。
(A+B)+(B+C)+(C+A)=(A+B+C)×2

**3** (1)3000+20×200=7000(円)
(2)はじめの 100 まいまでは, 1 まい平均 23 円の場合と比べて, 代金の合計が
(30−23)×100=700(円) 高くなっています。101 まい目からは1まいにつき
23−20=3(円) ずつ安くなるので,
700÷3=233.33…(まい) で平均が 23 円になることがわかります。したがって,
100+234=334(まい) 以上。

**4** 今まで□回テストを受けたとすると, その□回の点数は1回につき次のテストもふくめた平均点より 85−82=3(点) ずつ低く, 次に 100 点を取れば, その点数は次のテストもふくめた平均点より 100−85=15(点) 高いので, 3×□=15 より, □=5(回)

**5** (1)35 人の合計点は 5.2×35=182(点) で, そのうち, 第1問だけの合計点は
4×17=68(点) だから, 第2問だけの合計点は 182−68=114(点)
したがって, 第2問を正解した人は,
114÷6=19(人)
(2) 2問とも正解した人は最大で 17 人で, このとき, 2問とも正解していない人の数が最大になるから, その人数は,
35−(17+19−17)=16(人)

## ハイクラス

p.20〜21

**1** 42 人
**2** 19 人
**3** 18 人
**4** 3 回
**5** 76 点
**6** 50 点
**7** 57 点
**8** 76.5 点
**9** (1)27 人 (2)89 点

解き方

**1** Aグループ38人が受験者全体の平均点を下回っている点数の合計は $(70.1-68)\times38=79.8$（点）で，Bグループ□人が受験者全体の平均点を1人につき $72-70.1=1.9$（点）ずつ上回っているから，□$=79.8\div1.9=42$（人）

**2** 97点の1人と，平均点が59点の□人との平均点が61点だと考えます。
$97-61=(61-59)\times$□ より，□$=18$
よって，$18+1=19$（人）

**3** もし，30人全員が75点未満であったとすると，点数の合計は $69\times30=2070$（点）となります。しかし，実際の点数の合計は $75\times30=2250$（点）だから，$2250-2070=180$（点）たりません。したがって，75点以上だった人の数は，
$180\div(79-69)=18$（人）

**4** 残り9回の点数の合計は，
$85.5\times10-75=780$（点）
仮に，9回全部が85点であったとすると，90点をとったのは，
$(780-85\times9)\div(90-85)=3$（回）

**5** 280人の点数の合計は，
$72\times280=20160$（点）
仮に，80人の不合格者が1人につきあと14点ずつ高い点をとっていたとすると，280人の平均点が合格者の平均点と等しくなり，280人の点数の合計は $20160+14\times80=21280$（点）になります。したがって，合格者の平均点は，
$21280\div280=76$（点）

**6** 40人の平均点が70点だから，40人全員が，自分の点数と60点との差を計算すると，60点より多い分が60点より少ない分より
$(70-60)\times40=400$（点）多くなります。したがって，答えは，$450-400=50$（点）

**7** $(A+B+C+D)\times3$
$=48\times3+53\times3+62\times3+65\times3=684$（点）
$A+B+C+D=684\div3=228$（点）だから，4人の平均点は，$228\div4=57$（点）

**8** クラス全員の得点の合計は，Aさんの得点より $75\times15=1125$（点）多く，AさんとBさんの得点の和より $74\times14=1036$（点）多いので，Bさんの得点は $1125-1036=89$（点）
よって，Aさんの得点は，$89+10=99$（点）
したがって，クラス全体の平均点は，
$(1125+99)\div16=76.5$（点）

**9** (1)最高点の人以外の□人の合計点と，最低点の人以外の□人の合計点との差は65点で，その平均点の差は $64.5-62=2.5$（点）だから，
□$=65\div2.5=26$
したがって，クラスの人数は，
$26+1=27$（人）
(2) $63\times27-62\times26=89$（点）

# 7 単位量あたりの大きさ

## 標準クラス

p.22〜23

**1** (1)野菜ジュースが13円高い。
(2)1440円 (3)60人 (4)310円
(5)1750円

**2** 335人

**3** (1)36台 (2)5時間30分後

**4** (1)1000円 (2)730円 (3)1180円

解き方

**1** (1) $570\div15=38$（円），$250\div10=25$（円）より，野菜ジュースが $38-25=13$（円）高いです。
(2)はりがね1mあたりの重さは，$160\div4=40$（g）
1gあたりの代金は，$120\div100=1.2$（円）
よって，1mあたりの代金は，
$1.2\times40=48$（円）
30mの代金は，$48\times30=1440$（円）
(3)旧A町の面積は，$21000\div84=250$（$km^2$）
旧B町の面積は，$18000\div45=400$（$km^2$）
よって，新しい市の人口密度は1$km^2$あたり，
$(21000+18000)\div(250+400)=60$（人）
(4)4.8kgの代金は，$1850\times4+40=7440$（円）
100gの代金は，$7440\div48=155$（円）
200gあたりの代金は，$155\times2=310$（円）
(5)1km走るのに必要な燃料は，
$2\frac{1}{4}\div18=\frac{1}{8}$（L）だから，100km走るのに必要な燃料は，$\frac{1}{8}\times100=12.5$（L）
よって，$140\times12.5=1750$（円）

**2** A国，B国，C国の人口を合わせると，
$400\times1200+160\times1200+500\times800$
$=1072000$（人）
面積は，$1200+1200+800=3200$（$km^2$）
1$km^2$あたりの人口は，
$1072000\div3200=335$（人）

**3** (1)20分たつと，4台が出て行き，1台が入ってくるので，車が3台少なくなります。
1時間30分$=90$分 より，$90\div20=4$ あまり10だから，$20\times4=80$（分）で $3\times4=12$（台）

少なくなり，残りの 10 分で 10÷5=2（台）出て行きます。よって，合計 14 台少なくなり，残りは 36 台

(2) 50÷3=16 あまり 2 より，20×16=320（分）で 3×16=48（台）減り，残り 2 台が出て行くのに 5×2=10（分）かかります。よって，320+10=330（分）→ 5 時間 30 分後

**4** (1) 2 km をこえた道のりは，
2.8−2=0.8（km） 0.8 km=800 m だから，800÷300=2 あまり 200 より，2 km をこえたときとあわせて 3 回 90 円が加算されます。したがって，2.8 km 乗ったときの料金は，
730+90×3=1000（円）

(2) B のタクシーの料金が，A のタクシーの最初の料金である 730 円と同じになるのは，
(730−410)÷80=4（回）加算されたときです。
0.25×4=1（km） 1.2+1=2.2（km）より，B のタクシーは，道のりが 1.95 km 以上 2.2 km 未満のとき，料金が 730 円となり，1.95 km 以上 2 km 未満のとき，はじめて A の料金と同じになります。これがいちばん安いときなので，答えは 730 円

(3) A のタクシーの料金は，
2.0 km 以上 2.3 km 未満が 820 円
2.3 km 以上 2.6 km 未満が 910 円
2.6 km 以上 2.9 km 未満が 1000 円
2.9 km 以上 3.2 km 未満が 1090 円
3.2 km 以上 3.5 km 未満が 1180 円
3.5 km 以上 3.8 km 未満が 1270 円…
B のタクシーの料金は，
2.2 km 以上 2.45 km 未満が 810 円
2.45 km 以上 2.7 km 未満が 890 円
2.7 km 以上 2.95 km 未満が 970 円
2.95 km 以上 3.2 km 未満が 1050 円
3.2 km 以上 3.45 km 未満が 1130 円
3.45 km 以上 3.7 km 未満が 1210 円…
よって，3.45 km 以上 3.5 km 未満のとき，A：1180 円，B：1210 円となり，はじめて A のタクシーのほうが安くなります。

## ハイクラス

p.24〜25

**1** (1) 会社 B 社，印刷代 1750 円
(2) 250 まい (3) 1410 円

**2** (1) 180 km (2) 84 km

**3** (1) A 8 円，B 10 円 (2) 26 か月目
(3) 52 か月目

**4** (1) 1.8 t (2) A 3.3 t，B 2.7 t

### 解き方

**1** (1) A 社は，4×500=2000（円）
B 社は，550+30×40=1750（円）
C 社は，360×5=1800（円）

(2) B 社は A 社と比(くら)べて，はじめの 100 まいは 550−400=150（円）高くつきますが，100 まいをこえると，10 まいごとに
4×10−30=10（円）ずつ安くなります。
よって，100 まいより
(150÷10)×10=150（まい）多く印刷すれば料金が同じになります。したがって，
100+150=250（まい）

(3) 380 まい印刷したときの B 社と C 社の印刷代を比べます。B 社で 380 まい印刷すると，
550+30×28=1390（円）
C 社で 380 まい印刷すると，
360×3+5×80=1480（円）
よって，380 まいは B 社で印刷し，残りの 5 まいは A 社で印刷するのがいちばん安いので，
1390+4×5=1410（円）

**2** (1) 18×(120÷12)=180（km）

(2) 仮(かり)に高速道路のみを走ったとすると，20 L のガソリンで 18×20=360（km）走ることができ，20 L のうち 1 L 分をいっぱん道路で走ると，18−12=6（km）だけ走る道のりが短くなります。実際(じっさい)に走った道のりは 318 km なので，いっぱん道路で使ったガソリンの量は，
(360−318)÷6=7（L）
したがって，12×7=84（km）

**3** (1) A は，800÷100=8（円）
B は，1000÷100=10（円）

(2) 機械 B が製品(せいひん)を 1 個(こ)つくるのに 8 円かかるとき，1000÷8=125（個）を 1000 円でつくることができます。よって，
125−100+1=26（か月目）

(3) 機械 B は□か月目には(99+□)個の製品をつくります。1 か月目から□か月目までの平均(へいきん)が 125 個になるのは，
{100+(99+□)}×□÷2=125×□
199+□=250 □=51 より，51 か月目です。
よって，機械 B を使ったほうが得(とく)になるのは，
52 か月目

**4** (1) 15 kg のごみを入れるのに，しょ理機 A では 3 秒，しょ理機 B では 5 秒かかるので，15 kg あたり，ごみを入れる時間に 2 秒の差が出ます。
しょ理が終わるまでの時間の差は，
12−8=4（分）=240（秒）

よって，ごみを入れ始めてからしょ理が終わるまでの時間が同じになるときのごみの量は，
15×(240÷2)=1800 (kg)　1800 kg=1.8 t

(2) 2つのしょ理機でしょ理が終わるまでの時間の差ができるだけないようにします。そのために，ごみを入れるのにかかる時間が，しょ理機Aよりもしょ理機Bの方が4分多くかかるようにします。しょ理機Bに4分で入れることができるごみの量は 3×4×60=720 (kg) だから，6 t (=6000 kg) のごみから 720 kg をしょ理機Bに入れます。残りの 5280 kg を 8 kg ずつに分けて，5 kg をしょ理機Aに，3 kg をしょ理機Bに入れることにします。
すると，しょ理機Aに入れるごみの量は，
5280÷8×5=3300 (kg)　3300 kg=3.3 t
しょ理機Bに入れるごみの量は，
720+5280÷8×3=2700 (kg)
2700 kg=2.7 t

# 8 比　例

## 標準クラス

p.26～27

**1** イ，エ
**2** 10
**3** (1) 4 g　(2) $y$=1.5×$x$　(3) 18 mm
**4** (1) 9.5 cm　(2) 41 g　(3) 34.5 cm
**5** (1) 0.125 cm　(2) 3.125 cm
(3) (例) ろうそくAは 30 分後に 0 cm になっているので，15 分後ははじめの長さの半分の長さである。ろうそくAの 15 分後の長さは，(2)より 3.125 cm だから，
3.125×2=6.25 (cm)　　答え　6.25 cm

### 解き方

**1** ウでは，正方形の1辺の長さが2倍，3倍，……となると，面積は4倍，9倍，……になることに注意します。

> **ポイント** 2つの数量 $x$ と $y$ の間に，
> $y$=(決まった数)×$x$ の関係が成り立つとき，$y$ は $x$ に比例(ひれい)するといいます。
> $y$ が $x$ に比例するときの特ちょうは，
> ① $x$ が2倍，3倍，……になると，$y$ も2倍，3倍，……になる。
> ② $x$=0 のとき，$y$=0 である。
> などがあります。

**2** $x$=4 のとき $y$=31.2 だから，
31.2=(決まった数)×4 より，
(決まった数)=31.2÷4=7.8
したがって，78=7.8×ア より，
ア=78÷7.8=10

**4** (1) おもりの重さが 35−25=10 (g) ふえると，ばねの長さは 27−22=5 (cm) のびるから，おもり 1 g あたりのばねののびは，
5÷10=0.5 (cm)
したがって，おもりをつるさないときのばねの長さは，
22−0.5×25=9.5 (cm)
(2) ばねは 30−9.5=20.5 (cm) のびているので，つるしたおもりの重さは，
20.5÷0.5=41 (g)
(3) 50 g のおもりをつるしたときのばねののびは 0.5×50=25 (cm) だから，ばねの長さは
9.5+25=34.5 (cm)

**5** (1) 5÷40=0.125 (cm)
(2) 5−0.125×15=3.125 (cm)

## チャレンジテスト②

p.28～29

1 (1) 57　(2) 201.6　(3) 10
2 (1) 291 円　(2) 530 人
3 (1) 2.05　(2) 39.975
4 (1) 86 点
(2) 最高点 98 点，最低点 41 点
(3) 63 点で上から4番目
5 4本の人 2人，7本の人 1人

### 解き方

1 (1) 4つの数を大きい順に A，B，C，D とすると，
(A+B+C)÷3+D=98 より，
A+B+C+D×3=98×3=294
同じように，
A+B+D+C×3=106×3=318
A+C+D+B×3=118×3=354
B+C+D+A×3=134×3=402
の関係が成り立つから，これらをすべて加えて，
(A+B+C+D)×6=1368
A+B+C+D=1368÷6=228
したがって，4つの数の平均(へいきん)は，
228÷4=57
(2) 小数点を左に1つ移(うつ)すと大きさはもとの数の $\frac{1}{10}$ になるから，もとの数の $\frac{9}{10}$ だけ小さく

なります。もとの数を□とすると，

$\square\times\frac{9}{10}=181.44$ より，

$\square=181.44\div\frac{9}{10}=201.6$

(3) 仮(かり)に，45 人が全員不合格(ふごうかく)だとすると，実際(じっさい)よりも 62×45−54×45=360（点）少なくなります。よって，360÷(90−54)=10（人）

② (1) 280 人の入場料の合計は，
300×200+280×50+250×30=81500（円）
だから，81500÷280=291.07… → 291 円

(2) 300 人入場したときの入場料の合計は
300×200+280×50+250×50=86500（円）
で，1 人あたりの入場料が 250 円のときの入場料の合計 250×300=75000（円）よりも 11500 円多い金額(きんがく)です。301 人目からは 1 人あたり 200 円だから，1 人あたり平均 250 円のときよりも 50 円少ない金額で入場できます。よって，11500÷50=230（人）入場すれば，最初の 300 人と合わせて平均がちょうど 250 円になります。したがって，団体の人数は，
300+230=530（人）

③ (1) 小数点以下の部分の 41 倍を「小数点以下の部分の 40 倍+小数点以下の部分」と考えると，これがもとの小数と等しくなるのは，小数点以下の部分の 40 倍が整数になるときです。このような小数第 2 位までの小数点以下の部分でいちばん小さい数をさがすと，1÷40=0.025
2÷40=0.05 より，0.05 だから，もとの小数は，0.05×41=2.05

(2) 同じように，小数第 3 位までの小数点以下の部分でいちばん大きい数をさがすと，
39÷40=0.975 だから，もとの小数は，
0.975×41=39.975

④ (1) D+E=71×5−61×3=172（点）
よって，平均点は，172÷2=86（点）

(2) 最高点と最低点の和は，355−72×3=139（点）で，差が 57 点だから，最高点は
(139+57)÷2=98（点），最低点は
139−98=41（点）

(3) 最高点は D で 98 点，2 番目に高い得点は
98−19=79（点），D+E=172（点）だから，
E の点数は 172−98=74（点）
また，D>A>B>C となるので，最低点の 41 点は C，2 番目の 79 点は A とわかります。
A+B+C=183（点）だから，B の得点は，
183−(79+41)=63（点）
順位は，D→A→E→B→C となり，上から 4 番目

⑤ 9 人のうちわかっている 6 人のホームラン数の合計は，
2×1+3×1+5×1+6×2+8×1=30（本）
9 人のホームラン数の合計は 5×9=45（本）だから，ホームラン数が 4 本の人と 7 本の人は合わせて 9−6=3（人）で，その 3 人のホームラン数の合計は 45−30=15（本）
よって，4 本の人が 2 人と 7 本の人が 1 人

## チャレンジテスト③

p.30〜31

① (1) 236592 円 (2) 123 g (3) 93 点以上
② (1) 12 (2) 231
③ (1) 4900 点 (2) 66.4 点
④ (1) 315 点 (2) 93 点 (3) 72 点
⑤ ア 35，イ 58

### 解き方

① (1) 畑の面積は，5.3×12.4=65.72（$m^2$）
1 ha の土地で 51 t の収かくがあるので，1 $m^2$ あたり，
51000÷10000=5.1（kg）=5100（g）の収かくになります。この金額(きんがく)は，
5100÷170×120=3600（円）
したがって，畑で収かくした作物をすべて売ったときの金額は，
3600×65.72=236592（円）

(2) (A+B+C)×2=106×2+110×2+119×2
=670（g）となり，これより，
A+B+C=670÷2=335（g）
A と B の平均(へいきん)がいちばん軽いので，最も重いのは C で，A+B=106×2=212（g）より，
335−212=123（g）

(3) 昨日(きのう)までのテストの点数は 1 回につき平均の 73.5 点よりも 1.5 点ずつ低く，今日のテストの点数は平均の 73.5 点よりも 16.5 点高いので，昨日までのテストの回数は，
16.5÷1.5=11（回）とわかります。つまり，今日までの 12 回のテストの平均点が 73.5 点だから，13 回目のテストを受けて平均点を 75 点以上にするためには，13 回目に，
75×13−73.5×12=93（点）以上取る必要があります。

② (1) A÷B=19 あまり 3 より，A=19×B+3
A÷B=19.25 より，A=19.25×B
これらを比(くら)べて，B×(19.25−19)=3 より，

B=3÷0.25=12

③ (2) 1組の36人から1人7点ずつひくと，1組と2組の平均点は等しくなるので，1組，2組全体の合計点は 4900−7×36=4648(点)
したがって，2組の平均点は，
4648÷70=66.4(点)

④ (1) 74×3+77×3+81×3+83×3=945(点) だから，A+B+C+D=945÷3=315(点)
(2) 315−74×3=315−222=93(点)
(3) 315−81×3=315−243=72(点)

⑤ ある時こくの水の深さが16 cmのグラフを①，20 cmのグラフを②とし，①を水の深さのふえ方がもっとも大きい場合，②を水の深さのふえ方がもっとも小さい場合としてその変化をグラフに表すと，下の図のようになります。
①は10分間に 30−16=14(cm) ふえているので，30分後の深さは 16+14×3=58(cm)
②は10分間に (30−20)÷2=5(cm) ふえているので，30分後の深さは 20+5×3=35(cm)
したがって，ある時こくから30分後の水の深さは，35 cm以上58 cm以下

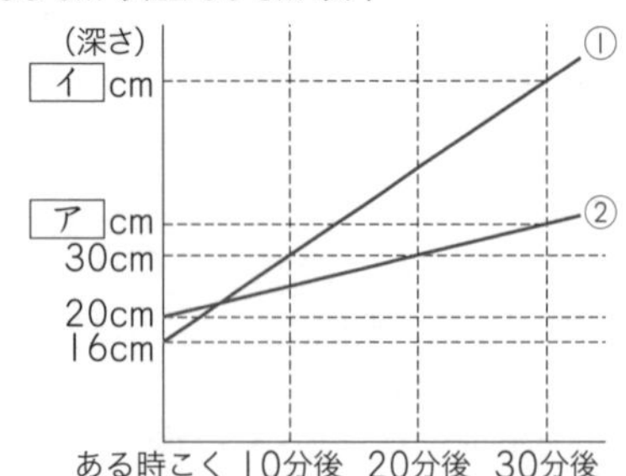


# 9 割合とそのグラフ

## 標準クラス

p.32〜33

1 (1) 7500 (2) 30000 (3) 1050
2 (1) ① 35 ② 7 (2) 108° (3) 1.8 cm
3 (1) 32.5% (2) 275 $m^2$
4 (1) 30.6 cm (2) 225 cm
5 (1) 6月と7月 (2) 8月

### 解き方

1 (1) □×0.32=2400 より，
□=2400÷0.32=7500
(2) 5 $m^2$=50000 $cm^2$ だから，
□=50000×0.6=30000
(3) 300の7割(わり)は，300×0.7=210 だから，
□×0.2=210 より，□=210÷0.2=1050

2 (1) ① 250人の14%だから，250×0.14=35(人)
② 250−(75+103+35+30)=7(人)
(2) 阪急(はんきゅう)の割合(わりあい)は，75÷250=0.3(=30%) だから，
360°×0.3=108°
(3) バスの割合は，30÷250=0.12(=12%) だから，15×0.12=1.8(cm)

3 (1) 児童が飲んだ牛にゅうは，0.15×90=13.5(L) だから，残った牛にゅうは 20−13.5=6.5(L) で，その割合は，6.5÷20=0.325=32.5(%)
(2) 校庭の面積は，4000×0.55=2200 ($m^2$)
花だんの面積は，2200×0.125=275 ($m^2$)

4 (1) $100\times\frac{3}{5}=60$，60+15=75，$75\times\frac{3}{5}=45$，
45+15=60，$60\times\frac{3}{5}=36$，36+15=51，
$51\times\frac{3}{5}=30.6$ (cm)
(2) $46.8\div\frac{3}{5}=78$，78−15=63，$63\div\frac{3}{5}=105$，
105−15=90，$90\div\frac{3}{5}=150$，150−15=135，
$135\div\frac{3}{5}=225$ (cm)

5 (1) 7月の生産量が6月の生産量の100%だから，6月と7月の生産量は同じです。
(2) 生産量について，3月を100とすると，
4月は 90，
5月は 90×0.96=86.4，
6月は 86.4×1.02=88.128，
7月は 88.128×1=88.128，
8月は 88.128×0.97=85.48416，
9月は 85.48416×1.05=89.758368，
10月は 89.758368×0.98=87.96320064
となり，8月の生産量が最も少ないことがわかります。計算はこれほどげんみつにしなくても，およその数でよいです。

## ハイクラス

p.34〜35

1 (1) 6000 (2) 44 (3) 45
2 24%
3 88人
4 650 g
5 (1) 60000円 (2) 288000円 (3) 62.5°
6 (1) 78% (2) 2.4 kg

### 解き方

1 (1) □円の72%を使った残りが1680円だから，
□×(100−0.72)=1680 より，
□=1680÷0.28=6000

(2) たての1辺も横の1辺も $1+0.2=1.2$(倍)になるので，面積は，$1.2\times1.2=1.44$(倍) したがって，44％大きくなります。

(3) お母さんの体重は $72\times0.75=54$(kg) で，これがA子さんの体重の120％だから，A子さんの体重を□kgとすると，$□\times1.2=54$ より，$□=54\div1.2=45$

**2** 全校生徒の数を100とすると，男子生徒の数は60，女子生徒の数は40で，自転車通学している生徒が，男子は $60\times0.32=19.2$，女子は $40\times0.12=4.8$，合計で $19.2+4.8=24$(％)

**3** 犬を飼っている人は，$200\times0.44=88$(人)
ねこを飼っている人は，$200\times0.23=46$(人)
両方飼っている人は，$200\times0.11=22$(人)
したがって，どちらも飼っていない人は，
$200-(88+46-22)=88$(人)

**4** 火曜日のごみの量を1とすると，水曜日は $1\times1.5=1.5$，木曜日は $1.5\times0.6=0.9$ にあたり，これが585gだから，火曜日のごみの量は，
$585\div0.9=650$(g)

**5** (1) $90\div45=2$ より，先月の食費は通信費の2倍だから，$30000\times2=60000$(円)

(2) 先月の食費の60000円は，支出全体の $90\div360=0.25$ にあたるから，先月の支出の合計は $60000\div0.25=240000$(円)
今月は20％増えているので，
$240000\times1.2=288000$(円)

(3) 先月の円グラフにおいて，衣料費の中心角は，$360°-(45°+90°+165°)=60°$ だから，先月の衣料費は $240000\times\dfrac{60°}{360°}=40000$(円)
今月は25％増えたので，
$40000\times1.25=50000$(円) で，その割合は，
$50000\div288000=\dfrac{25}{144}$ だから，中心角は，
$360°\times\dfrac{25}{144}=62.5°$

**6** (1) 牛にゅうとめんと肉の合計は，
$500\times0.75=375$(g) だから，肉は
$375-(205+110)=60$(g)
肉とその他の合計は，$60+50=110$(g)
これは全体の $110\div500=0.22$ にあたるので，
帯グラフの㋐のめもりは，
$100-22=78$(％) を示しています。

(2) $60\times40=2400$(g)$=2.4$(kg)

# 10 相当算

## 標準クラス

p.36〜37

**1** (例) $\dfrac{7}{12}$ は，はじめにあったカードのまい数に対する残ったカードのまい数の割合です。
よって，はじめにあったカードのまい数は，
$14\div\dfrac{7}{12}=24$(まい)　　答え　24まい

**2** (1) 280ページ　(2) 180g　(3) 75 $cm^2$

**3** (1) 266人　(2) 147人

**4** (1) 11個　(2) 57個

**5** (1) 567人　(2) 280人　(3) 273人

### 解き方

**2** (1) 2日目に読んだページ数は，全体の
$\left(1-\dfrac{3}{8}\right)\times\dfrac{4}{7}=\dfrac{5}{14}$ だから，2日間読んで残ったページの割合は $1-\left(\dfrac{3}{8}+\dfrac{5}{14}\right)=\dfrac{15}{56}$ で，これが75ページだから，全体のページ数は，
$75\div\dfrac{15}{56}=280$(ページ)

(2) 容積の $\dfrac{5}{6}-\dfrac{1}{4}=\dfrac{7}{12}$ の塩の重さは，
$820-372=448$(g) だから，容器いっぱいに塩を入れたときの塩の重さは，
$448\div\dfrac{7}{12}=768$(g)
したがって，容器の $\dfrac{5}{6}$ だけ入れたときの塩の重さは $768\times\dfrac{5}{6}=640$(g) だから，容器の重さは
$820-640=180$(g)

(3) 重なっている部分の面積を1とすると，正方形Aの面積は $1\div\dfrac{3}{7}=\dfrac{7}{3}$，正方形Bの面積は
$1\div\dfrac{5}{8}=\dfrac{8}{5}$ にあたり，その差の55 $cm^2$ は，
$\dfrac{7}{3}-\dfrac{8}{5}=\dfrac{11}{15}$ にあたります。
したがって，重なっている部分の面積は，
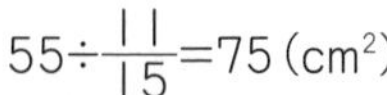
$55\div\dfrac{11}{15}=75$($cm^2$)

全体の一部分にあたる数量と，その割合がわかっているとき，
(一部の数量)÷(その割合) で全体を求める計算を「相当算」といいます。

**3** (1)図より，33−14=19（人）が全校生徒数の

$\frac{1}{2}+\frac{4}{7}-1=\frac{1}{14}$ にあたることがわかります。

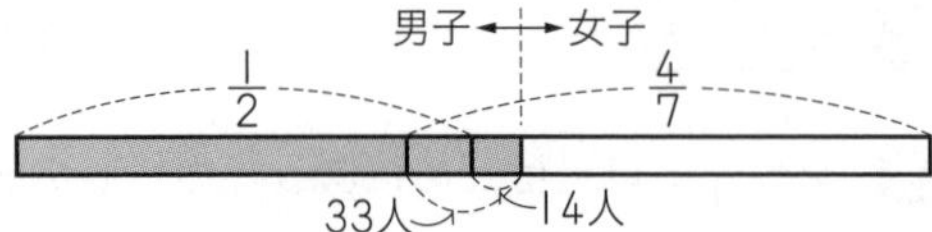


したがって，全校生徒数は $19\div\frac{1}{14}=266$（人）

**4** (1)図より，Cさんが受け取ったみかんの個数は，
(7+2)+2=11（個）

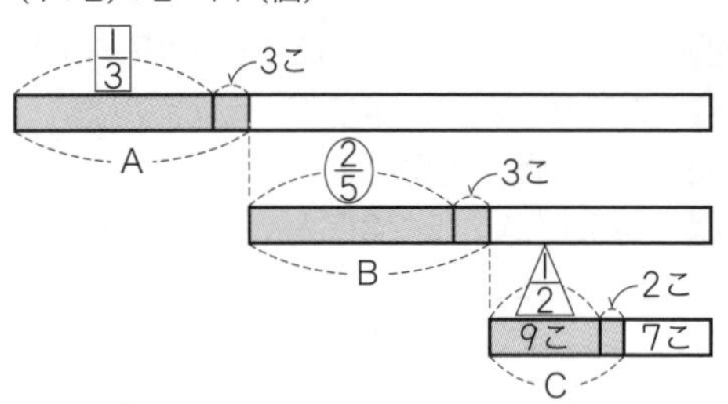


(2)逆にたどっていくと，$9\div\frac{1}{2}+3=21$，

$21\div\frac{3}{5}+3=38$，$38\div\frac{2}{3}=57$（個）

**5** (1)540×1.05=567（人）

(2)男子も女子も5％増えた場合と，男子が5％増え，女子が15％減った場合の差は，
567−511=56（人）で，これは，昨年の女子の 5+15=20（％）にあたります。
昨年の女子の数は，56÷0.2=280（人）

(3)昨年の男子の数は 540−280=260（人）だから，今年の男子の数は，260×1.05=273（人）

## ハイクラス

p.38〜39

**1** (1)90 L (2)176 cm (3)384 cm

**2** (1)13 (2)135 cm

**3** (1)4個 (2)7000円

**4** 4275円

**5** (1)4倍 (2)A $\frac{12}{5}$倍，B $\frac{7}{5}$倍 (3)1.5 m (4)0.9 m

### 解き方

**1** (1)15 L は水そう全体の容積の $\frac{1}{2}-\frac{2}{3}\div2=\frac{1}{6}$ にあたります。したがって，水そうの容積は，

$15\div\frac{1}{6}=90$（L）

(2)水面上に出たぼうの長さは，A地点ではぼうの長さの20％，B地点ではぼうの長さの45％で，その差の55 cm はぼうの長さの
45−20=25（％）にあたるので，ぼうの長さは
55÷0.25=220（cm）
これより，A地点の池の深さは，
220×0.8=176（cm）

(3)36+44=80（cm）が，リボンの長さの

$\frac{7}{12}+\frac{5}{8}-1=\frac{5}{24}$ にあたるので，リボンの長さは，$80\div\frac{5}{24}=384$（cm）

**2** (1)ぼうの長さを仮に45(=5と9の最小公倍数)とし，左はしから0，1，2，3，……，44，45とめもりをつけたとすると，印がつくのは0，45もふくめて，0，5，9，10，15，18，20，25，27，30，35，36，40，45の14か所だから，ぼうは 14−1=13 の部分に区切られます。

(2)もっとも長い区切りは5めもり，もっとも短い区切りは1めもりだから，その差の4めもりにあたる長さが12 cm
したがって，ぼう全体の長さは，

$12\div\frac{4}{45}=12\times\frac{45}{4}=135$（cm）

> **ポイント** ぼうの長さを1とすると，分数がたくさん出てきて考えにくいので，最小公倍数の45とします。

**3** (1)いま持っているお金を仮に30(=15と10の最小公倍数)とすると，
A1個のねだんは 30÷15=2
B1個のねだんは 30÷10=3
Aを9個買うと残ったお金は 30−2×9=12
だから，12÷3=4（個）より，Bを4個まで買うことができます。

(2)A6個とB3個を買ったときの残りのお金は，
30−(2×6+3×3)=9 で，これが2100円だから，持っていたお金は，

$2100\div\frac{9}{30}=2100\times\frac{30}{9}=7000$（円）

**4** 図より，逆に考えていくと，$600\div\frac{2}{3}=900$，

$900+600=1500$，$1500\div\frac{2}{3}=2250$，

$2250+600=2850$，$2850\div\frac{2}{3}=4275$（円）

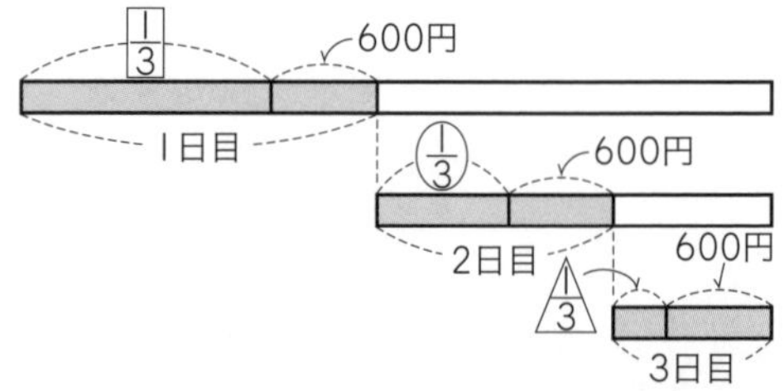

**5** (1) 水中にある部分のぼうの長さはそれぞれ，Aは $\frac{1}{4}$，Bは $\frac{3}{7}$，Cは $\frac{3}{5}$ だから，池の深さを1とすると，Aの長さは $1\div\frac{1}{4}=4$，Bの長さは $1\div\frac{3}{7}=\frac{7}{3}$，Cの長さは $1\div\frac{3}{5}=\frac{5}{3}$ と表すことができます。したがって，Aの長さは池の深さの4倍

(2) AはCの $4\div\frac{5}{3}=\frac{12}{5}$ (倍)

BはCの $\frac{7}{3}\div\frac{5}{3}=\frac{7}{5}$ (倍)

(3)，(4) 3本の長さの和の割合(わりあい)は $4+\frac{7}{3}+\frac{5}{3}=8$ で，これが 7.2 m だから，池の深さは $7.2\div8=0.9$ (m)

よって，Cの長さは $0.9\times\frac{5}{3}=1.5$ (m)

# 11 損益算

## 標準クラス

p.40～41

**1** (1)800 (2)2500 (3)2000 (4)4 (5)3000

**2** (1)75円 (2)9円 (3)80本

**3** (1)5000円 (2)3200円 (3)1000円

**4** 160個(こ)

### 解き方

**1** (1) 原価(げんか)を1とすると，定価は1.2，売りねは $1.2\times0.7=0.84$

これが672円だから，原価は，$672\div0.84=800$ (円)

(2) 原価を1とすると，定価は1.2，売りねは $1.2\times0.9=1.08$ で，利益(りえき)は $1.08-1=0.08$

これが200円だから，原価は $200\div0.08=2500$ (円)

(3) 品物1個の仕入れねを1とすると，定価は1.25，売りねは $1.25\times0.9=1.125$ で，利益は $1.125-1=0.125$

1個の利益は $60000\div240=250$ (円) だから，1個の仕入れねは，$250\div0.125=2000$ (円)

(4) 仕入れねを1とすると定価は1.8　売りねが $1+0.08=1.08$ だから，$1.08\div1.8=0.6$ より，売りねは定価の4割(わり)引き

(5) 定価の1割と定価の3割の差，つまり，定価の2割が，600円の利益と200円の損(そん)の差，つまり，800円にあたるので，定価は $800\div0.2=4000$ (円)　定価の1割引きで売って600円の利益があるから，仕入れねは，$4000\times0.9-600=3000$ (円)

**2** (1) はじめに予定していた利益は，$1080\div0.6=1800$ (円) だから，1本あたり $1800\div120=15$ (円)　これが仕入れねの2割にあたるから，仕入れねは，$15\div0.2=75$ (円)

(3) 定価の1割引きで売ると，1本あたりの売りねは，$75\times1.2\times0.9=81$ (円)

利益は $81-75=6$ (円) だから，定価で売ったときよりも，利益が $15-6=9$ (円) 少なくなることから，1割引きで売った本数は，$(1800-1080)\div9=80$ (本)

**3** (1) $1300-550=750$ (円) が，定価の $0.25-0.1=0.15$ にあたるから，定価は $750\div0.15=5000$ (円)

(2) 定価の1割引きで売ると1300円の利益があるから，仕入れねは，$5000\times0.9-1300=3200$ (円)

(3) 売ったねだんの8割が仕入れねの3200円だから，売ったねだんは $3200\div0.8=4000$ (円)

これは定価(=5000円)の1000円引きにあたります。

**4** 1個240円で仕入れて1個300円で売ると，1個につき60円の利益があります。こわれた10個分の損失($240\times10=2400$ (円))もふくめて6600円の利益だから，グラスを売って得た利益は $6600+2400=9000$ (円)

したがって，売ったグラスの数は $9000\div60=150$ (個)

こわれた10個もふくめて，仕入れたグラスは $150+10=160$ (個)

## ハイクラス

p.42～43

**1** (1)250個 (2)2500円 (3)70個

**2** (1)3600円 (2)128個

**3** (1)200円 (2)7200円 (3)255円 (4)340個

**4** (1)3割引き (2)15個

### 解き方

**1** (1) 運ぶと中でわれた分の損失は，$24\times20=480$ (円) で，その分もふくめて3200円の利益があったから，たまごを売って得た利益は $3200+480=3680$ (円)

|個の利益は 40−24=16(円) だから，売ったたまごの個数は 3680÷16=230(個)
仕入れたたまごの個数は
230+20=250(個)

(2) 商品|個の仕入れねを|とすると，定価は 1.2 です。定価の 30％引きのねだんは
1.2×0.7=0.84 だから，定価で売ったときは|個につき 0.2 の利益があり，定価の 30％引きで売ったときは|個につき 0.16 の損失になります。これより，200 個売ったときの利益の割合は，0.2×150−0.16×50=22
これが 55000 円だから，|個の仕入れねは，
55000÷22=2500(円)

(3) 原価の総額(そうがく)は 120×1000=120000(円) で，利益が 12450 円だから，売り上げの総額は，
120000+12450=132450(円)
そのうち，原価の 25％増(ま)しで 460 個売ったときの売上額は，
120×1.25×460=69000(円)
よって，定価の|割引き
(120×1.25×0.9=135(円))で売った分の売上額は，132450−69000=63450(円) で，
その個数は，63450÷135=470(個)
したがって，不良品の個数は，
1000−(460+470)=70(個)

**2** (2) |個 250 円で売ると|個 300 円で売るよりも|個につき 50 円売り上げが減(へ)るから，|個 250 円で売った個数は，3600÷50=72(個) で，|個 300 円で売った個数は
200−72=128(個)

**3** (1) 仕入れ価格(かかく)の 1.5 にあたる定価が 300 円だから，仕入れ価格は，300÷1.5=200(円)

(2) 割引きがない場合，総利益は
(300−200)×500=50000(円) だから，少なくなった分は 50000−42800=7200(円)

(3) 定価の|割引きで売ったときの価格は，
300×0.9=270(円)
2割引きで売ったときの価格は
300×0.8=240(円)
売った個数は同じだから，平均価格は，
(270+240)÷2=255(円)

(4) 割引きして売った結果，|個につき利益が
300−255=45(円) 少なくなるので，割り引いて売った個数は 7200÷45=160(個)
したがって，定価で売った個数は
500−160=340(個)

**4** (1) |個の定価は 3000×1.5=4500(円) だから，
定価で5個売ったときの利益は
(4500−3000)×5=7500(円)，定価の|割引きのねだんは 4500×0.9=4050(円) だから，20 個売ったときの利益は
(4050−3000)×20=21000(円) だから，ここまでで 7500+21000=28500(円) の利益があります。また，5個をしょ分したときの損失は，(3000+500)×5=17500(円) だから，大特価品の利益が
14000−(28500−17500)=3000(円) であればよいことになります。これより，大特価品の|個の利益は
3000÷(50−5−20−5)=150(円) だから，価格は 3000+150=3150(円)
3150÷4500=0.7 より，定価の3割引き

(2) 大特価品が全く売れない場合の損失は
3500×25=87500(円)
|個売れた場合の利益は
4500×0.8−3000=600(円)
損失を 28500 円以内にすればよいので，
(87500−28500)÷(3500+600)=14.3…
より，15 個以上売ればよいことになります。

## 12 濃度算

**標準クラス** p.44〜45

**1** (1) 20 (2) 70 (3) 75
(4) 4.8 (5) 45

**2** (1) 9％ (2) 350 g

**3** (1) 200 g (2) 240 g

**4** (1) 192 g (2) 8.8％ (3) 100 g

**5** (1) 7％ (2) 240 g

**解き方**

**1** (1) 食塩水全体の重さが 200+50=250(g)，ふくまれている食塩の重さが 50 g だから，濃度(のうど)は 50÷250=0.2 より，20％

(2) 12％の食塩水 350 g にふくまれる食塩の重さは 350×0.12=42(g)
この重さの食塩をふくむ 10％の食塩水全体の重さは，42÷0.1=420(g) だから，加える水の重さは，420−350=70(g)

(3) 5％の食塩水 200 g にふくまれる食塩の重さは 200×0.05=10(g)
この重さの食塩をふくむ 8％の食塩水全体の重さは，10÷0.08=125(g) だから，じょう発

させる水の重さは，200－125＝75（g）

(4) 8％の食塩水100gにふくまれる食塩の重さは 100×0.08＝8（g）
4％の食塩水400（g）にふくまれる食塩の重さは 400×0.04＝16（g）
よって，できた食塩水の重さは
100＋400＝500（g）
ふくまれている食塩の重さは 8＋16＝24（g）
したがって，濃度は，24÷500＝0.048 より，4.8％

(5) 2％の食塩水には，食塩水の98％にあたる重さの水がふくまれているので，その重さは，
200×0.98＝196（g） 20％の食塩水には，食塩水の80％にあたる重さの水がふくまれることになるので，食塩水の重さが，
196÷0.8＝245（g）になればよいことになります。したがって，加える食塩の重さは，
245－200＝45（g）

ポイント 食塩水に水を加えたり，水をじょう発させたりしても，ふくまれる食塩の重さは変わりません。また，食塩水に食塩を加えても，ふくまれる水の重さは変わりません。

**2** (1) 4％の食塩水200gにふくまれる食塩の重さは 200×0.04＝8（g）
できた7％の食塩水の重さは
200＋300＝500（g）で，ふくまれる食塩の重さは，500×0.07＝35（g）
これより，加えた食塩水300gには食塩が
35－8＝27（g）ふくまれていたことがわかるので，その濃度は，27÷300＝0.09 より，9％

(2) 次の面積図で，アとイが等しいので，ア＋ウ と イ＋ウ も等しくなる。ア＋ウ の面積は，
(10.5－6)×800＝3600 となるので，14％の食塩水の重さを□gとすると，
(14－6)×□＝3600
□＝3600÷8＝450 となるので，6％の食塩水の重さは，800－450＝350（g）

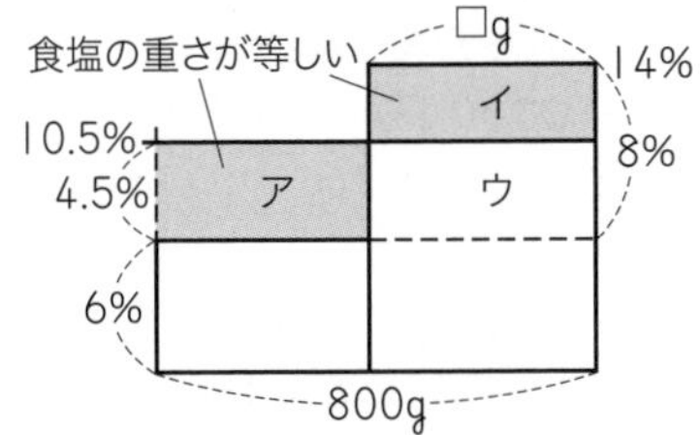


別解 10.5％の食塩水800gにふくまれる食塩の重さは 800×0.105＝84（g）
もし，6％の食塩水だけで800gあったとすると，ふくまれる食塩の重さは
800×0.06＝48（g）
6％の食塩水を1gだけ14％の食塩水と取りかえるごとに，ふくまれる食塩の重さは
0.14－0.06＝0.08（g）ずつ増えるので，混ぜた14％の食塩水の重さは，
(84－48)÷0.08＝450（g）
したがって，混ぜた6％の食塩水の重さは，
800－450＝350（g）

**3** (1) (350×0.06)÷0.14＝150（g）
350－150＝200（g）

(2) 次の面積図より，14％の食塩水150gにふくまれる食塩の重さと10％の食塩水150gにふくまれる食塩の重さの差
150×(0.14－0.1)＝6（g）は，10％の食塩水□gにふくまれる食塩の重さと7.5％の食塩水□gにふくまれる食塩の重さの差
□×(0.1－0.075)＝□×0.025（g）と等しくなることがわかるので，
□×0.025＝6 より，□＝6÷0.025＝240（g）

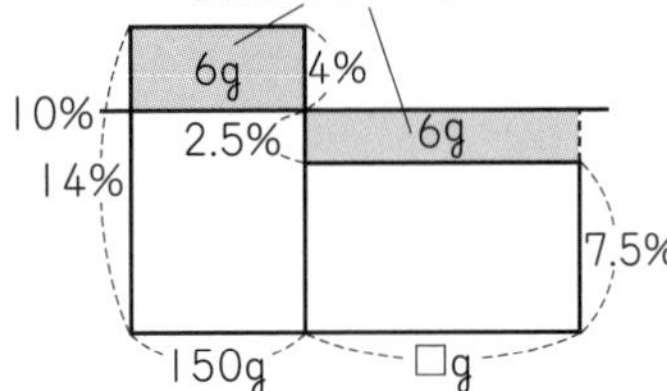


**4** (1) 水は食塩水全体の重さの 100－4＝96（％）だから，200×0.96＝192（g）

(2) 4％の食塩水200gにふくまれる食塩の重さは 200×0.04＝8（g）
12％の食塩水300gにふくまれる食塩の重さは 300×0.12＝36（g）
よって，できた食塩水全体の重さは
200＋300＝500（g）
ふくまれている食塩の重さは 8＋36＝44（g）
したがって，濃度は，44÷500＝0.088 より，8.8％

(3) (2)より，8.8％の食塩水500gにふくまれている水の重さは，500－44＝456（g）
24％の食塩水には，食塩水全体の76％にあたる重さの水がふくまれることになるので，食塩水全体の重さが，456÷0.76＝600（g）になればよいことになります。したがって，加える食塩の重さは，600－500＝100（g）

**5** (1) 容器Aの食塩水にふくまれる食塩の重さは，
200×0.1＝20（g）
できた濃度9％の食塩水300gにふくまれる

食塩の重さは，
300×0.09=27(g)
よって，容器Bの食塩水100gには，
27−20=7(g)の食塩水がふくまれていたことになります。したがって，濃度は
7÷100=0.07 より，7%

(2)水を加えても，ふくまれる食塩の重さ(=27g)は変わらないから，濃度が5%になったとき，食塩水全体の重さは，27÷0.05=540(g)です。したがって，加えた水の重さは，
540−300=240(g)

## ハイクラス

p.46〜47

1 (1)5.5 (2)120 (3)120
2 (1)36g (2)9% (3)100g
3 (1)72g (2)5.4% (3)960g
4 (1)11% (2)13.2%
5 (1)240g (2)10g

### 解き方

1 (1)最後にできた食塩水にふくまれる食塩の重さは，(100+200+10)×0.1=31(g)で，10%の食塩水100g中には食塩が
100×0.1=10(g)ふくまれているから，□%の食塩水200gにふくまれていた食塩の重さは，31−(10+10)=11(g) これより，
□=11÷200×100=5.5

(2)6%になった食塩水300gにふくまれている食塩は 300×0.06=18(g) これは，10%の食塩水から□gを取り出したとき，容器に残った食塩水にふくまれていた食塩の重さだから，300−□=18÷0.1=180 したがって，
□=300−180=120

(3)それぞれの容器から食塩水を□g取り出すとすると，次の面積図で，アとイが等しいので，ア+ウ と イ+ウ も等しくなる。
イ+ウ=(5−2)×300=900 となるので，
ア+ウ=(7−2)×(300−□)=900
300−□=180 □=120

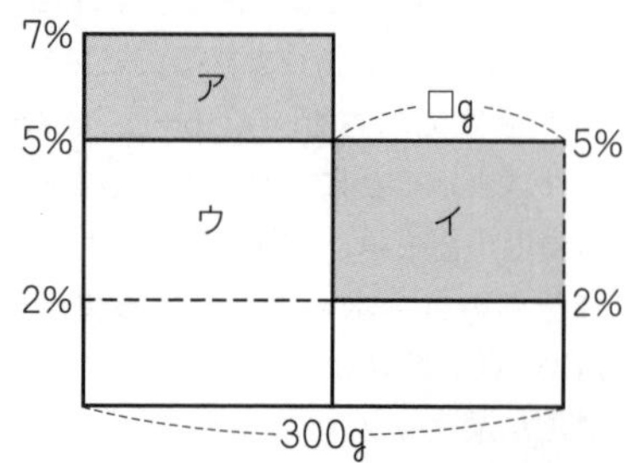


別解 AとBの食塩水をすべて混ぜた場合，濃度は，
(300×0.07+200×0.02)÷(300+200)=0.05
より5%
よって，容器Aでは，7%の食塩水(300−□)gと2%の食塩水□gが混ざって5%の食塩水が300gできたことになります。7%の食塩水300gには食塩が
300×0.07=21(g)，5%の食塩水300gには食塩が 300×0.05=15(g) ふくまれており，7%の食塩水を2%の食塩水に1g入れかえるごとに食塩の重さが0.05gずつ減っていくことから，
□=(21−15)÷0.05=120

2 (2)容器Aから容器Bに食塩水が100g移(うつ)されたとき，食塩が 100×0.18=18(g) 移されるから，容器Aに残った食塩水にふくまれている食塩は 36−18=18(g)
これに水を加えて200gにすると，濃度は，
18÷200=0.09 より，9%

(3)2回のそう作で，容器Bには18%の食塩水100gと9%の食塩水100gが入るので，そう作後の容器Bの食塩水にふくまれる食塩の重さは，
100×0.18+100×0.09=18+9=27(g)
これに水を加えて9%になったとき，食塩水全体の重さが 27÷0.09=300(g) になったことになるので，加えた水の重さは，
300−200=100(g)

3 (1)最後にできた8%の食塩水の重さは，
800−300+300+100=900(g)
よって，とけている食塩の重さは，
900×0.08=72(g)

(2)(1)の72gは，はじめに容器Aに入っていた食塩水500gにふくまれる食塩と15%の食塩水300gにふくまれる食塩の重さの和だから，はじめに容器Aに入っていた食塩水500gにふくまれる食塩の重さは，
72−300×0.15=72−45=27(g)
したがって，濃度は，27÷500=0.054 より，5.4%

(3)18%の食塩水□gに5.4%の食塩水300gを加えて15%の食塩水が(□+300)gできたと考えます。次の面積図より，
300×(0.15−0.054)=28.8，
□×(0.18−0.15)=28.8
□=28.8÷0.03=960(g)

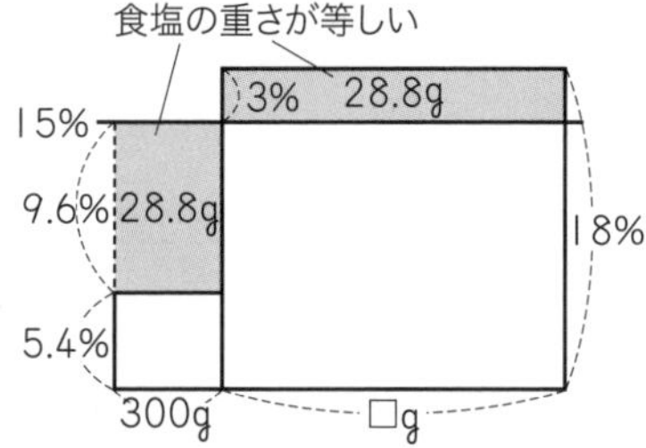


**4** (1) 食塩水A80gと食塩水D120gを混ぜると9%の食塩水が200gできたことから，食塩水D120gにふくまれている食塩の重さは，
200×0.09−80×0.06=13.2(g)
これより，食塩水Dの濃度は，
13.2÷120=0.11 より，11%

(2) 食塩水Dは11%なので，食塩水C200gと食塩水A40gにふくまれる食塩の和は，
(200+40)×0.11=26.4(g)
食塩水A40gには，40×0.06=2.4(g) の食塩がとけているので，食塩水C200gには，
26.4−2.4=24(g) の食塩がとけています。
よって食塩水Cの濃度は，
24÷200=0.12 より，12%
次に，食塩水A80gと食塩水B400gにふくまれる食塩の和は，
(80+400)×0.12=57.6(g)
食塩水A80gには，80×0.06=4.8(g) の食塩がとけているので，食塩水B400gには，
57.6−4.8=52.8(g) の食塩がとけています。
よって，食塩水Bの濃度は，
52.8÷400=0.132 より，13.2%

**5** (1) 水を120gじょう発させて，濃度が10%から2倍の20%になったということは，120gがはじめにあった食塩水の重さの半分だということだから，はじめにあった10%の食塩水は，
120×2=240(g)

(2) 20%の食塩水120gにとけている食塩の重さは，120×0.2=24(g)
水を60gじょう発させて食塩の結しょうが□gできたとすると，これは，水にとけていないので，濃度とは関係ありません。したがって，60gじょう発させたときの食塩水の重さは
120−60−□=(60−□) で，とけている食塩の重さは (24−□)g
濃度が28%になったことから，
(60−□)×0.28=(24−□) が成り立ちます。
これより，16.8−□×0.28=24−□
□−□×0.28=24−16.8 □×0.72=7.2
□=7.2÷0.72=10(g)

# 13 消去算

## 標準クラス

p.48〜49

**1** (1) 大人300円，子ども120円
(2) 85円 (3) 90円

**2** バラ270円，かすみ草230円

**3** 110円

**4** (1) 大人500円，子ども300円
(2) 大人350人，子ども630人

**5** (1) 450円 (2) 100円

**6** (1) 98g (2) 23g

### 解き方

**1** (1)「大人2人+子ども1人=720円」を2倍して，「大人4人+子ども2人=1440円」 これと「大人4人+子ども3人=1560円」を比べると，子ども1人の入館料は，
(1560−1440)÷(3−2)=120(円)
したがって，大人1人の入館料は，
(720−120)÷2=300(円)

(2) えん筆の数を12本にそろえます。
「ノート2さつ+えん筆3本=245円」より
「ノート8さつ+えん筆12本=980円」
「ノート3さつ+えん筆4本=355円」より
「ノート9さつ+えん筆12本=1065円」だから，ノート1さつのねだんは，
(1065−980)÷(9−8)=85(円)
別解 355−245=110(円) は，「ノート1さつ+えん筆1本」のねだんを表します。これより，「ノート3さつ+えん筆3本=330円」だから，これと「ノート2さつ+えん筆3本=245円」を比べると，ノート1さつのねだんは
330−245=85(円)

(3)「レタス5個とトマト6個」のかわりに「トマト5個とトマト6個」を買うと，代金が
80×5=400(円) 安くなります。これより，トマト11個のねだんが
1390−400=990(円) とわかるので，1個のねだんは 990÷11=90(円)

**2**「バラ9本+かすみ草3本=3000+120=3120円」
「バラ7本+かすみ草4本=3000−190=2810円」
です。かすみ草を12本にそろえると，「バラ36本+かすみ草12本=12480円」，「バラ21本+かすみ草12本=8430円」となるので，バラ1本のねだんは，
(12480−8430)÷(36−21)=270(円) で，こ

のとき，「270 円×9+かすみ草３本=3120 円」より，かすみ草１本のねだんは，
(3120−270×9)÷3=230（円）

**3** 「りんご１個+みかん２個=250 円」より，「りんご２個+みかん４個=500 円」
ここで，りんご２個をみかん３個におきかえると代金が 10 円安くなることから，
「みかん３個+みかん４個=500−10=490 円」
したがって，みかん１個のねだんは，
490÷7=70（円）で，このとき，りんご１個のねだんは，250−70×2=110（円）

**4** (1)子どもの数を 12 人にそろえると，
「大人５人+子ども３人=3400 円」より，
「大人 20 人+子ども 12 人=13600 円」
「大人３人+子ども４人=2700 円」より，
「大人９人+子ども 12 人=8100 円」だから，
大人１人の入館料は，
(13600−8100)÷(20−9)=500（円）で，
このとき，「500 円×5+子ども３人=3400 円」より，子ども１人の入館料は，
(3400−500×5)÷3=300（円）
(2)980 人がすべて子どもであったと仮定（かてい）して，つるかめ算を用いると，大人の人数は，
(364000−300×980)÷(500−300)=350（人）
このとき，子どもの人数は
980−350=630（人）

**5** (1) ３人が買った分をすべて合計すると，A，B，C を６個ずつ買った場合
600+950+1150=2700（円）だから，１個ずつ買ったときにしはらう金額（きんがく）は，
2700÷6=450（円）
(2)かおるさんとなおこさんの買い方を比べると，Aを１個，Bを１個，Cを２個買ったときの金額が 1150−600=550（円）
これと(1)より，C１個のねだんは
550−450=100（円）

**6** (1)「A+B=57 g」「B+C=75 g」「A+C=64 g」をすべて合計すると，A，B，C が２個ずつで重さが 57+75+64=196（g）とわかるので，A と B と C の重さの和は 196÷2=98（g）
(2)(1)と「B+C=75 g」を比べると，A の重さは
98−75=23（g）

## ハイクラス

p.50〜51

**1** (1)500 円 (2)220 円 (3)90 円
**2** (1)○○○ (2)△ 50 g，□ 90 g
**3** 150 円
**4** (1)50 cm (2)30 cm
**5** 35 円
**6** 520 円

### 解き方

**1** (1)「A２個+B３個+C１個=1780 円」と「A２個+B２個+C１個=1440 円」から，
1780−1440=340（円）がB１個のねだんです。すると，「A２個+340 円×3+C１個=1780 円」より，「A２個+C１個」のねだんは
1780−340×3=760（円）
これと「A１個+C１個=630 円」を比べると，
A１個のねだんは 760−630=130（円）
したがって，C１個のねだんは，
630−130=500（円）
(2)「りんご５個+みかん 14 個=2220 円」を４倍すると，「りんご 20 個+みかん 56 個=8880 円」になります。また，りんご３個のねだんはみかん８個のねだんより 20 円高いので，りんご 21 個のねだんはみかん 56 個のねだんより 140 円高くなります。いま，みかん 56 個をりんご 21 個と取りかえると，
りんご 20 個+りんご 21 個=8880+140（円），
りんご 41 個=9020 円，りんご１個のねだんは，
9020÷41=220（円）
(3)「ノート３さつ=えん筆５本+20 円」より，
「ノート 15 さつ=えん筆 25 本+100 円」
「ノート５さつ=えん筆 12 本−150 円」より，
「ノート 15 さつ=えん筆 36 本−450 円」
すると，「えん筆 25 本+100 円」と「えん筆 36 本−450 円」は同じ金額を表すことになります。これより，えん筆 11 本のねだんが 550 円とわかるので，えん筆１本は
550÷11=50（円）
よって，ノート１さつのねだんは，
(50×5+20)÷3=90（円）

**2** (1)図１を，○○△△=△□ のように表すと，左右から△を１つ取りのぞいて，○○△=□
左右を入れかえると □=○○△ となり，さらに左右に○を１つ加えて，□○=○○○△ となるので，図２の(　)に入るのは○○○
(2)図２の □○=○○○△ の左右から○を１つ取りのぞくと，□=○○△
図３の ○□□=△△△△ の□を○○△に取りかえると ○○○△○○△=△△△△ となり，左右から△を２つ取りのぞくと，
○○○○○=△△

○ | つの重さが 20 g だから，
△△=20×5=100 (g)，△=100÷2=50 (g)
したがって，□=○○△ より，
□=20×2+50=90 (g)

**3** 3通りの買い方をすべて合計すると，りんご，なし，ももを3個ずつ買った場合
510+660+540=1710 (円) であることがわかるので，それぞれ | 個ずつ買ったときの代金は，
1710÷3=570 (円) です。また，はじめの2通りの買い方を合計すると，りんご | 個となし3個ともも2個の代金が 510+660=1170 (円) とわかるので，なし2個ともも | 個の代金は，
1170−570=600 (円) です。なし | 個ともも2個で 660 円だから，なし2個ともも4個では
660×2=1320 (円)
よって，もも | 個のねだんは，
(1320−600)÷3=240 (円) とわかるので，
りんご | 個のねだんは，
(540−240)÷2=150 (円)

**4** (1) 書かれていることをまとめると，
A+B+C=150 cm ……①
B+C=A+A ……②
A+C+C+C=B+B ……③
となります。
②の左右にAを | つずつ加えると，
A+B+C=A+A+A になり，
A+B+C=150 cm だから，A+A+A=150 cm
よって，A=150÷3=50 (cm)

(2) A=50 cm だから，
②より，B+C=A+A=100 cm ……④
③より，50 cm+C+C+C=B+B ……⑤
⑤の左右にCを2個ずつ加えると，
50 cm+C+C+C+C+C=B+B+C+C
④より，B+C=100 cm だから，
50 cm+C+C+C+C+C=100 cm×2=200 cm
よって，C+C+C+C+C=150 cm とわかるので，C=150÷5=30 (cm)

**5** えん筆3本と消しゴム3個のねだんの差は，
20+25=45 (円) です。したがって，えん筆 | 本と消しゴム | 個のねだんの差は，45÷3=15 (円) です。また，えん筆 | 本と消しゴム | 個のねだんの和は，425÷5=85 (円) です。えん筆 | 本より消しゴム | 個のほうがねだんが高いことがわかるので，えん筆 | 本のねだんは，
(85−15)÷2=35 (円)

**6** 大人 | 人よりも中学生6人のほうが 20 円高くなることから，大人2人を中学生 12 人におきかえると，入場料が 20×2=40 (円) 高くなります。
これより，
「大人2人+高校生 | 人+中学生2人=9340 円」は「高校生 | 人+中学生 14 人=9380 円」，
「大人2人+高校生2人+中学生 | 人=10920 円」は「高校生2人+中学生 13 人=10960 円」と書きかえることができ，さらに，「高校生 | 人+中学生 14 人=9380 円」は「高校生2人+中学生 28 人=18760 円」と書きかえることができるので，
中学生 | 人の入場料は，
(18760−10960)÷(28−13)=520 (円)

## チャレンジテスト④

p.52～53

1 (1) 6500 (2) 810 (3) 1350
2 (1) 240 ページ (2) 144 ページ
3 (1) 400 円 (2) 180 個
4 (1) 250 g (2) 750 g
5 (1) 462 人 (2) 6 人

### 解き方

1 (1) 仕入れねを | とすると，定価(ていか)は 1.3，売りねは，
1.3×0.8=1.04
利益(りえき)の 200 円は，1.04−1=0.04 にあたるので，仕入れねは 200÷0.04=5000 (円) で，
定価は 5000×1.3=6500 (円)

(2) 2日目に読んだあとの残りのページ数は，
$(6+50)\div\frac{1}{6}=336$ (ページ)
| 日目に読んだ残りのページ数は，
$(336-6)\div\frac{3}{5}=550$ (ページ)
はじめのページ数は，
$(550+17)\div\frac{7}{10}=810$ (ページ)

(3) 32+43=75 (人) が，全体の $\frac{1}{2}+\frac{5}{9}-1=\frac{1}{18}$
にあたるから，全体の生徒数は，
$75\div\frac{1}{18}=1350$ (人)

2 (1) | 日目に読んだページ数は，全体の
$15\%=\frac{3}{20}$ で，2日目は全体の
$\left(1-\frac{3}{20}\right)\times\frac{5}{17}=\frac{1}{4}$ だから，その差は全体の
$\frac{1}{4}-\frac{3}{20}=\frac{1}{10}$
これが 24 ページだから，全体のページ数は，
$24\div\frac{1}{10}=240$ (ページ)

(2) 1日目と2日目で全体の $\frac{3}{20}+\frac{1}{4}=\frac{2}{5}$ を読んだから，残りは，$240\times\left(1-\frac{2}{5}\right)=144$（ページ）

③ (1) 見こんでいた利益の $\frac{37}{50}$ にあたる金額が 26640 円だから，見こんでいた利益は，

$26640\div\frac{37}{50}=36000$（円）

したがって，1個あたりの利益は

36000÷300=120（円）で，これが仕入れねの3割にあたるから，1個の仕入れねは，

120÷0.3=400（円）

(2) 定価は 400+120=520（円）だから，定価の1割引きで売ると，1個あたりの利益は定価で売ったときに比べて，520×0.1=52（円）少なくなります。予定よりも利益が少なくなった分は 36000−26640=9360（円）だから，1割引きで売った個数は，9360÷52=180（個）

④ (1) 容器A，Bから食塩水を □g 取り出すとすると，次の面積図で，アとイが等しいので，

ア+ウ と イ+ウ も等しくなる。

ア+ウ=(4.5−2)×600=1500 となるので，

イ+ウ=(8−2)×□=1500　6×□=1500

□=250（g）

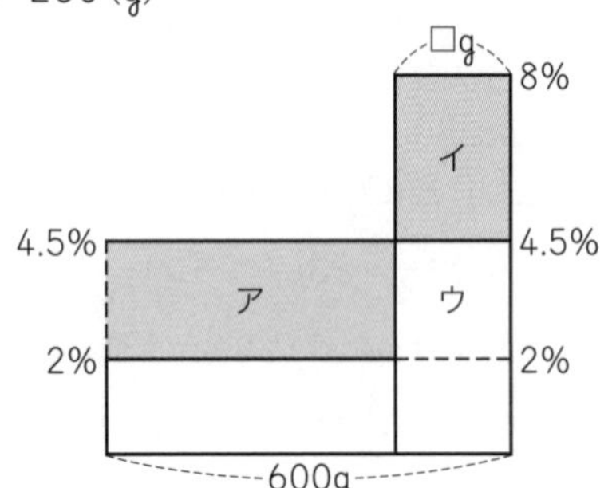


別解　容器Bの食塩水の濃度が 4.5% になったことから，取り出した重さを □g とすると，8% の食塩水 □g と 2% の食塩水 (600−□)g を混ぜると 4.5% の食塩水が 600g できたことになります。4.5% の食塩水が 600g には，600×0.045=27（g）の食塩がふくまれています。もし，600g すべてが 2% の食塩水だとすると，ふくまれる食塩の重さは

600×0.02=12（g）になり，2% の食塩水を 8% の食塩水と 1g 取りかえるごとに食塩の重さが 0.08−0.02=0.06（g）ずつ増えることから，□=(27−12)÷0.06=250（g）

(2) 容器Aの食塩水から容器Bの食塩水に移された食塩の重さは，250×0.08=20（g）で，容器Bの食塩水から容器Aの食塩水に移された食塩の重さは，250×0.02=5（g）だから，容器Aの食塩水にふくまれる食塩の重さは

20−5=15（g）減ったことになります。これより，濃度は 8−6=2（%）小さくなったのだから，容器Aに入っていた食塩水の重さは，

15÷0.02=750（g）

⑤ (1) 電車とバスの両方を利用する生徒の割合は，生徒全体の数の $\frac{6}{7}+\frac{5}{11}+\frac{10}{77}-1=\frac{34}{77}$ で，これが 204 人だから，生徒全体の数は，

$204\div\frac{34}{77}=462$（人）

(2) バスを利用している生徒の数は，

$462\times\frac{5}{11}=210$（人）で，このうち 204 人は電車も利用しているから，バスだけ利用している生徒は 210−204=6（人）

## チャレンジテスト⑤

p.54〜55

① (1) 25%　(2) 48人　(3) 120°

② (1) 2.6%　(2) 10.2%　(3) 155g

③ (1) 135個　(2) 90個

④ 5個

⑤ 400円

⑥ A 27個，B 25個，C 23個，D 19個

### 解き方

① (2) バスで通学している生徒は全体の $\frac{40}{360}=\frac{1}{9}$ だから，$432\times\frac{1}{9}=48$（人）

(3) 電車で通学している人の割合は，

$144\div432=\frac{1}{3}$ だから，

角㋐$=360°\times\frac{1}{3}=120°$

② (1) 8% の食塩水A 200g には食塩が 200×0.08=16（g）ふくまれており，できた 6.2% の食塩水 300g には食塩が 300×0.062=18.6（g）ふくまれているから，100g の食塩水Bには 18.6−16=2.6（g）の食塩がふくまれていたことになります。したがって，食塩水Bの濃度は，2.6÷100=0.026 より，2.6%

(2) 175+182=357（g），357×0.05=17.85（g），17.85÷175=0.102 より，10.2%

(3) 150g の食塩水Aと 50g の食塩水Bを混ぜてできた食塩水の濃度は，

(150×0.08+50×0.026)÷(150+50)=0.0665 より，6.65％です。したがって，6.65％の食塩水200gと10.2％の食塩水C□gを混ぜて，8.2％の食塩水にしたことになります。

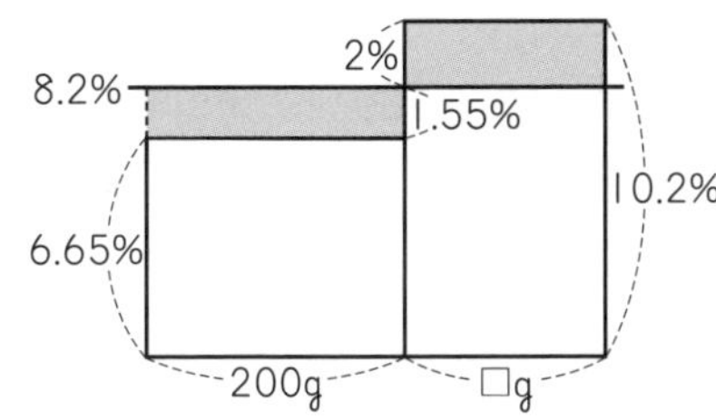


上の面積図より，
200×(0.082−0.0665)=3.1
□×0.02=3.1　□=3.1÷0.02=155(g)

③ (1)移(うつ)しかえたあと，A，B，Cの箱にはおはじきが，270÷3=90(個)ずつ入っています。Aの箱のおはじきは，はじめにあった個数の

$1-\frac{1}{3}=\frac{2}{3}$ になっているから，はじめにあった個数は，$90\div\frac{2}{3}=135$(個)

(2)Bの箱のおはじきは，Aから移ってきた分をふくめた個数の $\frac{2}{3}$ になって，それが90個だから，Aから移ってきた分をふくめた個数は135個　Aからは $135\times\frac{1}{3}=45$(個)移ってきたので，はじめにあったおはじきの個数は，
135−45=90(個)

④ それぞれのてんびんのつり合いのようすを，
○○☆☆□=□□□　……①
○○○○○=☆☆☆　……②
と表すことにします。
①の左右から□を1個取ると
○○☆☆=□□　……③
となり，②の左右に☆を2個加えると
○○○○○☆☆=☆☆☆☆☆　……④
となります。③より，④の左側の「○○☆☆」のところを「□□」におきかえると，
○○○□□=☆☆☆☆☆
となるので，㋐には☆のおもりが5個必要です。

⑤ えん筆の本数を6本にそろえます。「ノート2さつ+消しゴム5個+えん筆3本=820円」より，「ノート4さつ+消しゴム10個+えん筆6本=1640円」，「ノート3さつ+消しゴム5個+えん筆2本=880円」より，「ノート9さつ+消しゴム15個+えん筆6本=2640円」だから，
2640−1640=1000(円)が，「ノート5さつ+消しゴム5個」の代金を表します。これより，「ノート1さつ+消しゴム1個」の代金は
1000÷5=200(円)
求める代金は，200×2=400(円)

⑥ A+B=52(個)　……①　A+D=46(個)　……②
C+D=42(個)　……③　とします。
②と③より，AはCより4個多いことがわかります。これを数直線で示すと，BはAとCの間だから，㋐，㋑，㋒のいずれかになります。

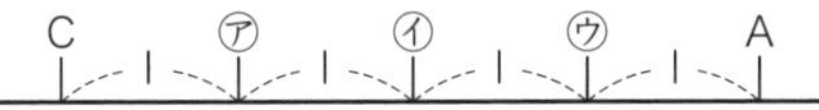


ここで，①より，52は偶数(ぐうすう)だから，Aが偶数のときBも偶数となり，Aが奇数(きすう)のときBも奇数となるので，Bは㋑になります。よって，
A−B=2(個)
また，A+B=52(個)から，
A=(52+2)÷2=27(個)
B=(52−2)÷2=25(個)
②より，D=46−27=19(個)
③より，C=42−19=23(個)

# 14 速さ

## 標準クラス

p.56～57

**1** (1)1250　(2)90　(3)①54　②15
(4)7.2　(5)27

**2** (1)1時間45分　(2)23 km　(3)時速30 km

**3** (1)時速48 km　(2)時速15 km

**4** (1)9　(2)20　(3)12

**5** (1)1300 m　(2)28分

### 解き方

**1** (1)時速75 kmは60分間に75000 m進む速さだから，1分間に 75000÷60=1250(m) 進みます。

(2)秒速25 mは1秒間に25 m進む速さだから，
1分間に 25×60=1500(m)=1.5(km) 進み，
1時間に 1.5×60=90(km) 進みます。

(4)歩く速さは 10÷5=2 より，秒速2 m
これを時速にすると，時速7.2 km

(5)かかる時間は 18÷40=0.45(時間) だから，
0.45×60=27(分)

秒速○mで表された速さに3.6をかけると時速△kmになり，時速△kmで表された速さを3.6でわると秒速○mになります。
(2)秒速25 mは，25×3.6=90 より，時速90 km

**2** (1)6.3 km=6300 m だから，かかる時間は $6300÷60=105$(分）より，1 時間 45 分

(2)1 時間 55 分=$1\frac{55}{60}=\frac{23}{12}$ 時間 だから，進む道のりは，$12×\frac{23}{12}=23$(km)

(3)走る速さは $100÷12=\frac{25}{3}$ より，秒速 $\frac{25}{3}$ m

これを時速になおすと，$\frac{25}{3}×3.6=30$ より，時速 30 km

別解　12 秒を 5 倍すると 1 分(=60 秒)になるので，この速さで 1 分間走ると $100×5=500$(m) 進みます。したがって，1 時間走ると $500×60=30000$(m) より，30 km 進むので，走る速さは時速 30 km

**3** (1)行きにかかった時間は $120÷40=3$(時間)，帰りにかかった時間は $120÷60=2$(時間）より，往復(おうふく) 240 km の道のりを $3+2=5$(時間) で進んだことになるので，平均(へいきん)の速さは $240÷5=48$ より，時速 48 km

往復の平均の速さは，往復の道のりを往復にかかった時間でわって求めます。$(40+60)÷2=50$ としないように注意しましょう。

(2)山道の片道の道のりを仮(かり)に 60 km とすると，行きにかかった時間は $60÷12=5$(時間)，帰りにかかった時間は $60÷20=3$(時間)
よって，平均の速さは $120÷8=15$ より，時速 15 km(片道の道のりを何 km にしても，結果は同じです。)

**4** (1)39 km の道のりを時速 6 km の速さで歩くときにかかる時間は $39÷6=6.5$(時間）より，6 時間 30 分だから，2 時間 10 分早く着くということは，4 時間 20 分=$4\frac{1}{3}$ 時間 かかるということです。したがって，$39÷4\frac{1}{3}=9$ より，

時速 9 km

(2)平均時速 15 km で往復したことことから，往復にかかった時間は $(30×2)÷15=4$(時間)
このうち，行きにかかった時間は
$30÷12=2.5$(時間）だから，帰りにかかった時間は $4-2.5=1.5$(時間)
したがって，帰りの速さは $30÷1.5=20$ より，時速 20 km

(3)時速 42 km=分速 700 m だから，道のりは $700×8=5600$(m)
よって，自転車の速さは $5600÷28=200$ より分速 200 m だから，時速 12 km

**5** (1)歩き始めて 15 分間は，「5 分歩く→1 分休む→5 分歩く→1 分休む→3 分歩く」ので，歩いている時間は $5+5+3=13$(分間)
したがって，時速 6 km=分速 100 m より，$100×13=1300$(m) 歩きます。

(2)1 周するには $2400÷100=24$(分) 歩く必要があります。$24÷5=4$ あまり 4 より，24 分歩く間に 1 分の休けいが 4 回入るので，かかる時間は $24+4=28$(分)

## ハイクラス

p.58～59

**1** (1)1200 m　(2)8 分間

**2** (1)1 分

(2)(例)分速 75 m で歩いたときと分速 60 m で歩いたときとで，かかる時間の差は
$3+1=4$(分)
(1)より，300 m の道のりで 1 分の差がつくから，4 分の差がつく道のりは，
$300×4=1200$(m)　　答え　1200 m

**3** (1)13 分　(2)2.4 km

**4** (1)23 分　(2)1200 m

**5** (1)5040 m　(2)分速 84 m

**6** 12 分間

**7** 4.5 km

### 解き方

**1** (2)(1)より，20 分間ずっと分速 60 m で歩いたとしたら 1200 m しか進まないので，実際(じっさい)の道のり(=1760 m)に 560 m たりません。そこで，走る時間が 1 分増(ふ)えるごとに，進む道のりが $130-60=70$(m) 増えることを考えると，走った時間は $560÷70=8$(分間)

**2** (1)$300÷75=4$(分)，$300÷60=5$(分)，$5-4=1$ より，1 分

(1)で道のりを仮(かり)に 300 m としたのは，300 が 75 と 60 の最小公倍数だからです。仮の道のりは何 m にしてもよいのですが，速さの最小公倍数にすると，あとの計算がかんたんになります。

**3** (2)1 時間 18 分=78 分 は 13 分の 6 倍だから，道のりは 400 m の 6 倍で 2400 m=2.4 km

**4** (1)いつもは 時速 3.6 km=分速 60 m の速さで歩いて行くので，$1800÷60=30$(分) かかります。この日は 7 分早く着いたのだから，かかった時間は $30-7=23$(分)

(2) もし，23 分間ずっと分速 60m の速さで歩いたとすると，60×23=1380 (m) しか進みませんが，学校までは 1800 m あるので，あと 420 m 多く進む必要があります。分速 60 m の速さで歩く時間を 時速 12 km=分速 200 m に変えると，1 分間につき
200−60=140 (m) 多く進みます。したがって，分速 200 m で走った時間は，
420÷140=3 (分) より，歩いた時間は
23−3=20 (分) だから，P地点は家から
60×20=1200 (m) のところにあります。

**5** (1) 仮の道のりを 560 m とすると，この道のりを分速 70 m で歩くと 560÷70=8 (分) かかり，分速 80 m で歩くと 560÷80=7 (分) かかるので，かかる時間の差は 8−7=1 (分)
実際の道のりでは，かかる時間の差が
12−3=9 (分) だから，地点Aから地点Bまでの道のりは 560×9=5040 (m)

(2) 5040 m を分速 70 m で歩くと
5040÷70=72 (分) かかります。これで 12 分おくれるのだから，予定どおりにとう着するには 60 分で行かなければなりません。よって，5040÷60=84 より，分速 84 m で歩けばよいことがわかります。

**6** 太郎(たろう)さんは家から百貨店まで 45 分かかっています。もし，45 分間ずっと分速 60 m で歩いたとすると，60×45=2700 (m) しか進まないので，3780 m まであと 1080 m 多く進む必要があります。分速 150 m で走ると，歩くよりも 1 分間につき 150−60=90 (m) 多く進むので，走った時間は 1080÷90=12 (分間)

**7** 仮に 18 km の道のりを往復したとすると，行きは 18÷6=3 (時間)，帰りは 18÷18=1 (時間)，往復で 3+1=4 (時間) かかります。実際にかかった時間は 1 時間だから，実際の道のりは 18 km の 4 分の 1 にあたる 4.5 km です。

# 15 旅人算

**標準クラス** p.60〜61

**1** (1) 16 分後 (2) 6 分後 (3) 4 分 40 秒後
(4) 540 m (5) 24 分後

**2** 分速 40 m

**3** (1) 900 m (2) 14.4 km

**4** (1)
図書館
公園
家
10時
11時

(2) 1.8 km

**解き方**

**1** (1) 2 人は 1 分間につき 70+80=150 (m) ずつ近づいていくので，出会うのは
2400÷150=16 (分後)

(3) 兄が家を出たとき，弟は 70×8=560 (m) 進んでいます。兄は弟に 1 分間につき
190−70=120 (m) ずつ追いついていくので，
追いつくのは 560÷120=$4\frac{2}{3}$ (分後) より，
4 分 40 秒後

(4) かけるさんは 1 分間につき，あゆみさんより
160−70=90 (m) 多く進みます。かけるさんがあゆみさんより，散歩コース 1 周分の道のりだけ多く進むと，あゆみさんに追いつくことになり，それに 6 分かかったのだから，1 周の道のりは 90×6=540 (m)

(5) 図のように，2 回目に出会うまでに，兄と弟は合わせて AB 間の道のり 3 つ分 (=6000 m) を進むことになります。2 人は 1 分間に合わせて
150+100=250 (m) 進むので，2 回目に出会うのは 6000÷250=24 (分後)

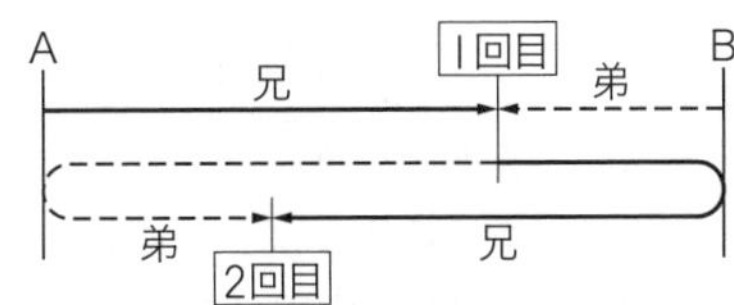


**2** 反対の方向に進むと 2 人が 6 分後に出会うことから，2 人の速さの和は 600÷6=100 より，分速 100 m，同じ方向に進むとAがBに 30 分後に追いつくことから，2 人の速さの差は
600÷30=20 より，分速 20 m
これより，和差算を使って，おそいほうのBさんの速さは (100−20)÷2=40 より，分速 40 m

**3** (1) CさんはAさんとすれちがった 3 分後にBさんとすれちがったので，CさんとAさんがすれちがったとき，CさんとBさんは
(100+200)×3=900 (m) はなれていたことになります。このとき，AさんとBさんも
900 m はなれています。

(2) AさんとBさんは同じ方向に進んでいたので，900 m の差がつくのは出発してから

900÷(120−100)=45（分後）
このとき，Cさんと A さんがすれちがった(=あわせて1周した)ので，サイクリングコース1周の長さは，
(120+200)×45=14400（m）より，14.4 km

**4** (2)グラフより，姉は家から公園までの 3200 m を 40 分で進んだことがわかるので，姉の速さは 3200÷40=80 より，分速 80 m
したがって，11 時 10 分に姉が妹と出会った地点は，公園から 80×10=800（m）進んだところです。つまり，妹は 10 時 30 分から 11 時 10 分までの 40 分間に
2400−800=1600（m）進んだことがわかるので，妹の速さは
1600÷40=40 より，分速 40 m
これより，2 人は 11 時 10 分に出会ってから 11 時 25 分までの 15 分間に
(80+40)×15=1800（m），
すなわち 1.8 km はなれていることになります。

## ハイクラス

p.62～63

**1** (1)6 km　(2)3 時間後　(3)2 時間 30 分後
**2** (1)28 分後　(2)分速 350 m　(3)2625 m
**3** (1)3600 m　(2)21 分後
**4** ア 2100，イ 600
**5** (1)春子（はるこ） 分速 150 m，夏子（なつこ） 分速 120 m
(2)㋐405　㋑6

### 解き方

**1** (1) 2 人が進んだ道のりについて，姉は A 町と B 町の間の道のりの半分より 3 km 多く，弟は半分より 3 km 少ないので，その差は 6 km
(2) 2 人が進んだ道のりの差が 6 km になる時間を求めて，6÷(6−4)=3（時間後）とわかります。
(3) A 町と B 町の間の道のりは
(6+4)×3=30（km）
姉，弟が反対側の町にとう着するのにかかる時間は，弟が 30÷4=7.5（時間），姉が 30÷6=5（時間）だから，その差は
7.5−5=2.5（時間）より，2 時間 30 分

**2** (2)次郎（じろう）さんは太郎（たろう）さんの 10 分後に家を出て，太郎さんより 6 分早く B 地点に着いたから，A 地点から B 地点まで進むのにかかった時間は太郎さんより 10+6=16（分）少なく，
28−16=12（分）とわかります。したがって，次郎さんのバイクの速さは 4200÷12=350 より，分速 350 m
(3)次郎さんがバイクで出発したとき，太郎さんはすでに 150×10=1500（m）先を進んでいます。したがって，次郎さんは太郎さんに追いつくのに 1500÷(350−150)=7.5（分）かかります。これより，A 地点から P 地点までの道のりは 350×7.5=2625（m）

**3** (1) A さんと C さんが出会ったとき，A さんは B さんより 240 m 進んでいたことから，A さんと C さんが出会ったのは出発してから
240÷(80−60)=12（分後）であることがわかります。したがって，池のまわりの長さは
(80+220)×12=3600（m）
(2) C さんが A さんと出会ったとき，C さんと B さんは 240 m はなれていたので，C さんが向きを変えると，B さんは C さんの
3600−240=3360（m）前にいることになります。したがって，追いつくのは
3360÷(220−60)=21（分後）

**4** 2 人がはじめて出会ってから 2 回目に出会うまでに 2 人合わせて進む道のりは，AB 間の 1 往復（おうふく）分にあたります。（標準クラス**1**−(5)の図を参照）
よって，AB 間の 1 往復の道のりは
(80+60)×30=4200（m）より，AB 間の道のりは 4200÷2=2100（m）……ア
また，2 人がはじめて出会うのは出発してから
2100÷(80+60)=15（分後）
したがって，太郎さんは，出発してから次郎さんと 2 回目に出会うまでの 15+30=45（分間）に
80×45=3600（m）進むので，Q 地点は A 地点から 2100×2−3600=600（m）はなれています。
また，P 地点は A 地点から，80×15=1200（m）はなれているので，P 地点と Q 地点は，
1200−600=600（m）……イ
はなれていることがわかります。

**5** (1)問題にあたえられたグラフを参考に，2 人の進んだようすをグラフにすると次のようになります。

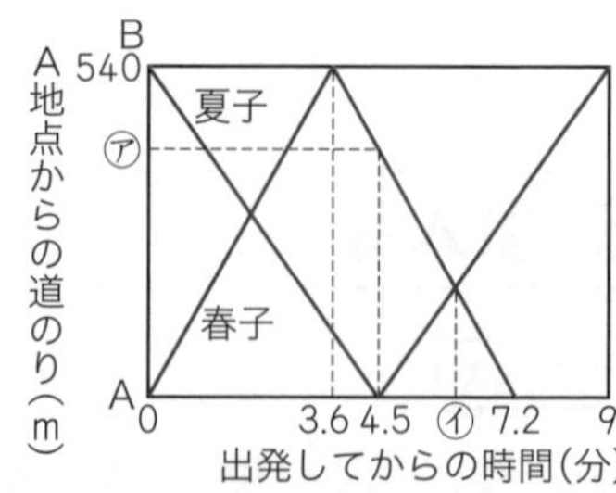


春子さんの速さは 540÷3.6=150 より，分速 150 m，夏子さんの速さは
540÷4.5=120 より，分速 120 m

(2)㋐は 7.2−4.5=2.7（分間）に春子さんが進む道のりを表しているので，150×2.7=405（m）
また，㋑は2人が2回目に出会うまでにかかる時間を表しているので，
540×3÷(150+120)=6（分）

## 16 流水算

### 標準クラス

p.64〜65

**1** (1)4 (2)25 (3)3 (4)7.5
**2** (1)時速 4 km (2)1 時間 24 分
**3** (1)分速 300 m (2)7488 m
**4** (1)分速 32 m (2)分速 144 m (3)6160 m

#### 解き方

**1** (1)川を上るときの速さは $17.5\div\frac{50}{60}=21$ より，時速 21 km で，これは静水時でのボートの速さから川の流れの速さをひいたものだから，川の流れの速さは 25−21=4 より，時速 4 km
(2)上りの速さは 200−40=160 より，分速 160 m，下りの速さは 200+40=240 より，分速 240 m だから，
上りにかかる時間は 2400÷160=15（分）
下りにかかる時間は 2400÷240=10（分）
よって，往復（おうふく）にかかる時間は 15+10=25（分）
(3)グラフより，上りの速さは 36÷3=12 より，時速 12 km，下りの速さは 36÷(5−3)=18 より，時速 18 km だから，川の流れの速さは，(18−12)÷2=3 より，時速 3 km
(4)上りの速さは 8−2=6 より時速 6 km，下りの速さは 8+2=10 より時速 10 km
上りにかかる時間は 24÷6=4（時間），下りにかかる時間は 24÷10=2.4（時間）
よって，往復にかかる時間は
4+2.4=6.4（時間），24×2÷6.4=7.5 より往復の平均の速さは時速 7.5 km

> ポイント 下りの速さと上りの速さがわかると，
> ・川の流れの速さ
> =(下りの速さ−上りの速さ)÷2
> ・船の静水での速さ
> =(下りの速さ+上りの速さ)÷2
> で求めることができます。

**2** (1)上りの速さは $28\div2\frac{20}{60}=12$ より，時速 12 km だから，川の流れの速さは 16−12=4 より，時速 4 km

**3** (2)船イの上りの速さは 15600÷40=390 より，分速 390 m，船アの下りの速さは 300+60=360 より，分速 360 m だから，2つの船が向かいあって進むとき，出会うのは，
15600÷(390+360)=20.8（分後）
このとき，船アが進んだ道のりは
360×20.8=7488（m）

**4** (3)仮（かり）に，この船が 1232 m（112 と 176 の最小公倍数）はなれた2地点を往復するとすると，かかる時間は，
1232÷112+1232÷176=11+7=18（分）
A町とB町の間を往復するのにかかった 90 分は，18 分の5倍だから，A町とB町の間の道のりも 1232 m の5倍になります。よって，
1232×5=6160（m）

### ハイクラス

p.66〜67

**1** (1)時速 6 km (2)22.5 分
**2** (1)30 分後 (2)1200 m (3)102 分 30 秒後
**3** (1)時速 18 km (2)午後2時 30 分
(3)時速 7 km
**4** (1)Aさん 秒速 1.6 m，Bさん 秒速 1.1 m
(2)18.5

#### 解き方

**1** (1)この船の上りの速さは 30÷2=15 より，時速 15 km 30 分間流されたためにふだんより 42 分多くかかっていることから，30 分間流された道のりを上るのに 42−30=12（分）かかっていることがわかるので，30 分間に流された道のりは $15\times\frac{12}{60}=3$（km）
したがって，川の流れの速さは，$3\div\frac{30}{60}=6$ より，時速 6 km
(2)とちゅうでエンジンを止めて9分間川に流されたため，休まずに上ったときと比（くら）べると，船は 52.5−40=12.5（分）多く川の流れにもどされており，そのぶん，船が分速 75 m で進んだ時間が 12.5−9=3.5（分）多いので，
(川の流れの速さ)×12.5=75×3.5 という関係が成り立ちます。これより，川の流れの速さは 75×3.5÷12.5=21 より，分速 21 m とわかるので，船の上りの速さは 75−21=54 より，分速 54 m，下りの速さは 75+21=96 より，分速 96 m
したがって，下るのにかかる時間は，
(54×40)÷96=22.5（分）

**2** (2) 船Bが P 地点にとう着するのは出発してから 4800÷60=80（分後）
船Aは 4800÷100=48（分後）にQ地点にとう着し，その 12 分後の 60 分後にP地点に引き返すので，船BがP地点にとう着したときにはQ地点を出発してから 20 分進んでいます。したがって，Q地点から 60×20=1200（m）のところです。

(3) 80 分後，船Aと船Bは
4800−1200=3600（m）はなれているので，そこから出会うまでに
3600÷(100+60)=22.5（分）かかります。
したがって，出発してから
80+22.5=102.5（分後）より，102 分 30 秒後

**3** (1) 定期船X，Yの進行のようすをグラフに表すと次のようになります。

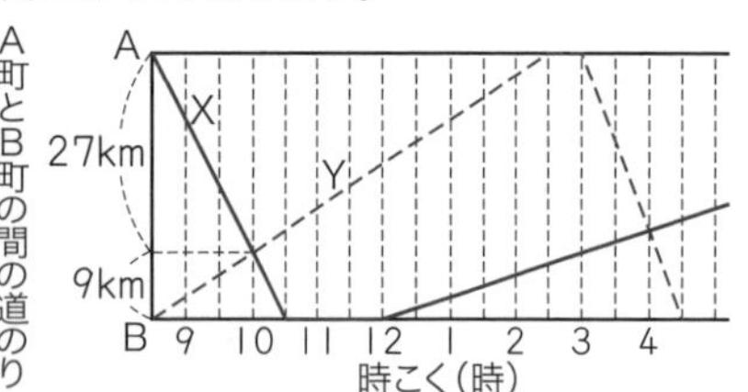


定期船Xは 1.5 時間で 27 km 下っているので，下りの速さは 27÷1.5=18 より，時速 18 km

(2) 定期船Yは 36−27=9（km）を 1.5 時間で上っているので，上りの速さは 9÷1.5=6 より，時速 6 km
したがって，A町まで 36÷6=6（時間）かかるので，とう着するのは午後2時 30 分

(3) (定期船Xの上りの速さ)+(定期船Yの下りの速さ)=(定期船Xの下りの速さ)+(定期船Yの上りの速さ)=18+6=24 より，時速 24 km だから，午後3時から午後4時までの1時間で，定期船X，Yが進んだ道のりの和は 24 km
これより，定期船Xは 12 時から3時までの3時間で 36−24=12（km）上っていることがわかるので，定期船Xの上りの速さは
12÷3=4 より，時速 4 km
したがって，川の流れの速さは
(18−4)÷2=7 より，時速 7 km

**4** (1) グラフより，5秒後にAさんが動く歩道の終点に着いたことがわかるので，
(Aさんの速さ)+(歩道の速さ)=13÷5=2.6 より，秒速 2.6 m
歩道の速さは秒速 1 m だから，Aさんの速さは 2.6−1=1.6 より，秒速 1.6 m
また，動く歩道の終点に着いてから 37 秒後にBさんに追いついていることから，追いついた地点は動く歩道の終点から 1.6×37=59.2（m）もどったところです。これより，BさんはAさんとすれちがってからの 42 秒間に歩道上を 59.2−13=46.2（m）動く歩道の向きと逆（ぎゃく）に進んだことになるので，Bさんの速さは
46.2÷42=1.1 より，秒速 1.1 m

(2) AさんとBさんがすれちがってから5秒後の，2人の間の道のりは，
(2.6+1.1)×5=18.5（m）

## 17 通過算

**標準クラス** p.68〜69

**1** (1) 47.5　(2) 140　(3) 219.2
(4) 25　(5) 70

**2** (1) 秒速 25 m　(2) 350 m

**3** (1) 秒速 19 m　(2) 255 m

**4** (1) 4940 m　(2) 時速 68.4 km　(3) 11.21 km

**解き方**

**1** (1) 鉄橋をわたり始めてからわたり終わるまでに，電車は「鉄橋の長さ+電車の長さ」分，つまり，900+180=1080（m）進みます。これに 45 秒かかっているので，電車の速さは
1080÷45=24 より，毎秒 24 m　一方，電車がトンネルに完全にかくれている状態（じょうたい）で進む道のりは「トンネルの長さ−電車の長さ」だから，1320−180=1140（m）
したがって，それにかかる時間は，
1140÷24=47.5（秒）

(2) 図に表すと次のようになります。列車は 1500 m 進むのに 7+68=75（秒）かかっているので，速さは 1500÷75=20 より，毎秒 20 m
よって，列車の長さは 20×7=140（m）

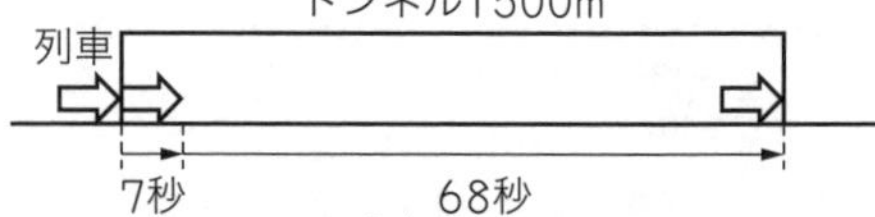


(3) 列車はトンネルを通過（つうか）するとき，「1096 m+列車の長さ」だけ進み，橋をわたるとき，「411 m+列車の長さ」だけ進むので，その道のりの差は 1096−411=685（m）
かかった時間の差は 48−23=25（秒）だから，列車の速さは 685÷25=27.4 より，
秒速 27.4 m

したがって，列車の長さは
27.4×48−1096=219.2 (m)

(4) すれちがい終わるまでに，電車 A，B は合わせて 555+120+200=875 (m) 進むことになります。時速 72 km は秒速 20 m，分速 900 m は秒速 15 m だから，2 つの電車がすれちがい終わるのは，875÷(20+15)=25 (秒後)

(5) トンネルの入り口を A，出口を B，中央を C，C から 90 m 行った地点を D とすると，次の図のようになります。

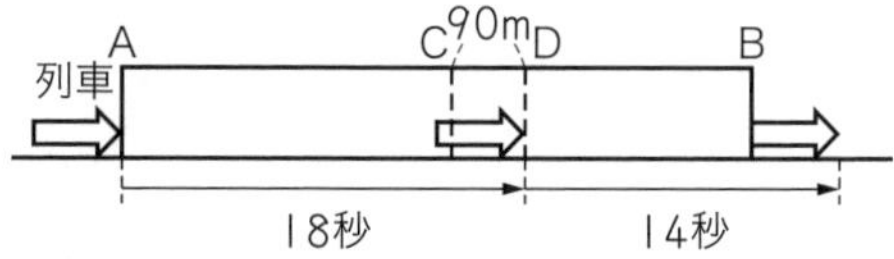


時速 99 kmは秒速 27.5 m だから，
AD=27.5×18=495 (m) より，
AC=495−90=405 (m)，
BD=405−90=315 (m) となるので，列車の長さは 27.5×14−315=70 (m)

**2** (1) グラフより，列車は 12−4=8 (秒) で 200 m 進んだことがわかるので，速さは
200÷8=25 より，秒速 25 m

(2) 列車の先頭がトンネルの入り口にさしかかったのが 4 秒後，出口にさしかかったのが 18 秒後だから，18−4=14 (秒間) に列車が進んだ道のりがトンネルの長さです。したがって，
25×14=350 (m)

**3** (1) 鉄橋をわたり終えたところにトンネルの入り口があるとします。

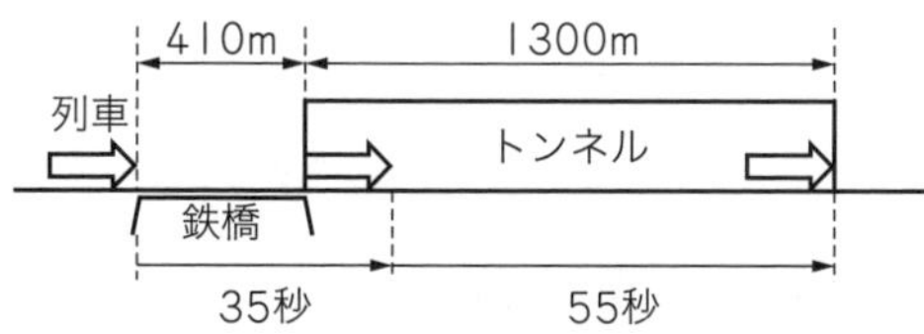


このとき，列車は 35+55=90 (秒間) に，410+1300=1710 (m) 進んだことになるので，列車の速さは 1710÷90=19 より，秒速 19 m

(2) 列車の長さを □ m とすると，列車は (□+410) m の道のりを秒速 19 m の速さで 35 秒間走るので，(□+410)=19×35 より，
□=255 (m)

**4** (2) 電車 B はトンネルに入り始めてからトンネルを出始めるまでに 17 分−12 分 40 秒=4 分 20 秒 より，260 秒かかっています。このとき，電車 B が進んだ道のりはトンネルの長さと等しいから，電車 B の速さは 4940÷260=19 より，秒速 19 m　これを時速になおすと，
19×3.6=68.4 より，時速 68.4 km

(3) 電車 B が橋の入り口にさしかかってから橋をわたりきるのにかかる時間は，
(3040+190)÷19=170 (秒)
したがって，電車 B がトンネルの出口にさしかかってから橋の入り口にさしかかるまでにかかる時間は 12 分 40 秒−170 秒=590 秒 だから，求める道のりは 19×590=11210 (m) より，11.21 km

## ハイクラス

p.70〜71

**1** (1) 170　(2) 85
**2** (1) 秒速 20 m　(2) 0.5 m　(3) 秒速 28 m
**3** 時速 73.8 km
**4** (1) 1449 m　(2) 201 m
**5** (1) 秒速 25 m　(2) 150 m　(3) 時速 108 km

### 解き方

**1** (1) 列車の速さを 2 倍にしなければ，580 m の鉄橋をわたるのに 30×2=60 (秒) かかるはずです。このことと，80 m の鉄橋をわたるのに 20 秒かかったことから，列車の速さは
(580−80)÷(60−20)=12.5 より，
秒速 12.5 m
したがって，列車の長さは
12.5×20−80=170 (m)

(2) 電車と貨物列車がすれちがい始めてから最後尾（さいこうび）どうしがすれちがい終わるまでにかかる時間は (175+280)÷(20+15)=13 (秒間) で，このとき，電車は 20×13=260 (m) 進んでいます。
したがって，鉄橋の長さは
260−175=85 (m)

**2** (1) 電車 A が通過する鉄橋とトンネルの長さの差は，
477.5−337.5=140 (m)
時間の差は，30−23=7 (秒)
したがって，140÷7=20 より，秒速 20 m

(2) 電車 A の長さは 20×23−337.5=122.5 (m) で，連結部分は 5 か所あるので，1 か所あたりの長さは，(122.5−20×6)÷5=0.5 (m)

(3) 電車 B の長さは
20×12+0.5×11=245.5 (m) だから，電車 A と電車 B の速さの差は，
(122.5+245.5)÷46=8 より，秒速 8 m
したがって，電車 B の速さは 20+8=28 より，秒速 28 m

**3** 橋の出口からトンネルの入り口までの道のりを □ m とすると，電車は 5 分 20 秒間で 4384 m と

□m進み，9分40秒間で9638mと76mと□m進んだことになります。9分40秒と5分20秒との時間の差は 4分20秒=260秒 で，進んだ道のりの差は，

9638+76−4384=5330(m)

したがって，電車の速さは 5330÷260=20.5 より，秒速20.5mなので，これを時速になおして，時速73.8km

**4** (1)電車の速さを秒速□mとすると，電車内を進行方向に向かって歩いているたかしさんの速さは秒速(□+1.5)mだから，トンネルの長さは (□+1.5)×42=□×42+63(m) と表すことができます。同様に，電車の進行方向と反対向きに歩いているたかしさんの速さは秒速(□−1.5)mだから，トンネルの長さは(□−1.5)×46=□×46−69(m) と表すことができます。このことから，(□×42+63)mと(□×46−69)mは等しいので，下の図より，□×4=63+69=132(m) となります。よって，□=132÷4=33 だから，トンネルの長さは 33×42+63=1449(m)

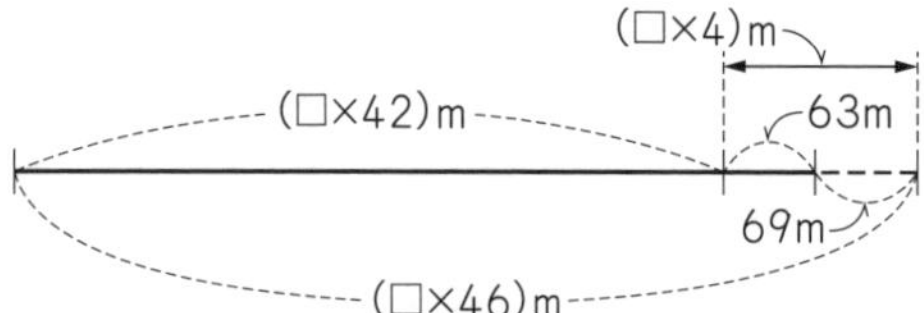


**5** (2)特急列車の速さを秒速□mとすると，秒速(□−25)mの速さで54秒間に進む道のりは，特急列車の長さとふつう列車の長さの和だから，特急列車の長さの2倍よりも30m短いはずです。また，秒速(□+20)mの速さで7秒間に進む道のりは，特急列車の長さと貨物列車の長さの和だから，特急列車の長さの2倍よりも50m長いはずです。したがって，(□−25)×54(m)と(□+20)×7(m)の差が，30+50=80(m)であることがわかります。これより，□×54−1350=□×7+140−80 なので，□×47=1410　□=30 より，特急列車の速さは秒速30mで，長さは

{(30−25)×54+30}÷2=150(m)

## 18 時計算

標準クラス p.72～73

**1** (1)39 (2)$54\frac{6}{11}$ (3)$54\frac{6}{11}$ (4)$13\frac{11}{13}$ (5)9，40

**2** (1)48° (2)午後6時24分 (3)13回

**3** (1)4時$21\frac{9}{11}$分 (2)240°

(3)4時$36\frac{12}{13}$分

解き方

**1** (1)9時ちょうどのとき，長しんから短しんまで時計まわりにはかった角の大きさ(図の㋐)は 30°×9=270°

1分間に，長しんは

360°÷60=6°，短しんは 30°÷60=0.5° ずつ進むので，角㋐の大きさは1分間に

6°−0.5°=5.5° ずつ小さくなります。よって，42分間に 5.5°×42=231° 小さくなるので，9時42分には

270°−231°=39° になっています。

(2)10時ちょうどのとき，長しんから短しんまで時計まわりにはかった角の大きさは

30°×10=300° だから，これが0°になるのは，

$300°÷5.5°=600÷11=\frac{600}{11}=54\frac{6}{11}$(分後)

(3)4時ちょうどのとき，長しんから短しんまで時計まわりにはかった角の大きさは

30°×4=120°

これが0°になり，さらに長しんが短しんより180°多く進んだときの時こくを求めることになるので，

$(120°+180°)÷5.5°=300÷5.5=\frac{600}{11}=54\frac{6}{11}$(分)

より，4時$54\frac{6}{11}$分

(4)9時ちょうどから，時計のはりが問題のようになるまでに，長しんと短しんの動いた角度を表すと次のようになります。

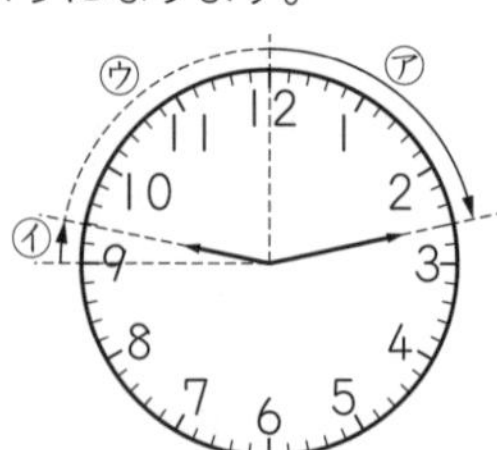


㋐が長しんの動いた角度，㋑が短しんの動いた角度で，㋐は㋒と等しいから，

㋐+㋑=㋒+㋑=90° になることがわかります。

長しんと短しんは1分間に合わせて

6°+0.5°=6.5° 進むから，求める時こくは

$90°÷6.5°=180÷13=13\frac{11}{13}$（分）より，9時$13\frac{11}{13}$分

(5)短しんは長しんが指している5分きざみの目もりより1つ進んだ5分きざみの目もりから，さらに $50°-30°=20°$ 進んだところを指しています。したがって，$60×\frac{20}{30}=40$（分）より，長しんは40分を指していることがわかります。短しんが長しんよりも50°進んでいることを考えると，時こくは9時40分であることがわかります。

**ポイント** 時計算では，長しんのまわる速さを分速6°，短しんのまわる速さを分速0.5°として，2つのはりが時計ばんのまわりを動く旅人算と考えます。

**2** (1)午後5時ちょうどのとき，長しんから短しんまで時計まわりにはかった角の大きさは
$30°×5=150°$
この角度が36分間に $5.5°×36=198°$ 変化することから，午後5時36分には長しんが短しんを追いこして，
$198°-150°=48°$ 先に進んでいることがわかります。

(2)午後5時36分のとき，長しんから短しんまで時計まわりにはかった角の大きさは
$360°-48°=312°$
これが48°になればよいから，
$(312°-48°)÷5.5°=48$（分）より，午後5時36分の48分後で，午後6時24分

(3)$360°÷5.5°=\frac{720}{11}$ より，長しんと短しんは$\frac{720}{11}$分ごとに同じ位置関係になります。午後5時36分から午前0時までの 6時間24分=384分 の間に，午後5時36分のときと同じ位置関係（長しんが短しんよりも進んでいる）になるのは，$384÷\frac{720}{11}=5\frac{13}{15}$ より5回あります。午後6時24分から午前0時までの 5時間36分=336分 の間に，午後6時24分のときと同じ位置関係（短しんが長しんよりも進んでいる）になるのは，$336÷\frac{720}{11}=5\frac{2}{15}$ より5回あります。これらと，午後5時36分のとき，午後6時24分のとき，午後5時から午後5時36分の間で㋐と同じ角になるときの3回を合わせて，全部で $5+5+3=13$（回）

**別解** ㋐の大きさが48°になるのは，長しんが短しんを追いこす前と追いこしたあとに1回ずつあることから，5時○分に2回，6時○分に2回，7時○分に2回，8時○分に2回，9時○分に2回，10時○分に1回（追いこしたあとは10時でなく11時になっていることに注意），11時○分に2回，合計13回あります。

**3** (2)次の図より，$30°×8=240°$ とわかります。

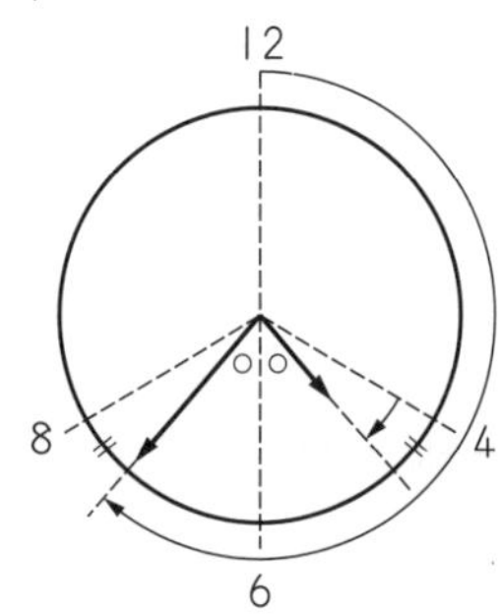


(3)$240°÷6.5°=480÷13=36\frac{12}{13}$（分）より，
4時$36\frac{12}{13}$分

## ハイクラス

p.74〜75

**1** (1)$50\frac{10}{13}$分後　(2)$36\frac{12}{13}$分後
(3)$16\frac{4}{11}$分後

**2** ア 6，イ 0.5，ウ 1080，エ 2，オ $46\frac{2}{13}$

**3** (1)$11\frac{3}{7}$分後　(2)576分後
(3)$26\frac{98}{107}$分後

### 解き方

**1** (1)長しんと短しんは1分間に合わせて
$6°+0.5°=6.5°$ まわるので，
$330°÷6.5°=50\frac{10}{13}$（分後）

(2)長しんと短しんが合わせて $300°-60°=240°$ まわればよいので，$240°÷6.5°=36\frac{12}{13}$（分後）

(3)長しんがふつうに右まわりにまわるとすると，時計の長しんと短しんが重なるときを求めればよいから，$90°÷5.5°=16\frac{4}{11}$（分後）

**2** 勉強を始めた1時○分のときの，長しんと短しんがつくる小さい方の角を□°とすると，短しんは□°まわっています。また，勉強をしていた時間は2時間から3時間の間だから，長しんは2周と

3周の間で，3周まであと□°のところまでまわっています。したがって，長しんと短しんの動いた角度の和はちょうど3周分なので，
$360° \times 3 = 1080°$
長しんと短しんが1分間にまわる角度の和は $6°+0.5°=6.5°$ だから，勉強していた時間は，
$1080° \div 6.5° = 2160 \div 13 = 166\frac{2}{13}$（分）より，
2時間$46\frac{2}{13}$分

**3** (1) そう置Bの1目もりの角度は $360° \div 40 = 9°$ だから，長しんは1分間に9°まわります。また，長しんは1周するのに40分かかり，その間に短しんが $9° \times 5 = 45°$ まわるので，短しんは1分間に $45° \div 40 = \frac{9}{8}°$ まわります。したがって，はじめて90°になるのは，
$90° \div \left(9° - \frac{9}{8}°\right) = 90 \div \frac{63}{8} = \frac{80}{7} = 11\frac{3}{7}$（分後）
(2) 時計Aの短しんとそう置Bの短しんは1分間に $\frac{9}{8}° - 0.5° = \frac{5}{8}°$ ずつずれていきます。これが360°になったときに短しんどうしがはじめて同じ位置に来るから，$360° \div \frac{5}{8}° = 576$（分後）
(3) 時計Aの長しんと短しんがつくる角度は1分間に $5.5° = \frac{11}{2}°$ ずつ変化し，そう置Bの長しんと短しんのつくる角度は1分間に $\frac{63}{8}°$ ずつ変化します。この変化の合計が360°になったとき，つくる角度がはじめて同じになるから，
$360° \div \left(\frac{11}{2}° + \frac{63}{8}°\right) = \frac{2880}{107} = 26\frac{98}{107}$（分後）

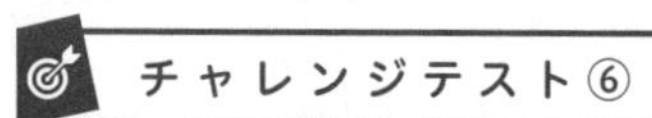
## チャレンジテスト⑥

p.76～77

1 (1) 13分20秒後　(2) 6時間　(3) 10分
2 (1) 8時10分　(2) 分速136 m
3 (1) 太郎（たろう）さん　分速300 m，
次郎（じろう）さん　分速200 m
(2) 10分後　(3) 3分36秒後
4 (1) 分速25 m　(2) 96
5 7200 m

### 解き方

1 (2) この船の上りの速さは $24 \div 3 = 8$ より，時速8 km，下りの速さは $24 \div 2.4 = 10$ より，時速10 kmだから，船の静水での速さは
$(10+8) \div 2 = 9$ より，時速9 km，川の流れの速さは $10-9=1$ より，時速1 km
川の流れの速さが3倍の時速3 kmになると，上りの速さが $9-3=6$ より，時速6 km，下りの速さが $9+3=12$ より，時速12 kmになるので，往復（おうふく）にかかる時間は，
$24 \div 6 + 24 \div 12 = 4 + 2 = 6$（時間）
(3) 予定より5分早く着いたので，実際（じっさい）にかかった時間は，$45-5=40$（分）です。ここで，はじめからずっと分速60 mで歩いたとすると，40分間に $60 \times 40 = 2400$（m）しか進みません。分速60 mで歩く時間を分速80 mで歩くことにすると，1分間につき
$80-60=20$（m）多く進みます。これより，分速80 mで歩いた時間は
$(3000-2400) \div (80-60) = 30$（分）なので，分速60 mで歩いた時間は $40-30=10$（分）

2 (1) 8時8分に桜（さくら）さんがわすれ物に気づいた地点は家から $68 \times 18 = 1224$（m）進んだ地点で，このとき姉は家から $272 \times (8-6) = 544$（m）進んでいるので，2人が出会うのは
$(1224-544) \div (68+272) = 2$（分後）より，
出会う時こくは8時10分
(2) 桜さんはいつもは学校まで
$1632 \div 68 = 24$（分）かかるので，学校に着くのは8時14分
よって，姉と出会った地点(家から
$272 \times 4 = 1088$（m）のところ)から学校まで4分で行く必要があります。したがって，走る速さは，$(1632-1088) \div 4 = 136$ より，分速136 m

3 (1) 2人の進行のようすを図に表すと次のようになります。

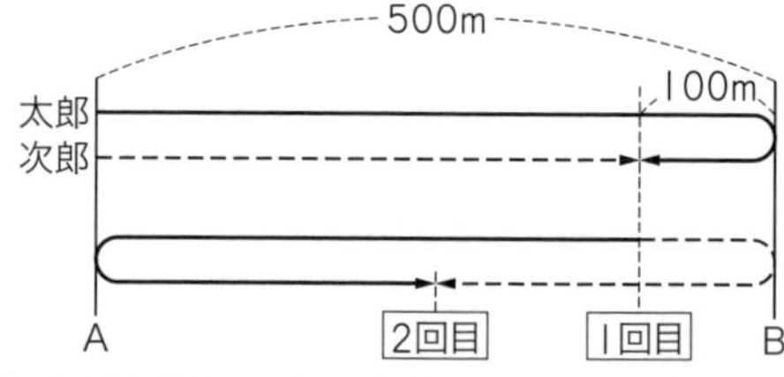


2人が出発してから1回目にすれちがうまでの時間と，1回目にすれちがってから2回目にすれちがうまでの時間は等しいので，2人が1回目にすれちがったのは出発してから
$4 \div 2 = 2$（分後）であることがわかります。この間に，太郎さんは600 m，次郎さんは400 m進んでいるので，太郎さんの速さは
$600 \div 2 = 300$ より，分速300 m，次郎さんの

速さは 400÷2=200 より，分速 200 m

(2)太郎さんは (500×2)÷300=$\frac{10}{3}$(分) ごと，次郎さんは (500×2)÷200=5(分) ごとにA地点に着くので，$\frac{10}{3}$×3=10(分)，5×2=10(分) より，10 分後

(3)200÷(300+200)=0.4(分) より，2 人がすれちがう 0.4 分=24 秒前 です。1 回目のすれちがいのときは，24 秒前にはまだ太郎さんがB地点を折り返していないので，2 回目にすれちがう 4 分より 24 秒前の時間を求めて，3 分 36 秒後になります。

④ (1)グラフより，船Pの上りの速さは 7000÷35=200 より，分速 200 m，下りの速さは 7000÷(63−35)=250 より，分速 250 m とわかるので，川の流れの速さは，(250−200)÷2=25 より，分速 25 m

(2)船Qの下りの速さは 7000÷40=175 より，分速 175 m だから，静水での速さは 175−25=150 より，分速 150 m，上りの速さは 150−25=125 より，分速 125 m
したがって，上りにかかる時間は 7000÷125=56(分) だから，
□=40+56=96

⑤ 良子さんと学さんが出会ったとき，奈美さんと学さんは (60+120)×4=720(m) はなれています。したがって，奈美さんと良子さんも 720 m はなれており，これは，出発してから
720÷(80−60)=36(分後)
つまり，良子さんと学さんは 36 分後に出会ったことになるので，A町からB町までの道のりは，
(80+120)×36=7200(m)

## チャレンジテスト⑦

p.78〜79

① (1)108 m (2)8 時 5 分
(3)3 時 49$\frac{1}{11}$分と 9 時 16$\frac{4}{11}$分

② (1)1 時間 20 分後 (2)4 時間 26$\frac{2}{3}$分後

③ (1)時速 70 km (2)54 秒 (3)150 m

④ (1)分速 340 m (2)2 分 15 秒

⑤ 3 時 50$\frac{10}{13}$分

### 解き方

① (1)トンネルの $\frac{3}{5}$ だけ進むのに 15 秒かかったから，トンネルの長さだけ進むのに
15÷$\frac{3}{5}$=25(秒) かかります。この列車はトンネルを通過(つうか)するのに 15+16=31(秒) かかっているから，列車自体の長さを進むのに 31−25=6(秒) かかっています。したがって，列車の長さは 18×6=108(m)

(2)家から学校までの道のりを 900 m(=90 と 300 の最小公倍数)とすると，分速 90 m で行くときは 10 分，分速 300 m で行くときは 3 分かかり，その差は 7 分です。実際(じっさい)には 25−11=14(分) の差がついているので，実際の道のりは 900 m の 2 倍で 1800 m とわかります。したがって，分速 90 m で行くときは 1800÷90=20(分) かかるので，家を出たのは 8 時 25 分−20 分=8 時 5 分

(3)題意のようになるのは，文字ばんの数が時計のはりによって，(4，5，6，7，8，9)と(10，11，12，1，2，3)に分けられるときで，3 時と 4 時の間，または，9 時と 10 時の間です。
3 時と 4 時の間の時こくは，
(90+180)÷5.5=49$\frac{1}{11}$ より，3 時 49$\frac{1}{11}$分，
9 時と 10 時の間の時こくは，
(270−180)÷5.5=16$\frac{4}{11}$ より 9 時 16$\frac{4}{11}$分

② (2)船YがA地点に着くのは 24÷6=4(時間後) で，船XがB地点に着くのは 24÷12=2(時間後) だから，船YがA地点に着いたときには，船Xは川を 2 時間上っています。船Xの上りの速さは 10−2=8 より，時速 8 km だから，B地点から 8×2=16(km) のところにいます。船Yの下りの速さは 8+2=10 より，時速 10 km だから，そこから 2 つの船が出会うまでにかかる時間は，(24−16)÷(8+10)=$\frac{4}{9}$(時間) より，26$\frac{2}{3}$分なので，2 回目に出会うのは出発してから 4 時間 26$\frac{2}{3}$分後

③ (1)列車Aと列車Bの速さの和は，
(400+350)÷27=$\frac{250}{9}$ より，秒速 $\frac{250}{9}$ m
速さの差は，(400+350)÷67.5=$\frac{100}{9}$ より，秒速 $\frac{100}{9}$ m
よって，列車Aの速さは，
$\left(\frac{250}{9}+\frac{100}{9}\right)$÷2=$\frac{175}{9}$ より，秒速 $\frac{175}{9}$ m
したがって，時速 70 km

(3)列車Bの速さは，$\left(\frac{250}{9}-\frac{100}{9}\right)\div2=\frac{25}{3}$ より，秒速 $\frac{25}{3}$ m，列車Cの速さは $120\div3.6=\frac{100}{3}$ より，秒速 $\frac{100}{3}$ m だから，列車Bと列車Cの長さの和は，$\left(\frac{100}{3}-\frac{25}{3}\right)\times20=500$（m）
したがって，列車Cの長さは
500−350=150（m）

(4) (1)AさんとBさんの速さの差は 900÷9=100 より，分速 100 m だから，Bさんの速さは 240+100=340 より，分速 340 m
(2)BさんとCさんの速さの和は 900÷1.8=500 より，分速 500 m だから，Cさんの速さは 500−340=160 より，分速 160 m
したがって，AさんとCさんは
900÷(240+160)=2.25（分）より，2 分 15 秒ごとにすれちがいます。

(5) 長しんと短しんが合わせて 330° 回ったときなので，$330°\div\frac{13°}{2}=50\frac{10}{13}$ より，3 時 $50\frac{10}{13}$ 分

## 19 合同な図形・円と多角形

### 標準クラス

p.80〜81

**1** (1)× (2)○ (3)× (4)× (5)○ (6)○
**2** (1)頂点(ちょうてん)G (2)頂点F (3)辺 HE (4)角H
**3** (1)25.12 cm (2)37.68 cm (3)9.42 cm
**4** (1)14.28 cm (2)27.42 cm (3)25.7 cm
**5** ㋐120°，㋑90°，㋒72°，㋓60°

#### 解き方

**1** 2つの三角形が合同になる条件は，
・対応する3つの辺の長さがすべて等しいとき…(5)
・対応する2つの辺の長さとその間の角が等しいとき…(2)
・対応する1つの辺の長さとその両はしの角が等しいとき…(6)
の3つです。
ただし，対応する1つの辺の長さと2つの角が等しければ，その2つの角が1つの辺の両はしの角でなくても，2つの三角形は合同になります。

**2** 2つの四角形を重ね合わせると，AがGに，BがHに，CがEに，DがFに重なります。したがって，辺 BC に対応する辺は，辺 EH ではなく，辺 HE と答えなければなりません。

**3** (2)直径が 6×2=12（cm）の円だから，
12×3.14=37.68（cm）
(3)正方形の面積が 9 $cm^2$ だから，1 辺の長さは 3 cm これが円の直径になっているから，
3×3.14=9.42（cm）

どんな円でも，円周の長さは直径の約 3.14 倍です。正確には，3.14159265…… とどこまでも続く小数なのですが，小学校では 3.14 倍として計算します。

**4** (1)中心角が 90° だから，$\frac{90}{360}=\frac{1}{4}$ より，曲線部分の長さは，円周の長さの $\frac{1}{4}$ にあたります。
したがって，$(4\times2)\times3.14\times\frac{1}{4}=6.28$（cm）
これに，直線部分を加えて，まわりの長さは，
6.28+4×2=14.28（cm）

おうぎ形について考えるときは，中心角によって，そのおうぎ形が円の何分の1になっているかを考える必要があります。よく出る角度は，
・30°→$\frac{1}{12}$　・45°→$\frac{1}{8}$　・60°→$\frac{1}{6}$
・90°→$\frac{1}{4}$　・120°→$\frac{1}{3}$　・180°→$\frac{1}{2}$
などです。
また，おうぎ形のまわりの長さを求めるときは，直線部分(=半径2つ分)をたしわすれないように注意しましょう。

**5** ㋐=360°÷3=120°
㋑=360°÷4=90°
㋒=360°÷5=72°
㋓=360°÷6=60°

### ハイクラス

p.82〜83

**1** (1)15.7 cm (2)24.84 cm (3)13.42 cm
**2** (1)37.68 cm (2)50.24 cm (3)9.14 cm
**3** (1)31.4 cm (2)103.62 cm
**4** 13.71 cm
**5** 右の図のように，正六角形の1辺の長さを1とすると，円の半径も1なので，直径は2になります。正六角形のまわりの長さは

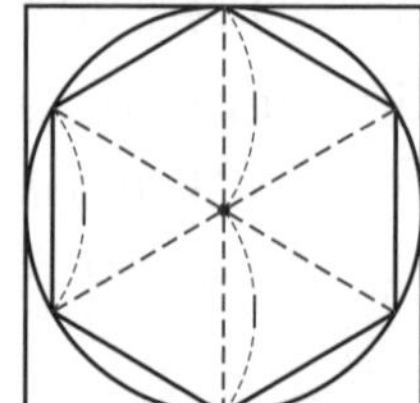

1×6=6 で，これは円の直径の 6÷2=3（倍）
また，正方形のまわりの長さは 1×2×4=8

で，これは円の直径の 8÷2=4（倍）
円周は，正六角形のまわりの長さよりも大きく，正方形のまわりの長さよりも小さいので，円周率（えんしゅうりつ）は3より大きく4より小さいといえます。

**解き方**

**1** (1) 4つの曲線部分を合わせた長さは，直径が5 cmの円の円周と同じ長さだから，
$5×3.14=15.7$（cm）

(2) 下の図より，$9.42+9.42+6=24.84$（cm）

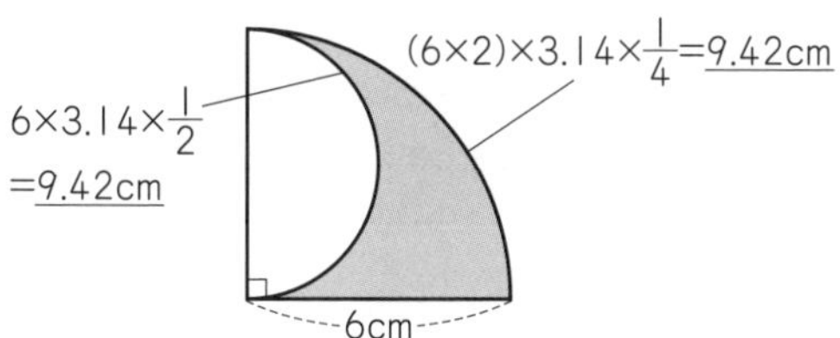


(3) 下の図より，$6.28+3.14+4=13.42$（cm）

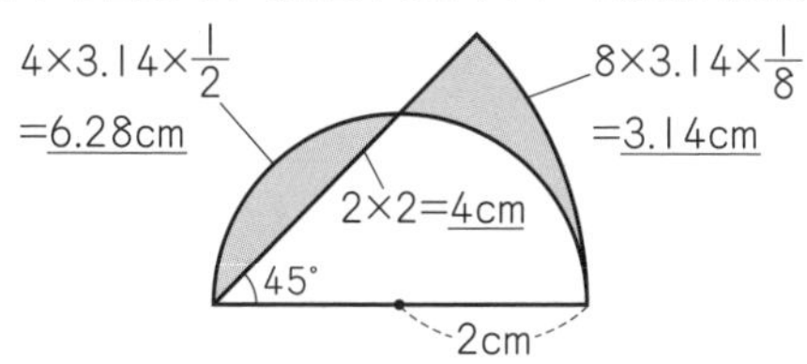


**2** (1) 直径が2 cm，4 cm，6 cm，2+4+6=12（cm）の4つの半円の曲線部分の合計だから，
$(2+4+6+12)×3.14×\frac{1}{2}=12×3.14$
$=37.68$（cm）

(2) 右の図で，
AB=BC=AC=6 cm
より，三角形 ABC
は正三角形だから，
角 ACB=60°

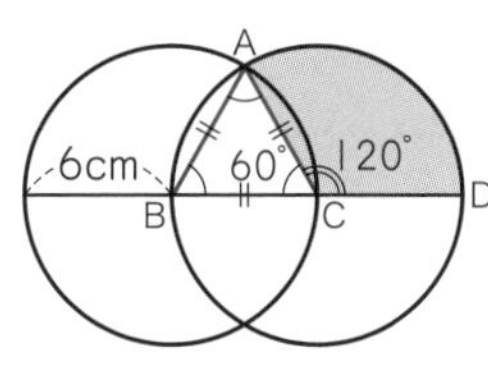


よって，おうぎ形 CAD は半径が6 cm，中心角が120°だから，曲線部分の長さは，
$(6×2)×3.14×\frac{1}{3}=12.56$（cm）
したがって，求める青線部分の長さは，
$12.56×4=50.24$（cm）

(3) 求める曲線部分の長さは，
直径1 cm，中心角120°
のおうぎ形の曲線部分3つ分だから，

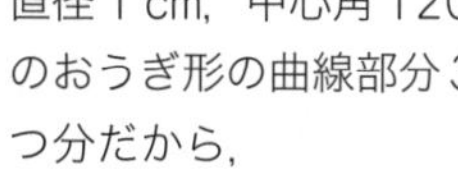

$1×3.14×\frac{1}{3}×3$
$=3.14$（cm）

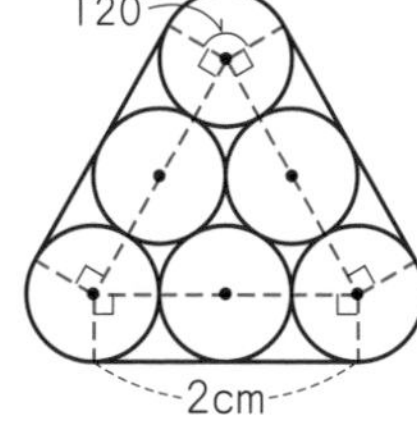


直線部分の長さは2 cmが3つ分だから，
$2×3=6$（cm）

したがって，$3.14+6=9.14$（cm）

**3** (1) 右の図のように，半径5 cm，中心角120°のおうぎ形の曲線部分3つ分だから，

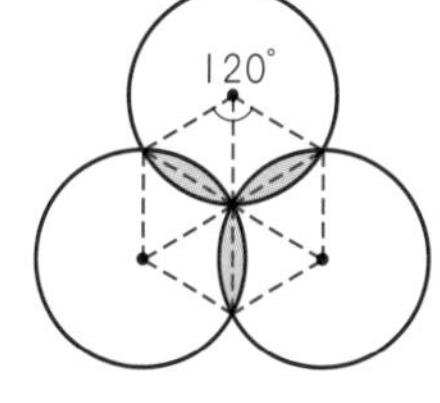


$(5×2)×3.14×\frac{1}{3}×3$
$=31.4$（cm）

(2) 小さい円1つの円周の長さは，
$207.24÷6=34.54$（cm）
だから，直径は
$34.54÷3.14=11$（cm）
右の図のように，大きい円の直径はこれの3倍だから，円周の長さは
$11×3×3.14=103.62$（cm）

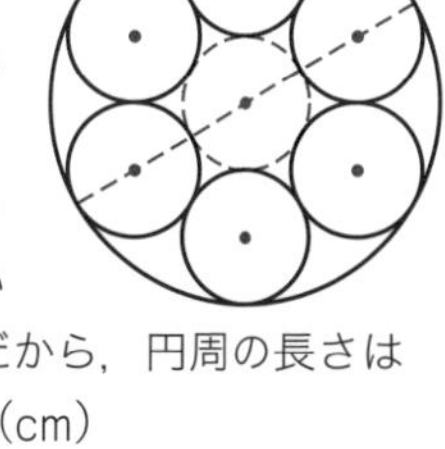

**4** 右の図で，
AC=AE=CE=9（cm）
だから，三角形 AEC
は正三角形です。したがって，角 CAE=60°
だから，おうぎ形 ABE
の中心角は30°になります。また，ED+DB=AD+DB=AB=9（cm）だから，まわりの長さは，

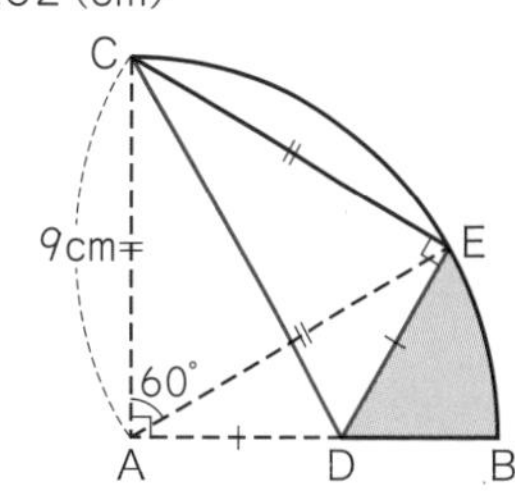


$(9×2)×3.14×\frac{1}{12}+9=4.71+9=13.71$（cm）

## 20 多角形の角度

**標準クラス** p.84〜85

**1** (1) ア 3，イ 540　(2) ウ 6，エ 1080
**2** (1) 40°　(2) 140°　(3) 156°　(4) 正二十角形
**3** (例) 6つに分けられた三角形の3つの角をすべてたすと，180°×6=1080°
これには，六角形の中心付近に集まった6つの角=360°もふくまれているので，6つの角の和は
1080°−360°=720°
**4** ㋐ 18°，㋑ 27°
**5** ㋐ 144°，㋑ 18°
**6** (1) ㋐ 108°，㋑ 60°　(2) 6.28 cm

**解き方**

**1** (1)(2) □角形は1つの頂点（ちょうてん）を通る対角線によって(□−2)個の三角形に分けることができるので，角の和は，180°×(□−2)になります。

**2** (1)(2) 右の図で，○をつけた角度はすべて
360°÷9=40° で，
三角形 OAB，OBC，OCD，…… などはすべて二等辺三角形だから，×をつけた角度は，
(180°−40°)÷2=70°
したがって，
角 AOB=40°，角 BCD=70°×2=140°

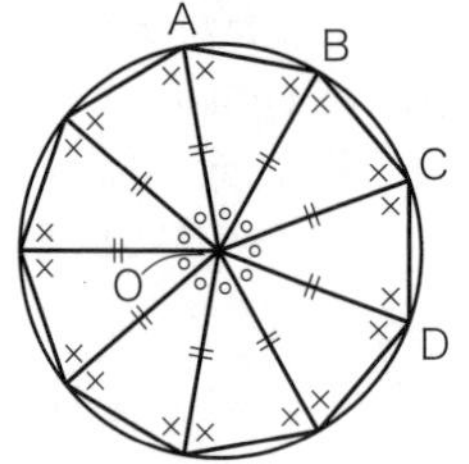


(3) 正十五角形の場合，上の図の○にあたる角度が，
360°÷15=24° だから，×にあたる角度は，
(180°−24°)÷2=78°
したがって，1つの角の大きさは，
78°×2=156°

(4) 逆算(ぎゃくさん)すると，162°÷2=81°，
180°−81°×2=18°，360°÷18°=20 となり，
正二十角形とわかります。

**4** 五角形の5つの角の和は
180°×3=540° より，
正五角形の1つの角は
540°÷5=108°
したがって，
㋐=108°−90°=18°
また，等しい長さの辺に印をつけると，色をつけた三角形は二等辺三角形とわかるので，○=(180°−18°)÷2=81° より，
㋑=108°−81°=27°

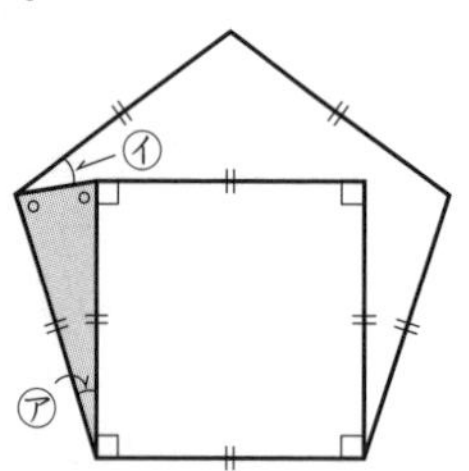


**5** ㋐は正十角形の1つの角だから，
180°×(10−2)=1440°，
1440°÷10=144°
また，右の図のように円の中心と正十角形の1つの角を結ぶと，色をつけた三角形は二等辺三角形とわかります。三角形において，1つの外角は，それにとなり合わない2つの内角の和に等しいので，
㋑+㋑=○=360°÷10=36° より，
㋑=36°÷2=18°

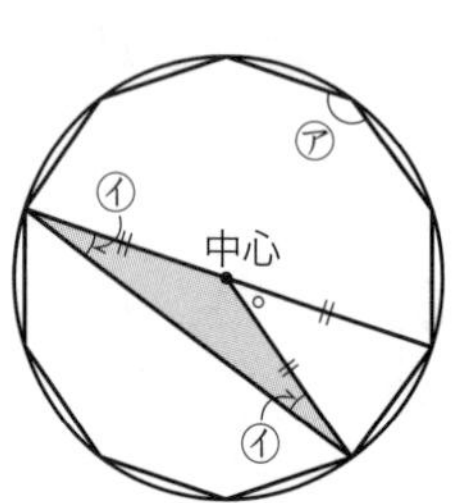


**6** (1) ㋐は正五角形の1つの角，㋑は正三角形の1つの角です。

(2) 色をつけた部分は，半径 6 cm のおうぎ形の曲線部分5つで囲まれています。1つのおうぎ形の中心角は，㋑×2−㋐=60°×2−108°=12° だから，色をつけた部分のまわりの長さは，

$(6\times2)\times3.14\times\frac{12}{360}\times5=6.28$ (cm)

## ハイクラス

p.86〜87

**1** (1) 14°　(2) 100°
(3) 67.5°

**2** (1) 540°　(2) 720°

**3** 63°

**4** 82.5°

**5** 126°

**6** 24°

**7** ㋐ 108°，㋑ 106°

### 解き方

**1** (1) 下の図の四角形 ABCF の4つの角の和は
180°×(4−2)=360°
角 BAF=180°−50°=130°，
角 B=角 BCD=108° だから，
㋐=360°−(130°+108°+108°)=14°

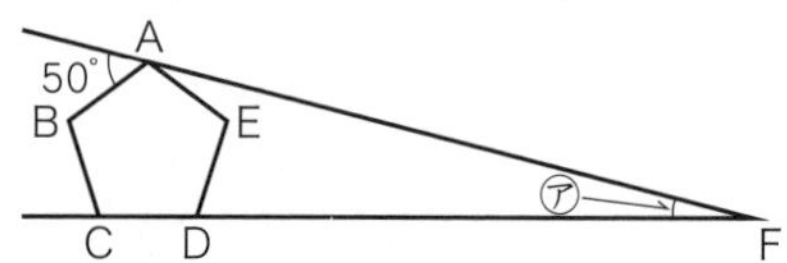


(2) 正九角形の1つの角の大きさは，
180°×(9−2)÷9=140° だから，下の図の四角形 ABCI において，
○=(360°−140°×2)÷2=40°
また，五角形 AFGHI において，
●=(540°−140°×3)÷2=60°
三角形 AIJ において，㋐は角 AJI の外角だから，
㋐=○+●=40°+60°=100°

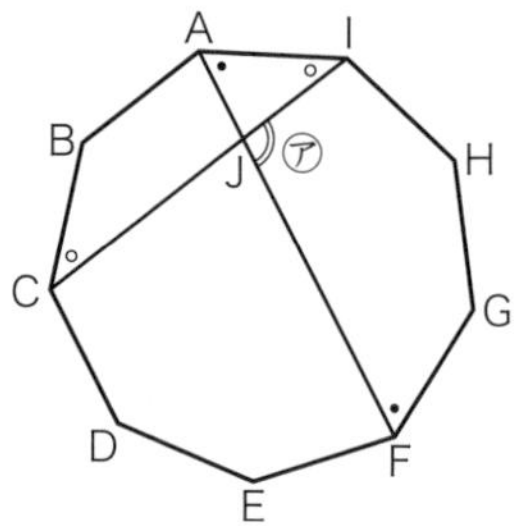


(3) 右の図のように，中心Oと A，F を結びます。○のついた角はすべて等しく，
×=360°÷8=45°
で，○+○=× だから，
○=45°÷2=22.5°
三角形 ADP において，
㋐は角 APD の外角だから，
㋐=○+○○=22.5°×3=67.5°

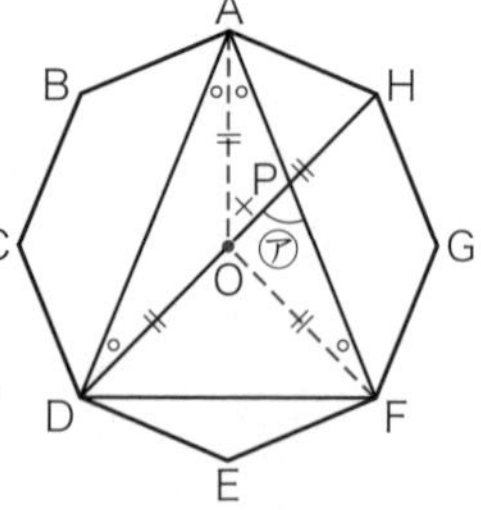

**2** (1) 下の図で，㋐+㋑=㋒+㋓ だから，㋐+㋑ を㋒+㋓ に移しかえて考えると，求める7つの角の和は，色をつけた三角形と四角形 ABCD の角の和に等しいから，180°+360°=540°

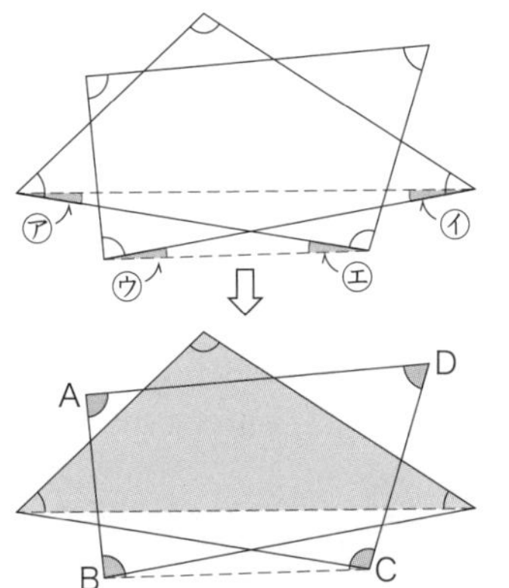


(2) (1)と同じように，10個の角の和は，色をつけた三角形と五角形 ABCDE の角の和に等しいから，180°+540°=720°

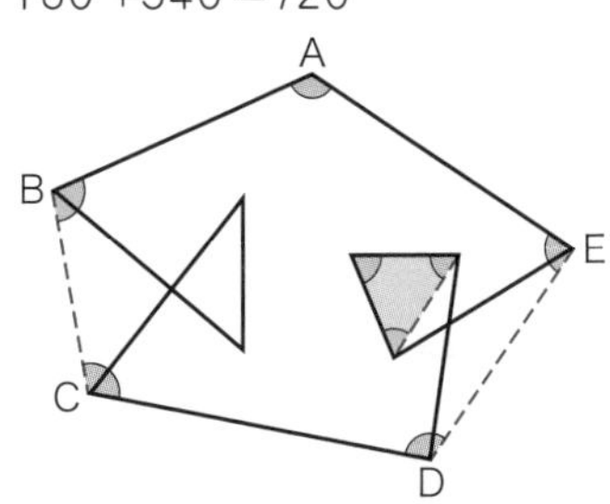


ポイント 次のような角度の関係はよく現れるので，覚えておきましょう。

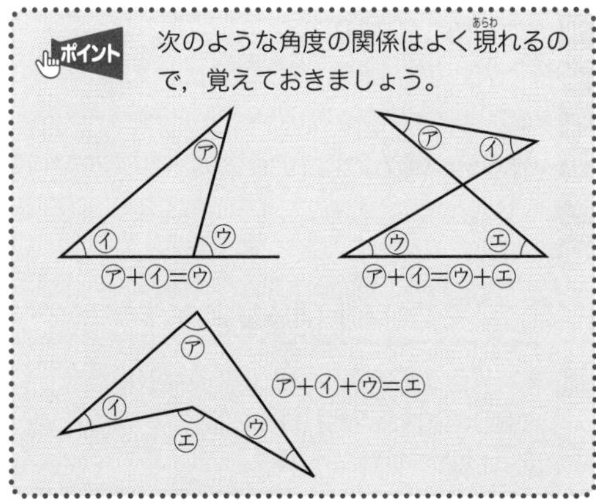


**3** 右の図で，正五角形の1つの角は108°，三角形 AJF は二等辺三角形で，角 AJF
=360°−(90°+108°)
=162°
だから，●=(180°−162°)÷2=9°
DH と EI は平行より，求める角㋐は角 IFG と等しいので，
㋐=180°−(9°+108°)=63°

**4** 図の三角形 ABC は二等辺三角形で，
角 ABC
=角 ABD−角 CBD
=135°−120°=15°
だから，
㋐=(180°−15°)÷2=82.5°

ポイント 2つ以上の多角形を組み合わせた図形では，二等辺三角形を発見することが重要です。

**5** 正十角形の1つの角は144°だから，色をつけた二等辺三角形で，
○=(180°−144°)÷2=18°，
四角形 ABCD で，
●=(360°−144°×2)÷2=36°
だから，㋐=180°−(18°+36°)=126°

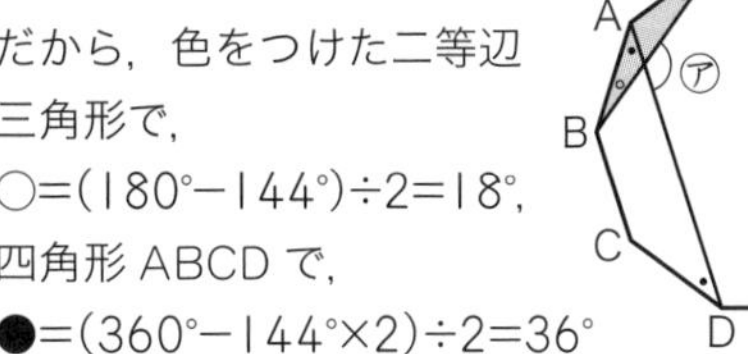

**6** 三角形 AEF は二等辺三角形で，
角 AEF=360°−(108°+120°)=132° だから，
角 EFA=(180°−132°)÷2=24°
正六角形の辺 EF と IH は平行より，図のように角㋐は角 EFA と等しくなるので，㋐=24°

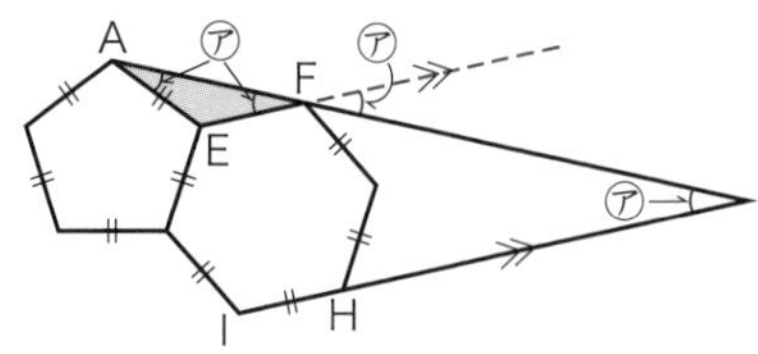


**7** ㋐は正五角形の1つの角だから108°
○=180°−(40°+108°)=32°，
●=180°−(32°+108°)=40°，
×=180°−(40°+108°)=32°
より，
㋑=(180°+32°)÷2=106°

# 21 いろいろな角度

## 標準クラス

p.88～89

**1** 79°
**2** 54°
**3** 20°
**4** 71°
**5** 60°
**6** (1) 125° (2) 32°
**7** 45°
**8** 104°

## 解き方

**1** AC=AD=CD だから，三角形 ACD は正三角形です。また，角 CAD=60°，AB=AD だから，三角形 ABD は二等辺三角形です。
角 BAD=38°+60°=98° だから，
角 ABD=(180°−98°)÷2=41°
㋐=38°+41°=79°

**2** 下の図で，○=18°+18°=36°
㋐=○+18°=36°+18°=54°

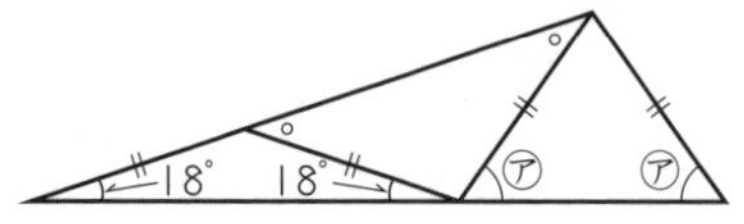


**3** 右の図で，
角 CAB
=180°−(40°+70°)=70°
角 CDB
=180°−(100°+40°)
=40°
よって，CA=CD=CB，
角 ACD=60° だから，三角形 ACD は正三角形です。したがって，
㋐=60°−40°=20°

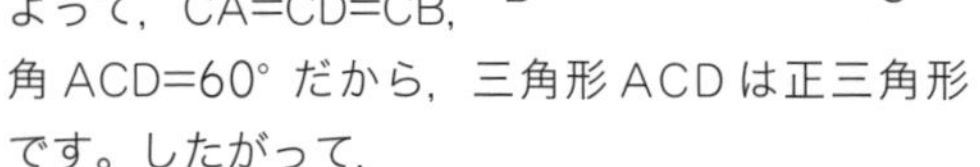


**4** 下の図で，㋐=180°−109°=71°

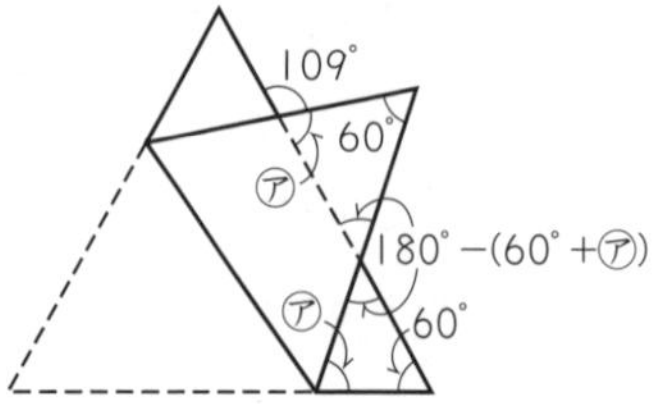


**5** 右の図で，三角形 PQR は正三角形，三角形 PBQ と三角形 RQC は二等辺三角形です。
○+●=180°−60°
=120°
より，㋐=180°−120°=60°

**6** (1) ●●+○○=180°−70°=110°
●+○=110°÷2=55°
㋐=180°−(●+○)=180°−55°
=125°
(2) ●+○=180°−74°=106°
●●+○○=106°×2=212°
次の図で，
角 ABC+角 ACB=360°−(●●+○○)
=360°−212°=148°
㋐=180°−148°=32°

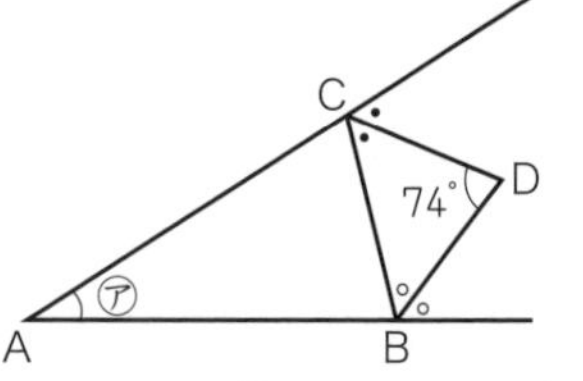


**7** 右の図で，
角 BAC=90° より，
三角形 ABC は直角二等辺三角形になります。したがって，
㋐=(180°−90°)÷2=45°

**8** 右の図で，おうぎ形の半径は等しいから，
OA=OC また，折り返しにより，
OA=CA だから，三角形 OCA は正三角形になります。したがって，
角 COD=112°−60°=52°
㋐=52°+52°=104°

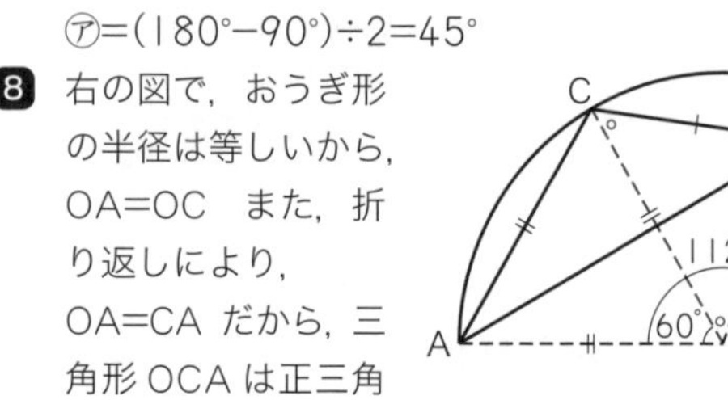


## ハイクラス

p.90～91

**1** 79°
**2** 78°
**3** ㋐126°，㋑100°
**4** ㋐78°，㋑18°
**5** 47°
**6** ㋐86°，㋑62°
**7** 70°
**8** 135°

## 解き方

**1** ××+○○=360°−(83°+75°)=202°
×+○=202°÷2=101°
㋐=180°−101°=79°

**2** 下の図で，円の半径は等しいので，三角形 BEF，三角形 CFG は二等辺三角形，三角形 FBC は正三角形です。よって，●=51°
○=180°−(51°+60°)=69°
×=180°−69°×2=42°
㋐=180°−(42°+60°)=78°

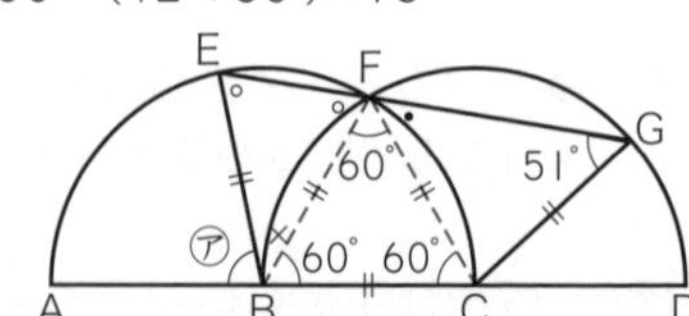

**3** 右の図で，長方形のテープを折り返したとき，テープが重なる部分は二等辺三角形になります(解き方のポイントを参照)。

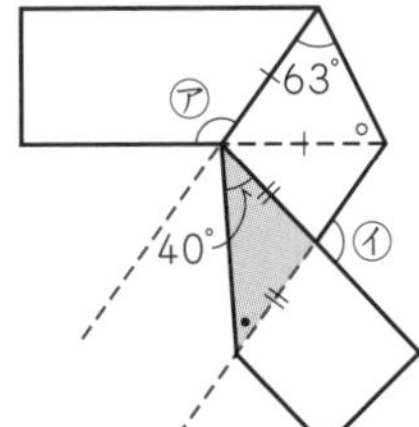


㋐=63°+63°=126°
㋑=180°−(40°×2)=100°

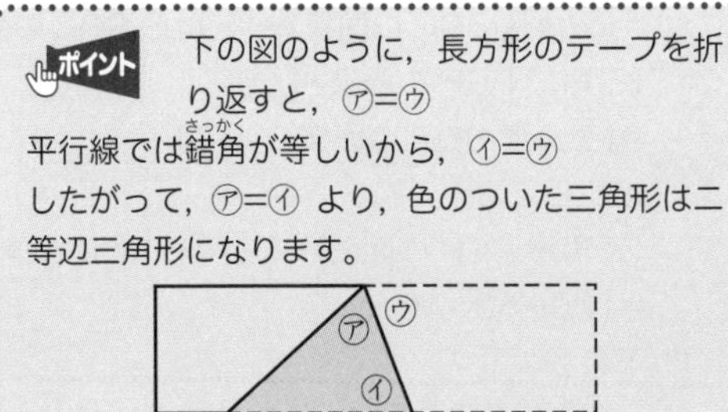

**ポイント** 下の図のように，長方形のテープを折り返すと，㋐=㋒
平行線では錯角が等しいから，㋑=㋒
したがって，㋐=㋑ より，色のついた三角形は二等辺三角形になります。

**4** 右の図で，
角 AEB
=180°−(12°+84°)=84°
角 ECD
=180°−(36°+72°)=72°
AB=EC より，
AB=AE=EC=ED となり，三角形 ABE，三角形 ECD，三角形 AEC も二等辺三角形です。また，角 AED=180°−(84°+36°)=60° だから，三角形 AED は正三角形です。よって，
角 AEC=60°+36°=96°
○=(180°−96°)÷2=42°
㋐=36°+42°=78°
㋑=60°−42°=18°

**5** AB=CB だから，
三角形 BDC の部分を，Bを中心として左回りに 180° 回転させると，CがAと一致します。右の図より，

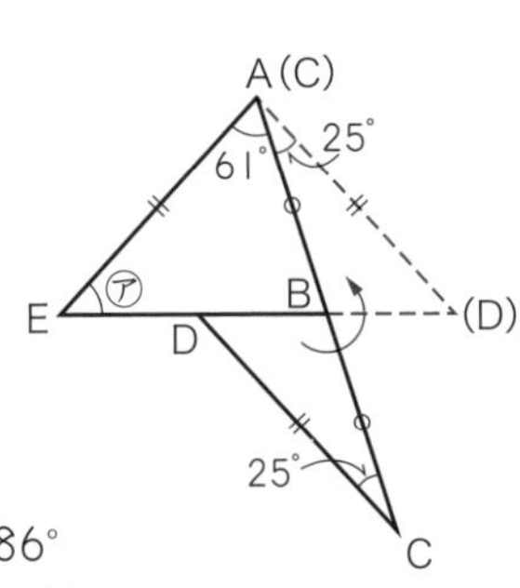


角 EAD=61°+25°=86°
㋐=(180°−86°)÷2=47°

**6** 角 DCE=50°+18°=68°
角 EDC=180°−68°×2=44°
㋐=●=180°−(50°+44°)=86°
次に，Dを中心として三角形 DEF を右回りに回転させ，DE が DC と重なるようにします。
角 EDF=44°+6°=50°
角 F′DC=角 DCB=50° より，
DF′ と BC は平行で，3 点 A，D，F′ は一直線上にならびます。
AB=EF より，AB=CF′ だから，
角 BCF′=50°+68°=118°
㋑=角 CF′A=180°−118°=62°

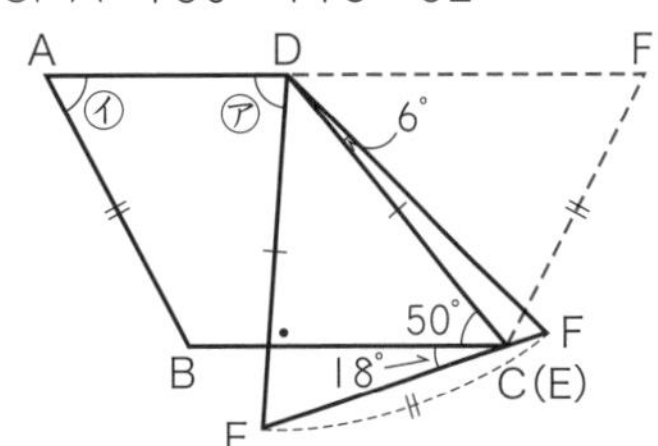


**7** CD のまん中の点を N として，M と N を結ぶと，MN は CD と垂直だから，3 つの直角三角形 MDN，MCN，MCE ができ，

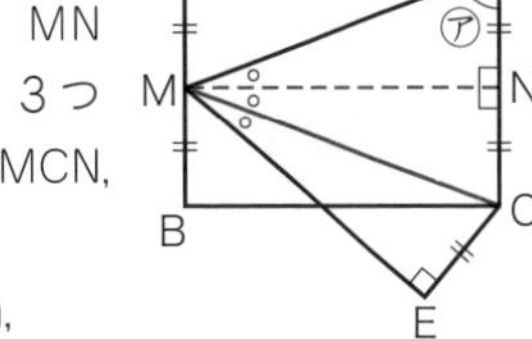


DN=CN=CE=10 cm，
MD=MC だから，直角三角形 MDN，MCN，MCE はすべて合同になります。
○=60°÷3=20°
㋐=180°−(90°+20°)=70°

**8** ㋐=180°−(角 APB+角 DPC)
ここで，三角形 PAB と三角形 PDC を下の図のように 1 目もりが 1 cm の方眼紙上にならべると，まん中にできた三角形は直角二等辺三角形です。
角 APB+角 DPC=90°−45°=45°
したがって，㋐=180°−45°=135°

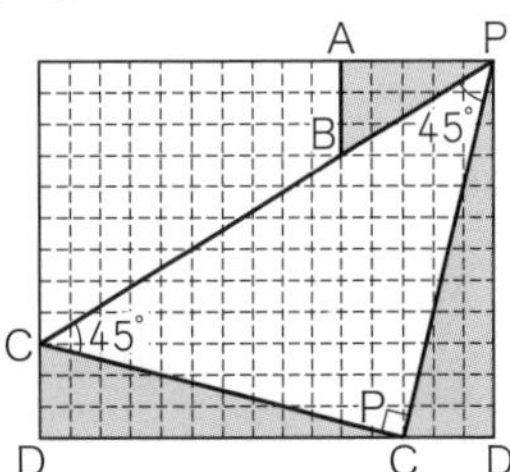


## 22 三角形の面積

**標準クラス** p.92〜93

**1** 12 cm
**2** 4 $cm^2$
**3** 29 $cm^2$
**4** 40 $cm^2$
**5** (1) 15° (2) 2 $cm^2$
**6** (1) 100 $cm^2$ (2) 40 $cm^2$ (3) 16 cm
**7** 6 $cm^2$

## 解き方

**1** 三角形 ABC の面積は，$20\times15\div2=150$ (cm²)
AC を底辺，BD=□ (cm) を高さとすると，
$25\times□\div2=150$ より，
□$=150\times2\div25=12$ (cm)

**2** AB=4 cm を底辺とし，右の図のように頂点(ちょうてん)C から AB に高さ CD をひく。角 CAD=30° だから，CD の長さは 2 cm になります。よって，三角形 ABC の面積は，$4\times2\div2=4$ (cm²)

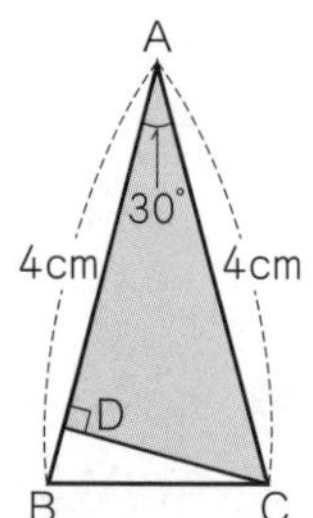


**ポイント** 3つの角の大きさが 30°，60°，90° である直角三角形(長い方の三角じょうぎの形)は，正三角形を1つの頂点から垂直(すいちょく)に2つに切った形をしており，いちばん長い辺の長さがいちばん短い辺の長さの2倍になります。

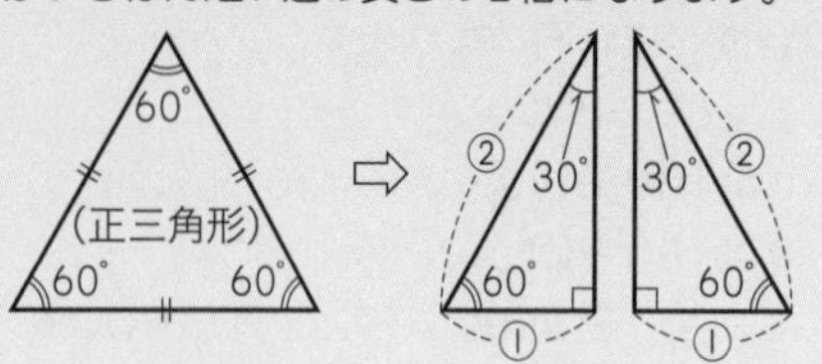


**3** 各部分の長さは，下の図のようになります。
$8\times8\div2-2\times2\div2-2\times1\div2=32-2-1$
$=29$ (cm²)

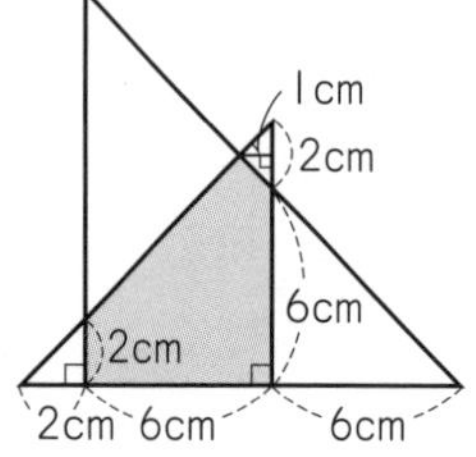


**4** 中央の白い三角形を下の図のように㋐と㋑に分けます。㋐の面積は，$4\times□\div2=2\times□$ (cm²)
㋑の面積は，$4\times○\div2=2\times○$ (cm²)
㋐+㋑ の三角形の面積は，
$2\times□+2\times○=2\times(□+○)=2\times10=20$ (cm²)
よって，色のついた部分の面積は，
$6\times10-20=40$ (cm²)

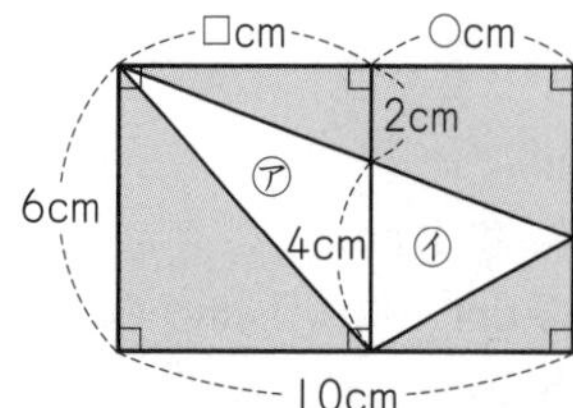


**5** (1)㋐$=(90°-60°)\div2=15°$
(2)色のついた部分は，2つ合わせると**2**で求めた三角形と合同です。したがって，面積は，
$4\times2\div2=4$，$4\div2=2$ (cm²)

**6** (1)三角形 BQC の面積は長方形 ABCD の面積の半分だから，$200\div2=100$ (cm²)
(2)(三角形 BCP の面積)+(三角形 PCQ の面積)
=(三角形 BQP の面積)+(三角形 BQC の面積)
(三角形 BCP の面積)+60
=(三角形 BQP の面積)+100
だから
(三角形 BCP の面積)−(三角形 BQP の面積)
$=100-60=40$ (cm²)
(3)下の図より，
三角形 BQP の面積=三角形 BQ′P の面積
これと(2)より，
三角形 PCQ′ の面積=40 cm²
$Q'C=40\times2\div5=16$ (cm)
QD=Q′C=16 (cm)

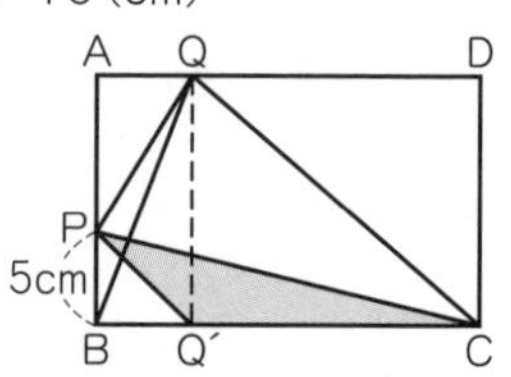


**7** AB=AF だから，三角形 ABC を点 A を中心として左回りに回転させると，角 FHE=90° の直角三角形ができます。

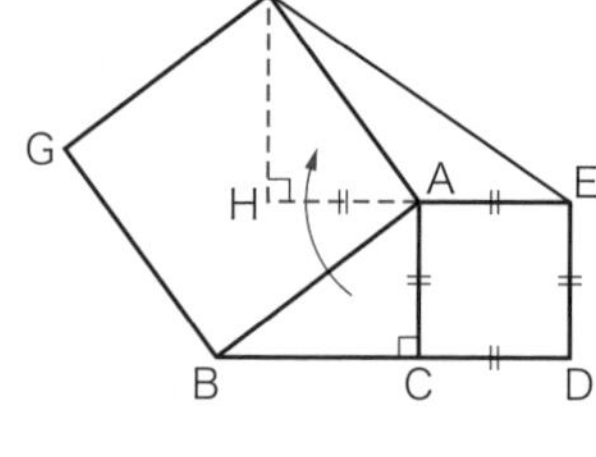


角 BAC+角 FAE$=360°-90°\times2=180°$
角 FAH+角 FAE$=180°$
よって，H，A，E は一直線上にならびます。高さが共通で，HA=AE より，底辺も同じ長さになるので，
(三角形 AHF の面積)=(三角形 AEF の面積)
$3\times4\div2=6$ (cm²)

### ハイクラス

p.94〜95

**1** 53 cm²
**2** 200 cm²
**3** 20 cm²
**4** 6 cm²
**5** (1)1 cm　(2)9.6 cm²
**6** (1)54 cm²　(2)81 cm²
**7** (1)9 cm²　(2)9 cm²

解き方

**1** $13\times13-(6\times4\div2+9\times13\div2+7\times13\div2)$
$=169-(12+58.5+45.5)=53$ (cm²)

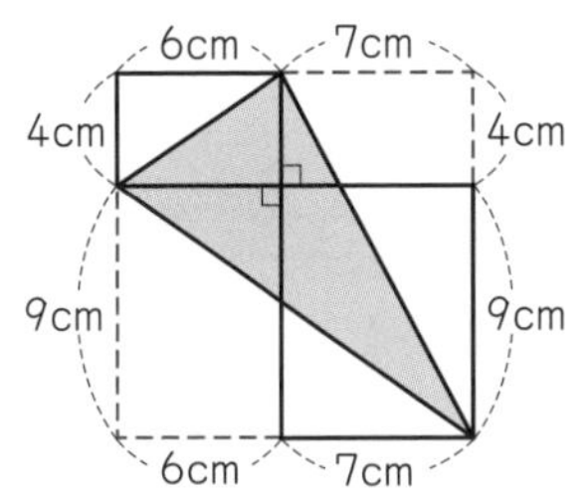


**2** まわりにある４つの直角三角形を合わせると，右の図のような平行四辺形となるので，面積は
$20\times10=200$ (cm²)
よって，色のついた部分の面積は，$20\times20-200=200$ (cm²)

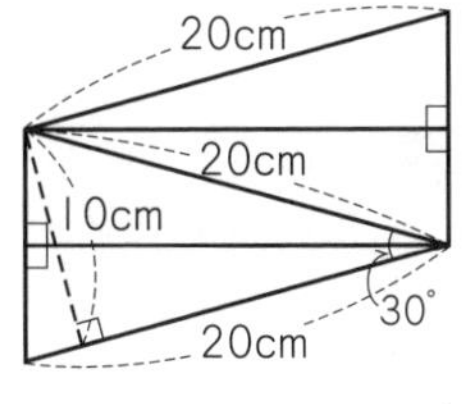


**3** 右の図のように，BE=CE=5 cm となる点Eをとると，三角形ACDと三角形ACEは合同です。
三角形ABEと三角形ACEは底辺と高さが等しいので，面積は同じです。
したがって，三角形ACD，三角形ACE，三角形ABEはすべて面積が等しくなります。
$60\div3=20$ (cm²)

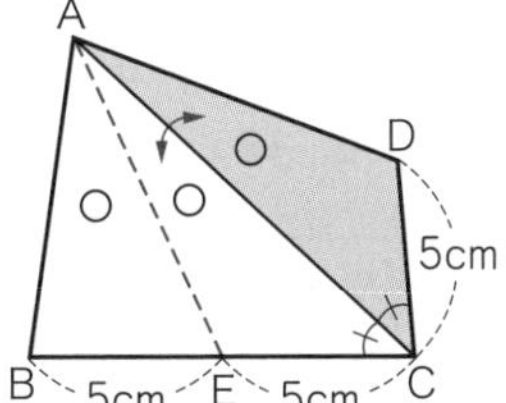


**4** 右の図で，㋐+㋒の面積と㋑+㋒の面積は等しいので，㋐と㋑の面積は等しくなります。よって，
$2\times6\div2=6$ (cm²)

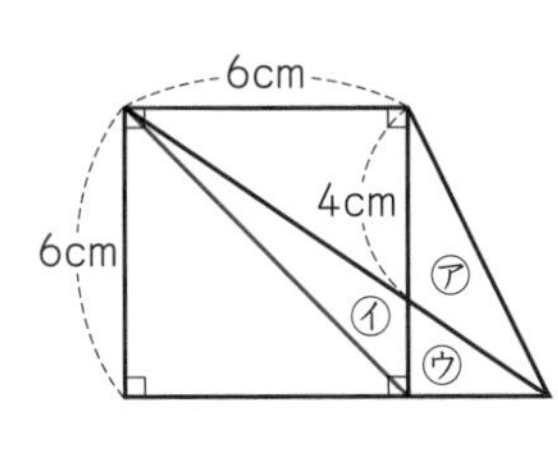


**5** (1) $FC\times8\div2=20$ より，FC=5 cm
BF=6−5=1 (cm)
(2) 四角形DEFCの面積は，$16+20=36$ (cm²)
三角形DECの面積は，$8\times6\div2=24$ (cm²)
三角形EFCの面積は，$36-24=12$ (cm²)
FC=5 cm だから，$5\times EB\div2=12$ より，
EB=4.8 cm
したがって，三角形AEDの面積は，
$(8-4.8)\times6\div2=9.6$ (cm²)

**6** (1) 次の図より，㋐の面積は，
$6\times3\div2=9$ (cm²)
㋑の面積は，$6\times6\div2=18$ (cm²)
㋒の面積は，$6\times3\div2=9$ (cm²)
したがって，
求める面積は，
$9+18\times2+9$
$=54$ (cm²)

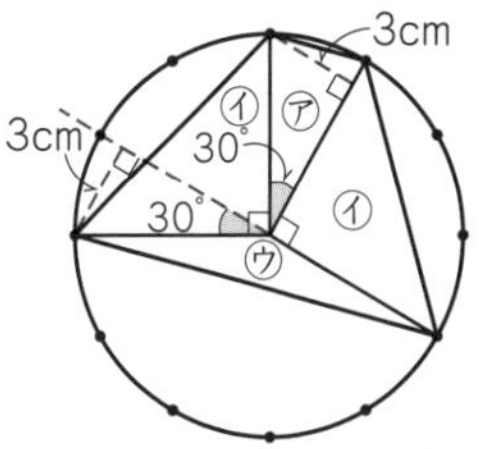


(2) (1)と同じように中心と頂点を結んで，三角形に分けると，㋐が３つ，㋑が３つに分かれるので，面積は，$(9+18)\times3=81$ (cm²)

**7** (1) 角 COA=90°÷3=30°
CH=6÷2=3 (cm)
したがって，三角形OACの面積は，
$6\times3\div2=9$ (cm²)
(2) $9+9+9-6\times6\div2$
$=9$ (cm²)

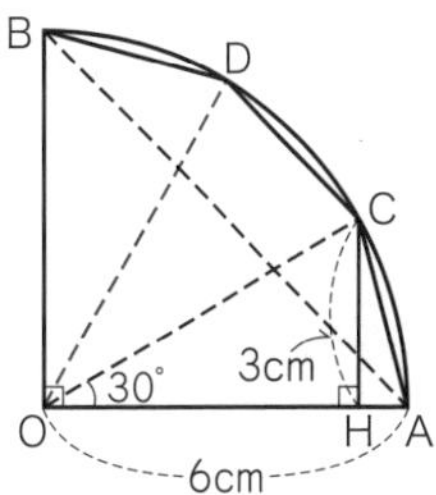


# 23 四角形の面積

## 標準クラス

p.96〜97

**1** 7.99 a
**2** 4 cm²
**3** 27 cm²
**4** 7.2 cm
**5** (1) 18 cm²　(2) 3 cm　(3) 12 cm
**6** 157 cm²
**7** 92 cm²
**8** 24.5 cm²

解き方

**1** 道の部分 3 m をそれぞれひいて求めます。
$(20-3)\times(50-3)=799$ (m²) → 7.99 (a)

**2** 図で，○をつけた２つの三角形は合同だから，色のついた四角形の面積は，
$4\times4\div4=4$ (cm²)

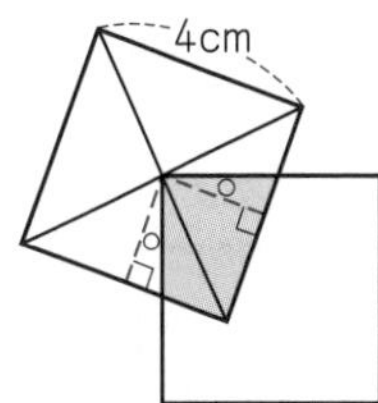


**3** 右の図のように，B，Dを結んで，２つの三角形㋐，㋑に分けます。
㋐の面積は，
$3\times8\div2=12$ (cm²)
㋑の面積は，
$6\times5\div2=15$ (cm²)
㋐+㋑=12+15=27 (cm²)

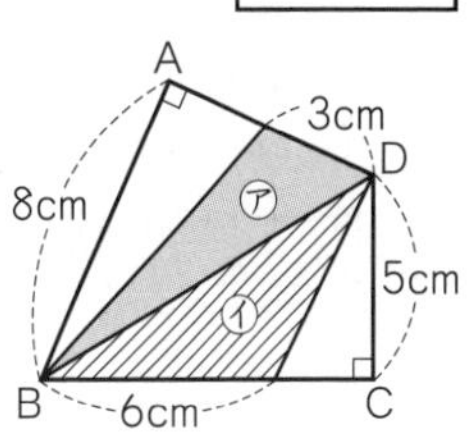

**4** 三角形 ABC の面積は長方形 ABCD の面積の半分であり，長方形 AEFC の面積の半分でもあります。したがって，長方形 ABCD と長方形 AEFC は同じ面積です。
$12\times9=CF\times15$ より，
$CF=12\times9\div15=7.2$ (cm)

**5** (1) (四角形 ABCD の面積)＝(四角形 BEFG の面積) より，
(三角形 BCD の面積)＝(三角形 BEF の面積)
ここで，(三角形 BHD の面積)＝(四角形 CEFH の面積) となることから，18 cm$^2$

(2) 台形 CEFH の面積より，
$(CH+6)\times4\div2=18$ (cm$^2$)
CH＝3 cm

(3) CD と FG の交点を P とします。
(2)より CH＝3 cm より，CH＝PH
よって 2 つの直角三角形 BCH と FPH は合同です。
したがって，BC＝FP＝4 cm
長方形 ABCD の面積と長方形 BEFG の面積は等しいから，
$AB\times4=(4+4)\times6$
AB＝12 cm

**6** 小さい正方形の 1 辺の長さは，
$11-6=5$ (cm)
正方形 ABCD の面積は，
$5\times5+(6\times11\div2)\times4=157$ (cm$^2$)

**7** いちばん大きい正方形の 1 辺の長さは，
$26-12=14$ (cm)
いちばん大きい正方形の面積は，
$14\times14=196$ (cm$^2$)
2 番目に大きい正方形の 1 辺の長さは，12 cm
2 番目に大きい正方形の面積は，
$12\times12=144$ (cm$^2$)
直角三角形 4 つの面積は，
$196-144=52$ (cm$^2$)
したがって，いちばん小さい色のついた正方形の面積は，
$144-52=92$ (cm$^2$)

**8** 右の図より，
正方形の面積は，
$3\times3\div2=4.5$ (cm$^2$)
長方形の面積は，
$5\times4\div2\times2=20$ (cm$^2$)
したがって，
$4.5+20=24.5$ (cm$^2$)

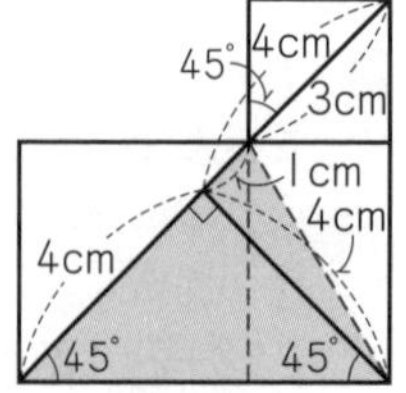


## ハイクラス

p.98〜99

**1** 84 cm$^2$
**2** 11.5 cm$^2$
**3** 6.25 cm$^2$
**4** 5 cm$^2$
**5** 50 cm$^2$
**6** 90 cm$^2$
**7** 20 cm$^2$
**8** 12 cm$^2$

### 解き方

**1** 右の図は，長方形 ABCD の色のついた部分以外の直角三角形をそれぞれ 2 倍した長方形をかいたもので，中央に $3\times4=12$ (cm$^2$) の重なる部分ができます。

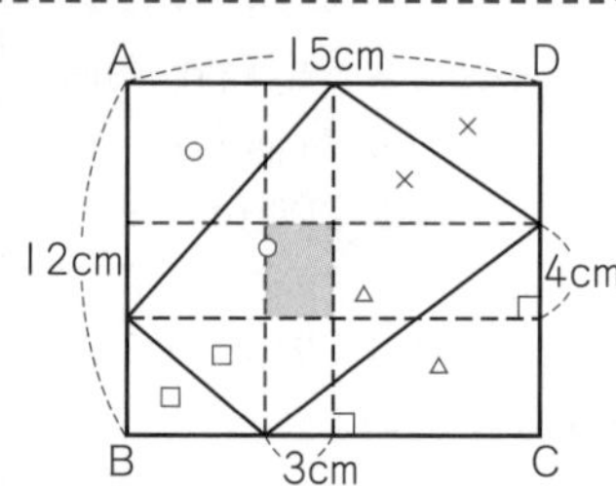


したがって，白い直角三角形 4 つの面積の合計は，
$(12\times15+3\times4)\div2=96$ (cm$^2$)
色のついた部分の面積は，
$12\times15-96=84$ (cm$^2$)

**2** 下の図より，三角形 APQ の面積は，
$(4\times4-3\times3)\div4=1.75$ (cm$^2$)
色のついた部分の面積は，
$4\times2+1.75\times2=11.5$ (cm$^2$)

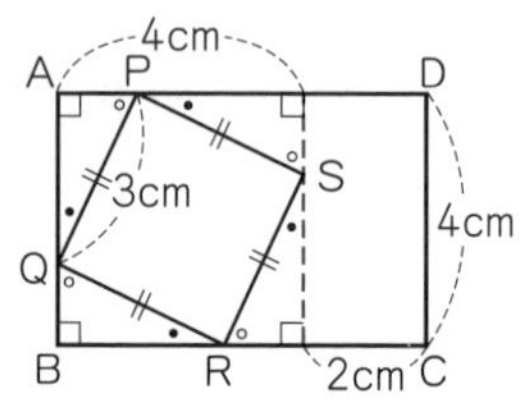


**3** 右の図のように，•＋×＝180° だから，四角形 ABCD と合同な四角形を 4 つ組み合わせると，1 辺が 5 cm の正方形になります。
$5\times5\div4=6.25$ (cm$^2$)

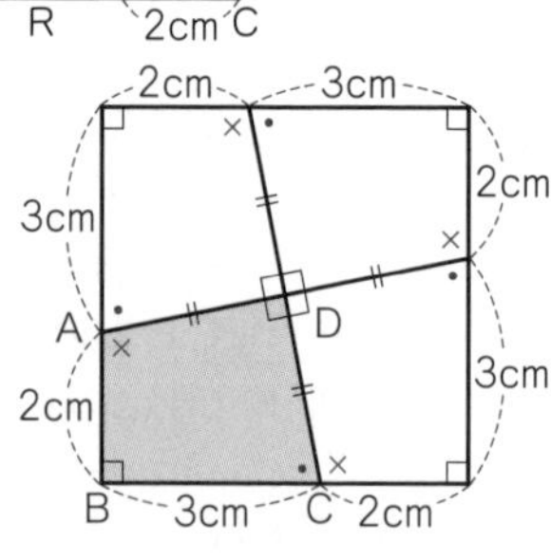


**4** (三角形 AED の面積)＋(三角形 BCE の面積)
＝(三角形 ABC の面積)
となることから，
(三角形 AED の面積)＋(三角形 CEF の面積)
＝(三角形 ABF の面積)

$12+(\text{三角形CEFの面積})=17(\text{cm}^2)$
$(\text{三角形CEFの面積})=5\text{cm}^2$

**5** 右の図のように，1辺が2.5cmの正方形のマス目をかくと，台形と三角形に分けることができます。

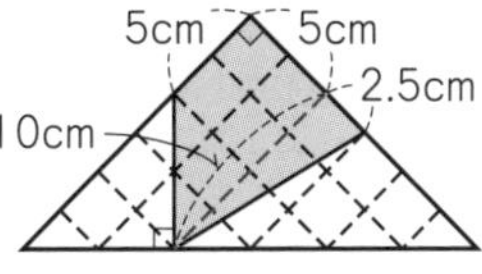


$(5+10)\times5\div2+2.5\times10\div2=50(\text{cm}^2)$

**6** 右の図のように考えると，
$30\times30=900(\text{cm}^2)$
の正方形の中には，色のついた部分の正方形が
$4\times4-1\times3\div2\times4=10$(個)
入ることがわかります。したがって，
$900\div10=90(\text{cm}^2)$

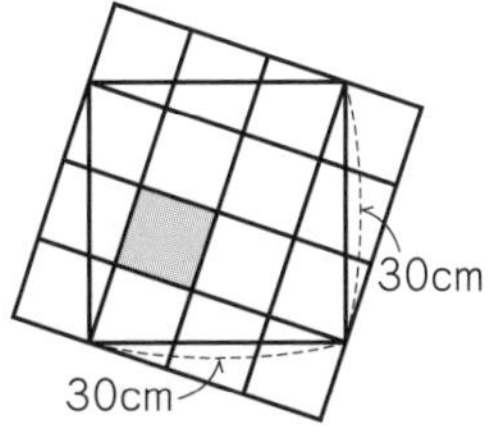


**7** 2つの三角形，3つの台形の高さはすべて4cmで，2つの三角形の底辺，3つの台形の 上底+下底 をすべてたすと $4+4+2=10$(cm) になるから，$10\times4\div2=20(\text{cm}^2)$

**8** 右の図で，○をつけた6つの直角三角形は合同だから，色のついた2つの直角三角形の面積の和は，BFの長さをたて，DGの長さを横とする長方形の面積になるので
$72-10\times6=12(\text{cm}^2)$

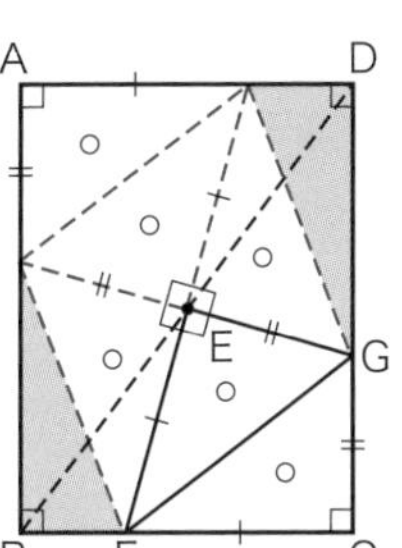


## 24 いろいろな面積

標準クラス　p.100〜101

**1** $20\text{cm}^2$
**2** $24\text{cm}^2$
**3** (1) $1.5\text{cm}^2$　(2) $52\text{cm}^2$　(3) $28\text{cm}^2$
**4** $\frac{3}{2}\text{cm}^2$
**5** $\frac{45}{8}\text{cm}^2$
**6** $46\text{cm}^2$
**7** (1) $10\text{cm}^2$　(2) $65\text{cm}^2$

解き方

**1** 正方形が重なった部分は，正方形の面積の $\frac{1}{4}$ です。(96ページの**2**を参照)
だから，$(4\times4)\times\left(\frac{1}{2}+\frac{1}{4}+\frac{1}{2}\right)=20(\text{cm}^2)$

**2** ㋓の三角形の底辺を □cm とすると，
㋑+㋐ の面積は，台形の面積より，
$(3+7+\square)\times8\div2=(10+\square)\times4=40+\square\times4$
㋒+㋓ の面積は，三角形の面積より，
$(4+\square)\times8\div2=(4+\square)\times4=16+\square\times4$
よって，$40-16=24(\text{cm}^2)$

**3** (1) 5まいの紙が重なっている部分は，直角をはさむ2辺の長さが1cmの直角二等辺三角形になっています。$(1\times1\div2)\times3=1.5(\text{cm}^2)$

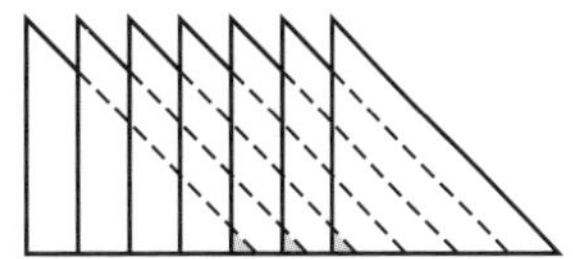

(2) $(2\times2\div2)\times12+2\times7+2\times7=52(\text{cm}^2)$

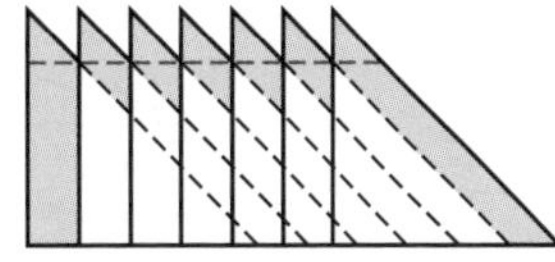

(3) $(2\times2\div2)\times8+2\times3+2\times3=28(\text{cm}^2)$

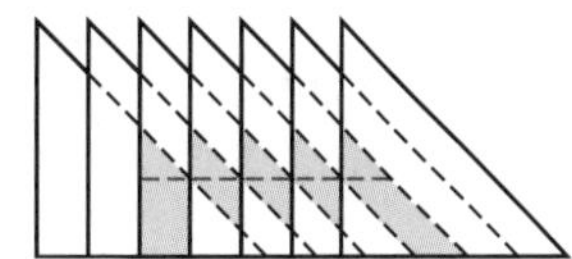

**4** 下の図より，
㋐+㋒$=\left(\text{三角形OAD}\times\frac{2}{5}\right)+\left(\text{三角形OBC}\times\frac{2}{5}\right)$
$=(\text{三角形OAD}+\text{三角形OBC})\times\frac{2}{5}$
$=(\text{正方形ABCDの半分})\times\frac{2}{5}$
㋐+㋒$=3+2=5(\text{cm}^2)$ なので，
$(\text{正方形ABCDの半分})\times\frac{2}{5}=5$
$(\text{正方形ABCDの半分})=5\div\frac{2}{5}=\frac{25}{2}(\text{cm}^2)$
㋑+㋓$=(\text{正方形ABCDの半分})\times\frac{1}{5}$
$=\frac{25}{2}\times\frac{1}{5}=\frac{5}{2}(\text{cm}^2)$
㋓$=\frac{5}{2}-1=\frac{3}{2}(\text{cm}^2)$

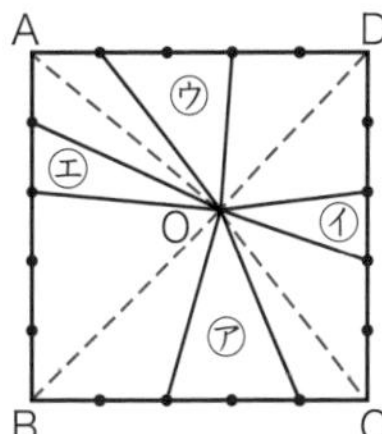

**5** 下の図において，2つの㋐，2つの㋑は合同な三角形です。㋐と㋑は底辺が2 cmと3 cmで高さが等しい三角形だから，㋐の面積を②，㋑の面積を③とします。

㋐+㋑+㋑=②+③+③=⑧=3×5÷2=$\frac{15}{2}$ (cm²)

①=$\frac{15}{16}$ (cm²)

色のついた部分の面積は,

③+③=⑥=$\frac{15}{16}$×6

=$\frac{45}{8}$ (cm²)

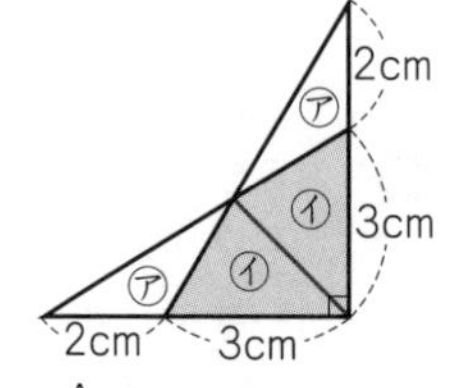


**6** 3つの長方形は合同であり，それぞれの長方形の短い方の辺の長さは 2+1=3 (cm)

長いほうの辺の長さは 3+4=7 (cm)

右の図より,

10×10−(2×10÷2+4×10÷2+8×6÷2)

=100−(10+20+24)=46 (cm²)

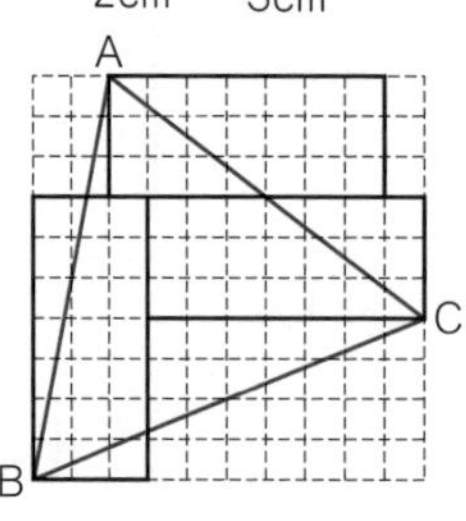


**7** (2) 内部に64個の点がふくまれる正方形は右の図のような正方形です。

9×9−(1×8÷2)×4

=65 (cm²)

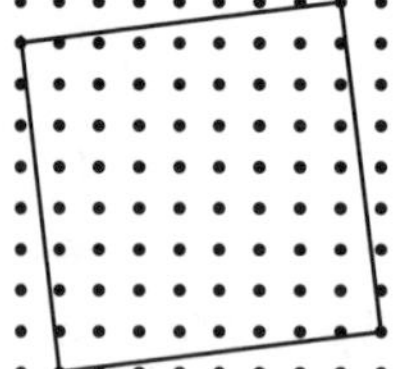

## ハイクラス

p.102〜103

**1** (1) 9.5 cm²

(2) 54.75 cm²

**2** 18 cm²

**3** $\frac{8}{3}$ cm²

**4** 40 cm²

**5** 9 cm

**6** 9 cm²

**7** 13.5 cm²

### 解き方

**1** (1) (13.8−10)×(12.5−10)=9.5 (cm²)

(2) (三角形HSPの面積)+(三角形EPQの面積)+(三角形FQRの面積)+(三角形GRSの面積)=(10×10−9.5)÷2=45.25 (cm²)

四角形PQRSの面積=45.25+9.5

=54.75 (cm²)

**2** 次の図のように，点Oと点A，B，C，D，E，Fを結び，区切られた三角形を㋐〜㋕とすると，同じ記号の三角形は面積が等しくなります。また,

㋐+㋑=14 cm² …①

㋑+㋒=16 cm² …②

㋒+㋓=18 cm² …③

㋐+㋕=13 cm² …④

㋔+㋕=15 cm² …⑤

が成り立ちます。

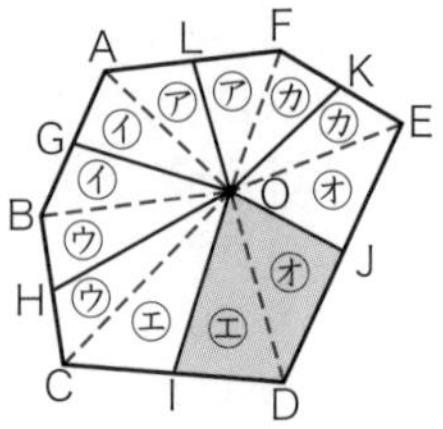

②と④より,

㋐+㋑+㋒+㋕=16+13=29 (cm²)

①より，㋒+㋕=29−14=15 (cm²) ……⑥

③と⑤より,

㋒+㋕+㋔+㋓=18+15=33 (cm²)

⑥より，四角形OIDJの面積は,

㋔+㋓=33−15=18 (cm²)

**3** 正六角形ABCDEFの面積を⑥ cm²とします。すると，下の図より，三角形BGCの面積は① cm²，三角形BCPと三角形EFPの面積の和は長方形BCEFの面積の $\frac{1}{2}$ だから② cm²

よって，三角形BCP=②−8 (cm²)

三角形PGC=三角形PCD=5 cm²

三角形PGB=三角形PAB=3 cm² より,

四角形PBGCの面積は，5+3=8 (cm²)

よって，①+(②−8)=8 (cm²)

③=16 (cm²)，①=$\frac{16}{3}$ (cm²)

三角形BCPの面積は,

$\frac{16}{3}$×2−8=$\frac{8}{3}$ (cm²)

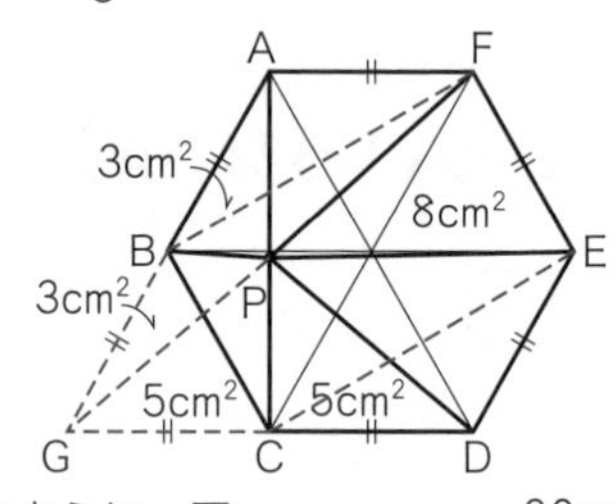


**4** 右の図のように，正方形ABCDの三角形ABEの部分と三角形AFDの部分を折り返したと考えます。

色のついた部分以外の部分の面積は,

(18×20÷2)×2=360 (cm²)

よって，色のついた部分の面積は,

20×20−360=40 (cm²)

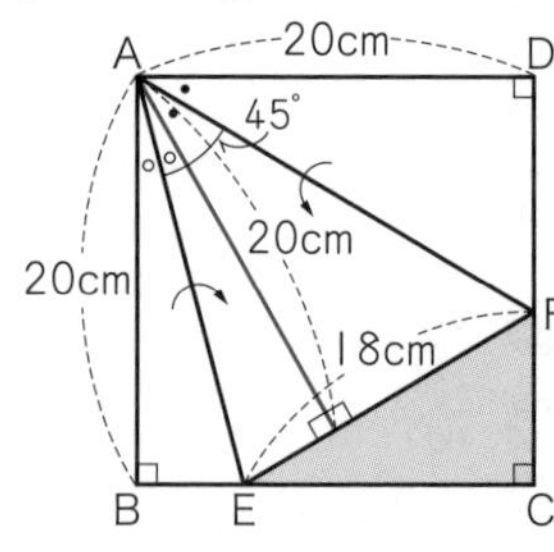

**5** 長方形 ABCD の面積は,
$14\times23$
$=322(\text{cm}^2)$
三角形 QBC の面積は,
$23\times6\div2=69(\text{cm}^2)$
三角形 BPQ の面積は, $134\,\text{cm}^2$
三角形 ABP と三角形 PQD の面積の和は,
$322-(69+134)=119(\text{cm}^2)$
三角形 ARP と三角形 PQD の面積の和は,
$23\times8\div2=92(\text{cm}^2)$
よって, 三角形 RBP の面積は,
$119-92=27(\text{cm}^2)$
$BR\times AP\div2=27\quad 6\times AP\div2=27$
$AP=27\times2\div6=9(\text{cm})$

**6** AG と EH は平行で, 角 EAH$=60^\circ+30^\circ=90^\circ$ だから, (四角形 EHFG の面積)
$=$(三角形 EHG の面積)$\times2$
$=$(三角形 EHA の面積)$\times2$
$=(3\times3\div2)\times2=9(\text{cm}^2)$

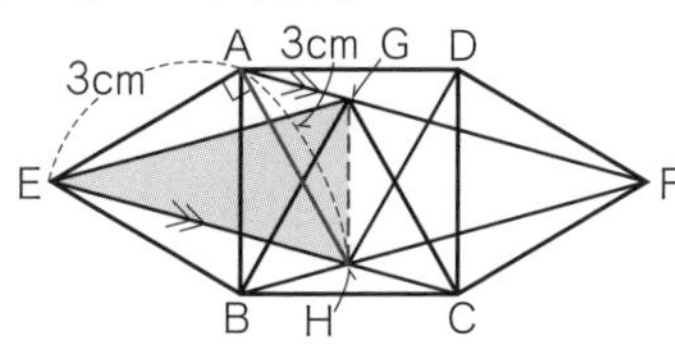


**7** PB=PH, QB=QH, PQ=PQ より, 三角形 PBQ と三角形 PHQ は 3 辺の長さがすべて等しいので, 合同な三角形です。
(三角形 PBQ の面積)$=$(三角形 PHQ の面積)
$=6\times6-(3\times3\div2+3\times6\div2+3\times6\div2)$
$=36-(4.5+9+9)=13.5(\text{cm}^2)$

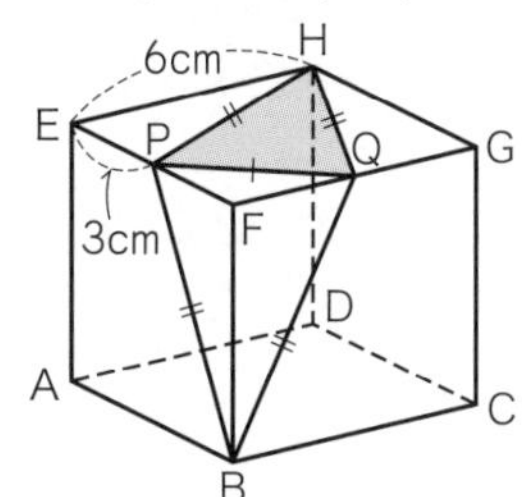


## 25 立体の体積

**標準クラス** p.104〜105

**1** (1) 3.05 (2) 1233
**2** $78\,\text{cm}^3$
**3** $660\,\text{cm}^3$
**4** $864\,\text{cm}^3$
**5** (1) $440\,\text{cm}^3$ (2) $414\,\text{cm}^2$
**6** 440 個(こ)
**7** $136\,\text{cm}^3$
**8** $95000\,\text{cm}^3$

**解き方**

**1** (1) $450\,\text{cm}^3+3.5\,\text{dL}+2.25\,\text{L}$
$=0.45\,\text{L}+0.35\,\text{L}+2.25\,\text{L}=3.05\,\text{L}$
(2) $0.5\,\text{L}+3.5\,\text{dL}-265\,\text{cc}+648\,\text{mL}$
$=500\,\text{cm}^3+350\,\text{cm}^3-265\,\text{cm}^3+648\,\text{cm}^3$
$=1233\,\text{cm}^3$

**2** $5\times7\times3-3\times(7-2-2)\times3=105-27$
$=78(\text{cm}^3)$

**3** $10\times12\times6-3\times(12-2)\times2=720-60$
$=660(\text{cm}^3)$

**4** 下の図のように, ㋐, ㋑, ㋒の 3 つの立体に分けて考えます。
$(12\times16-8\times12)\times6+(8\times12-4\times8)\times4$
$+4\times4\times2=864(\text{cm}^3)$

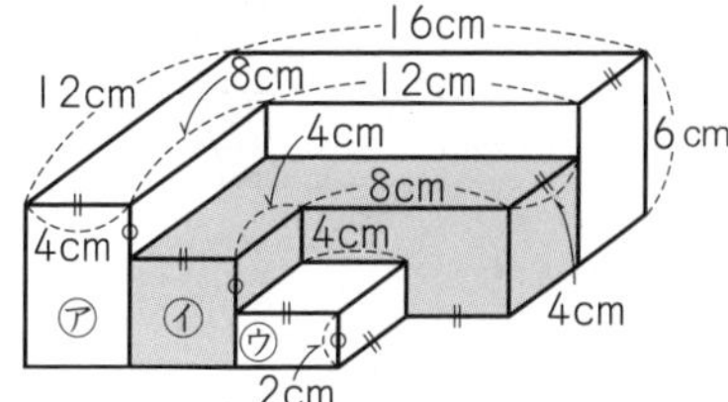


**5** (2) 表面積を求めればよいので,
$64\times4+(64-3\times3)\times2+3\times8\times2=414(\text{cm}^2)$

**6** $20\times20\times20-12\times10\times8=7040(\text{cm}^3)$
たて 2 cm, 横 2 cm, 高さ 4 cm の直方体の体積は, $2\times2\times4=16(\text{cm}^3)$
したがって, $7040\div16=440$(個)

**7** いちばん上の段…1 個
2 段目…6 個
いちばん下の段…10 個
合計 17 個だから, $(2\times2\times2)\times17=136(\text{cm}^3)$

**8** 同じ立体をもう 1 つ用意し, 下の図のように 2 つに切り, もとの立体の左右と合体させると, たて 50 cm, 横 95 cm, 高さ 40 cm の直方体ができます。
$(50\times95\times40)\div2=95000(\text{cm}^3)$

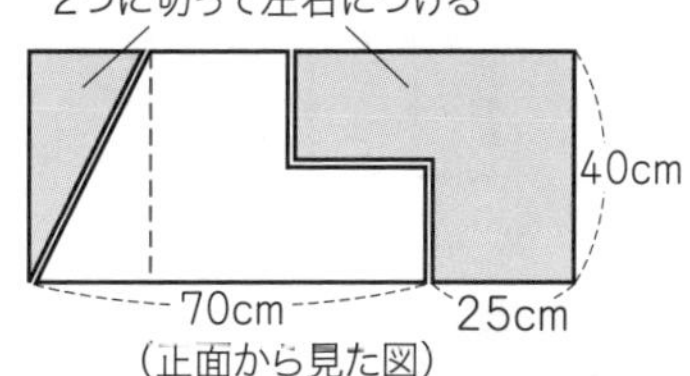

(正面から見た図)

**ハイクラス** p.106〜107

1 120 cm³
2 461 cm³
3 576 cm³
4 60 cm³
5 80 cm³
6 (1) 4096 cm³ (2) 3104 cm³
7 25 cm
8 6 cm

**解き方**

1 下の図のように，同じ立体の向きを変えて上に重ねると，たて 5 cm，横 6 cm，高さ 8 cm の直方体になります。
$(5\times6\times8)\div2=120$ (cm³)

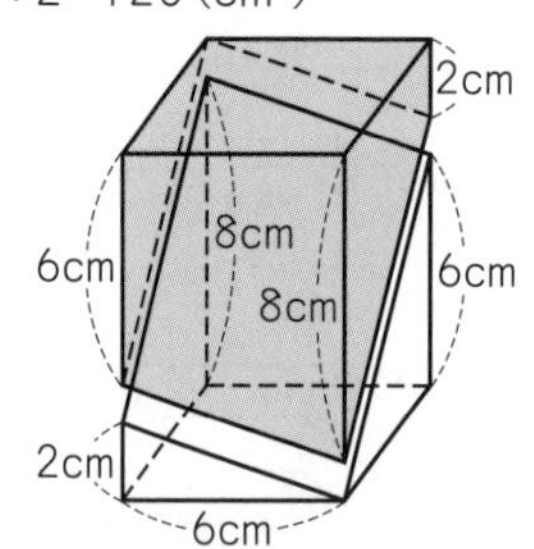


2 $(3\times5\times3)+(8\times5\times8)+(8\times2\times6)=461$ (cm³) になります。

3 たてを $a$ cm，横を $b$ cm，高さを $c$ cm とすると，
$a\times b=72$，$b\times c=96$，$a\times c=48$ より，
$a\times b\times b\times c\times a\times c=72\times96\times48$
$(a\times b\times c)\times(a\times b\times c)$
$=(24\times3)\times(24\times4)\times(24\times2)$
$=24\times24\times24\times(3\times4\times2)$
$=(24\times24)\times(24\times24)$
$a\times b\times c=24\times24=576$ (cm³)

4 下の図で，
○+●=8 cm ……①
○+☆=7 cm ……②
○+☆+○=10 cm ……③
③−②=○=10−7=3 (cm)
●=8−3=5 (cm)，☆=7−3=4 (cm)
したがって，○×●×☆=3×5×4=60 (cm³)

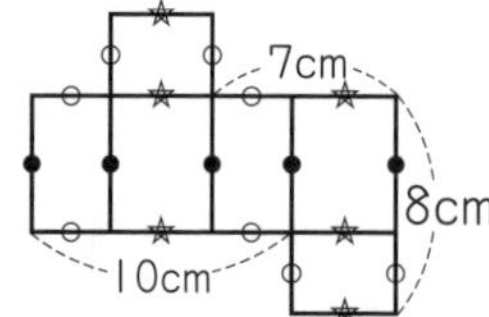


5 色のついた部分をくりぬいた部分として，残った立方体の個数を，上から 1 だんずつ数えます。
$20+14+12+14+20=80$ (cm³)

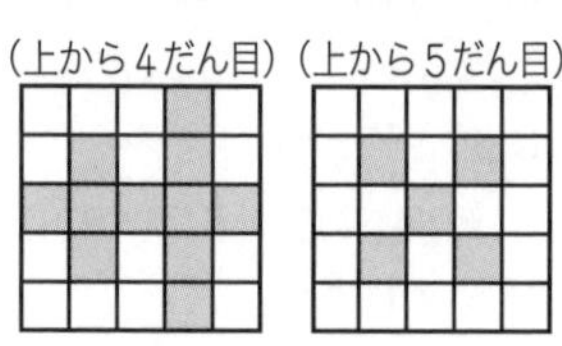


6 (1) $(20-2\times2)\times(20-2\times2)\times(18-2)$
$=4096$ (cm³)
(2) 水が入る部分と木をふくめた体積は，
$20\times20\times18=7200$ (cm³)
木の体積は，$7200-4096=3104$ (cm³)

7 容器に 10 cm まで水を入れたとき，水が入っていない部分の体積は，
$10\times20\times6$
$+30\times44\times6$
$=9120$ (cm³)

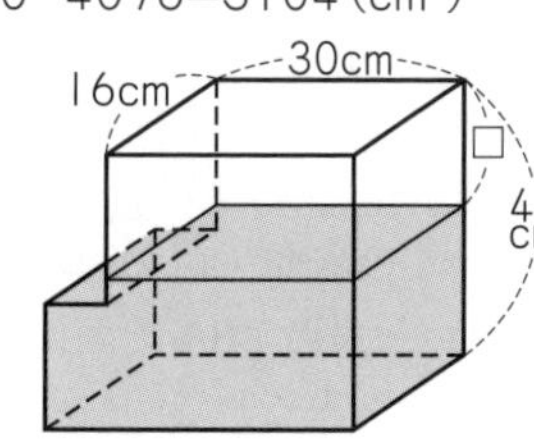


上の図のように，色をつけた面を下にしておいたとき，水が入っていない部分は，高さを □ cm とすると，
$16\times30\times□=9120$
$□=9120\div(30\times16)=19$ (cm) より，水面の高さは，$44-19=25$ (cm)

8 容器の中の水が入っていない部分の体積は，はじめの状態から
㋐×㋐×(10+15−13)=㋐×㋐×12 (cm³)
さかさまにした状態から，
$8\times18\times(10+15-22)=432$ (cm³)
㋐×㋐×12=432
㋐×㋐=432÷12=36=6×6
㋐=6 cm

## 26 角柱と円柱

**標準クラス** p.108〜109

1 ㋐②，円柱
㋑①，六角柱
㋒④，三角柱
㋓③，四角柱 (立方体)

**2**

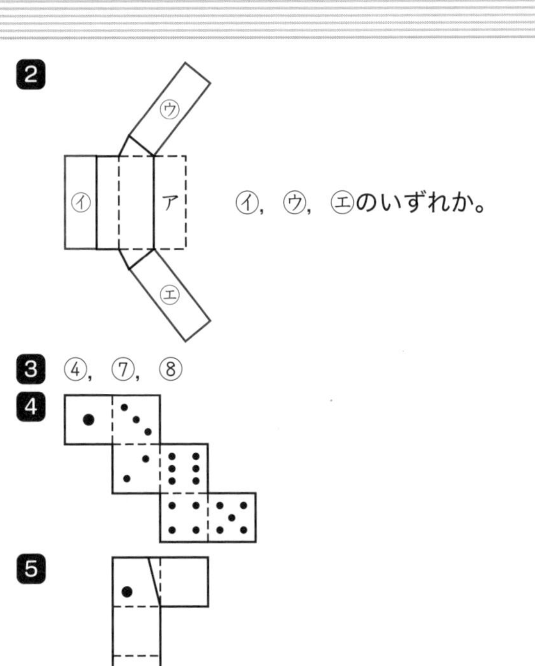


㋑, ㋒, ㋓のいずれか。

**3** ④, ⑦, ⑧

**4**

**5**

### 解き方

**3** 立方体の展開図(てんかいず)は，下の図の 11 種類です。

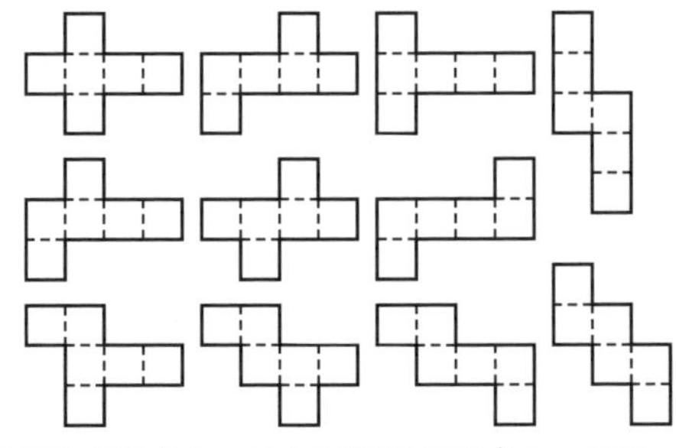

**5** 立方体の頂点Ａ～Ｈと展開図の頂点Ａ～Ｈは，下の図のように対応しています。

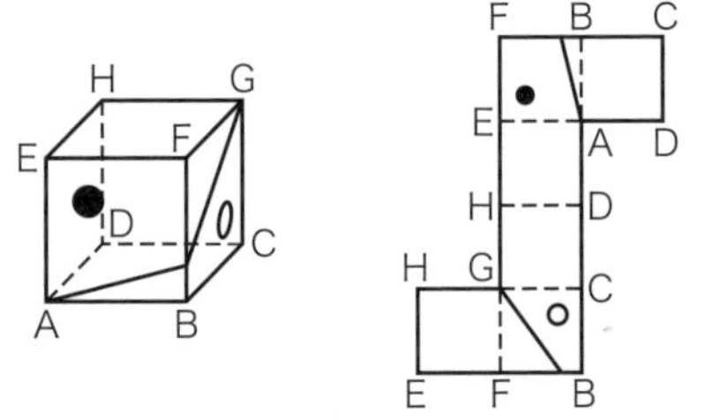


## チャレンジテスト⑧

p.110～111

1 ㋐45°, ㋑15°

2 (1)60.84 cm (2)48.84 cm

3 (1)36 $cm^2$ (2)3.75 cm

4 (1)12.5 $cm^2$ (2)5 cm

5 12 $cm^2$

6 (1)20° (2)16 $cm^2$

7 7110 $cm^3$

### 解き方

1 右の図で，印をつけた部分は同じ長さであり，

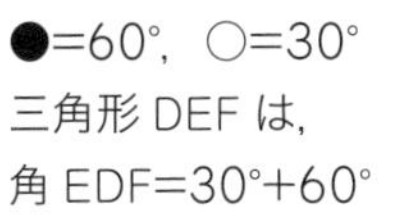

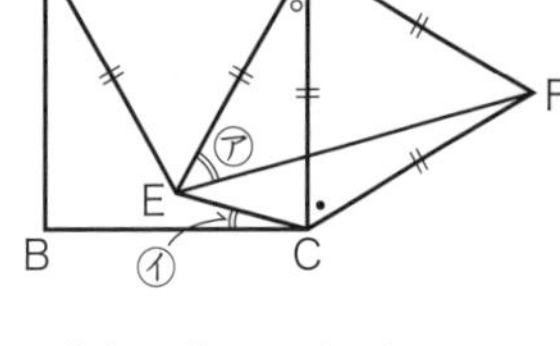


●=60°，○=30°

三角形 DEF は，

角 EDF=30°+60°=90°，DE=DF だから直角二等辺三角形です。したがって，㋐=45°

また，三角形 DEC は二等辺三角形で，

角 EDC=30° だから，

角 ECD=(180°−30°)÷2=75°

㋑=90°−75°=15°

2 (1) 18×2+6×3.14+6=60.84 (cm)

(2) 右の図のように，曲線の部分は，合わせて円 1 周分です。

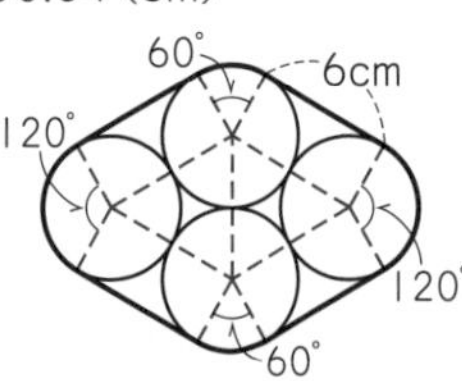


6×4+6×3.14+6

=48.84 (cm)

3 (2) 三角形 ABD の面積=三角形 DBC の面積は，

8×8÷2=32 ($cm^2$)

三角形 EBD の面積は，4×8÷2=16 ($cm^2$)

三角形 DBF の面積は，36−16=20 ($cm^2$)

三角形 DFC の面積は，32−20=12 ($cm^2$)

また，三角形 DBC と三角形 DFC の共通の高さを DH とすると，10×DH÷2=32 より，

DH=32×2÷10=6.4 (cm)

FC=12×2÷6.4=3.75 (cm)

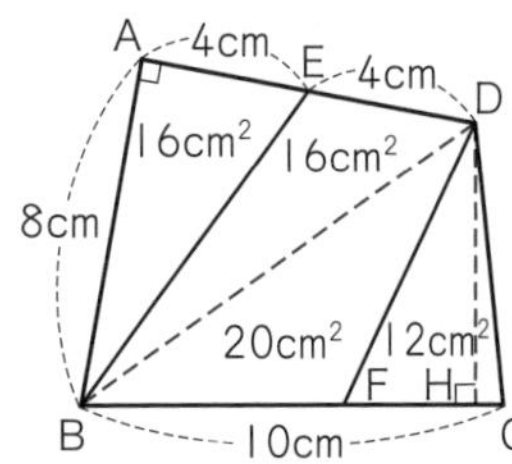


4 (1) (4+3)×7÷2−(4×3÷2)×2=12.5 ($cm^2$)

(2) 三角形 ABE と三角形 ECD は合同だから，三角形 AED は直角二等辺三角形です。

AE=ED=□ (cm) とすると，□×□÷2=12.5 より，□×□=25 □=5 (cm)

5 この正十二角形は，30° の角をもつ二等辺三角形 12 個に分けることができるから，

(2×1÷2)×12=12 ($cm^2$)

6 (1) 70°−45°=25°

45°−25°=20°

⑦ 上の立方体の1つの面の面積は，
$17\times17-(5\times12\div2)\times4=169\,(cm^2)$
$169=13\times13$ だから，1辺の長さは13 cm
よって，
$17\times17\times17+13\times13\times13=7110\,(cm^3)$

## チャレンジテスト⑨

p.112〜113

① 4.5 cm
② 648 $cm^3$
③ 540°
④ 92.8 cm
⑤ ㋐35°，㋑20°
⑥ 10 cm
⑦ 1.5 cm
⑧ 65.94 cm

### 解き方

① ㋐=㋑ のとき，㋐+㋒=㋑+㋒
右の図で，三角形ECDと三角形FBCの面積は等しくなります。
$ED\times8\div2$
$=12\times5\div2$，
$ED\times4=30$，$ED=7.5$ cm，
$AE=12-7.5=4.5\,(cm)$

② 上から3 cmの部分の体積は，
$10\times10\times3-4\times4\times3=252\,(cm^3)$
下から3 cmの部分も同じ体積です。
中央の4 cmの部分の体積は，
$(3\times3\times4)\times4=144\,(cm^3)$
したがって，$252\times2+144=648\,(cm^3)$

③ 下の図のように，それぞれの角を $a$〜$k$ とすると，
$d+i=f+g$ より，
$a+b+c+d+e+h+i+j+k$
$=a+b+c+e+h+j+k+f+g$
$=(a+c+j)+(b+e+f+g+h+k)$
$=180°+360°=540°$

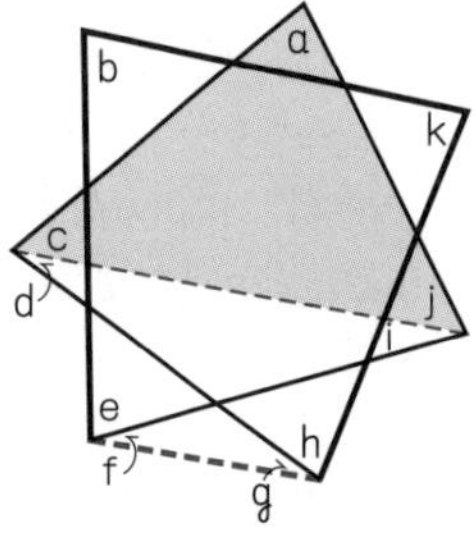


④ 右の図のように，色のついた部分の1か所の周の長さは，太線で囲んだ図形の周の長さと同じだから，

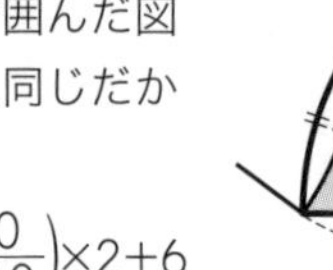
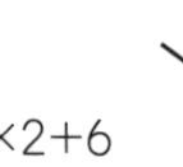

$\left(12\times3.14\times\frac{60}{360}\right)\times2+6$
$=18.56\,(cm)$
5か所にあるので，$18.56\times5=92.8\,(cm)$

⑤ ㋐$=70°-35°=35°$ です
角 ACE=60°，角 CAE=35°+25°=60°
したがって，三角形 ACE は正三角形です。
また，角 ABC=180°−(40°+70°)=70° だから，三角形 ABC は二等辺三角形です。したがって，下の図で●をつけた辺の長さはすべて等しくなります。
よって，△ABE も二等辺三角形で，
角 BAE=40°+60°=100°
角 AEB=(180°−100°)÷2=40°
㋑=60°−40°=20°

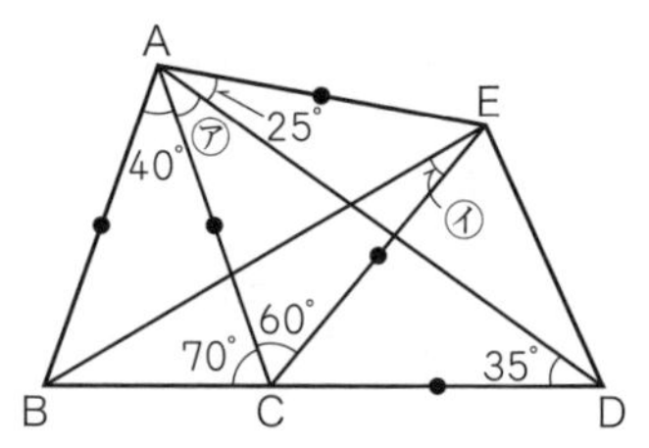


⑥ 右の図のように，面積の等しい三角形をそれぞれ，A，B，C，D とします。
$A+B=17\,(cm^2)$
$C+D=13\,(cm^2)$
$A+B+C+D$
$=17+13=30\,(cm^2)$
長方形には A，B，C，D が2か所ずつあります。
長方形の面積は，
$30\times2=60\,(cm^2)$
したがって，たての長さは，
$60\div6=10\,(cm)$

⑦ 右の図の色のついた部分の面積は，まわりの4つの直角三角形の面積の和に等しいから，

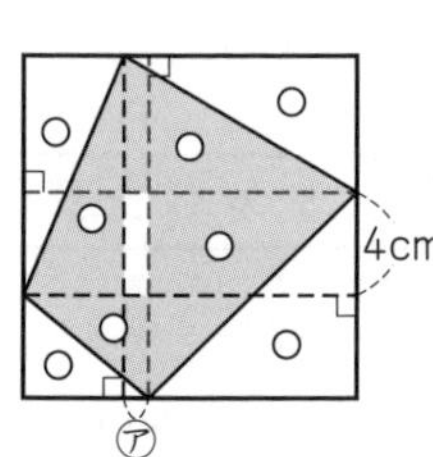


$10\times10-53=47\,(cm^2)$
中央の白い長方形の面積は，$53-47=6\,(cm^2)$
よって，㋐$=6\div4=1.5\,(cm)$

⑧ 下の図より，糸が正六角形のとなり合う頂点(ちょうてん)へ移動するとき，Pが動いた道のりは，中心角が 60° のおうぎ形の弧(こ)の長さの合計です。

Pが動いた道のりは，

$(18+15+12+9+6+3)\times 2\times 3.14\times \frac{60}{360}$

$=63\times 2\times 3.14\times \frac{1}{6}=21\times 3.14$

=65.94 (cm)

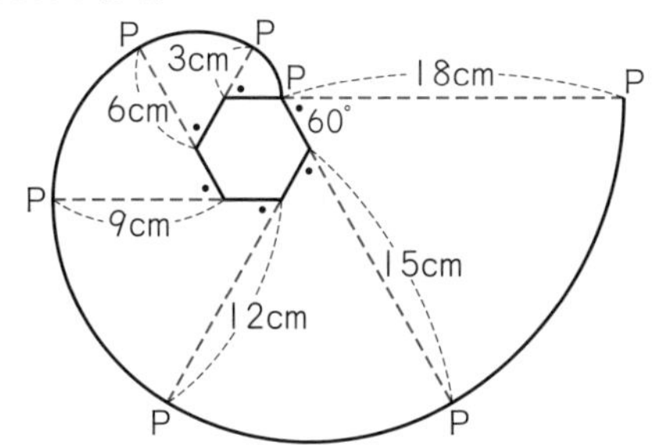


## 総仕上げテスト①

p.114〜115

1 (1) 13 (2) 15000 円 (3) 30 g (4) 128 m
2 (1) 5 まい (2) 24 まい
3 (1) 21 分 (2) 360 m
4 (1) 24 cm (2) 23.75 cm
5 (1) 17° (2) 28°

### 解き方

1 (1) AとB (A>B) の最大公約数は，A−BとBの最大公約数と等しいことを利用し，数字を小さくしていきます。AとBの最大公約数を [A，B] という記号で表すと，
[1001，377]=[624，377]=[247，377]
=[247，130]=[117，130]=[117，13]
117÷13=9 となるので，最大公約数は 13 とわかります。

(2) 定価(ていか)の 25−10=15 (%) が，
1500+750=2250 (円) にあたることから，
定価は，2250÷0.15=15000 (円)

(3) 食塩水Aは，300×0.12=36 (g) の食塩と，300−36=264 (g) の水でできています。ここに食塩を加えても水の重さは変わらないので，20% の食塩水にふくまれる水の重さは，食塩水全体の 100−20=80 (%) だから，できた食塩水全体の重さは，264÷0.8=330 (g) です。したがって，加えた食塩の重さは，330−300=30 (g) です。

(4) 秒速 24 m で 22 秒間に 24×22=528 (m) 進みます。
これは，トンネルの長さ (=400 m) と電車の長さを合わせたものだから，電車の長さは，
528−400=128 (m)

2 (1) タイルの大きさはちがっていてもよいので，できるだけ大きいタイルからしきつめるよう，次のような図をかいて考えます。

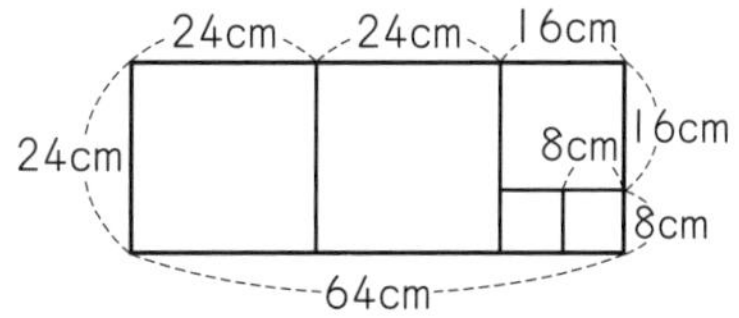


(2) タイルのまい数を少なくするためには，正方形の 1 辺の長さをできるだけ大きくする必要があります。したがって，正方形の 1 辺の長さは，24 と 64 の最大公約数を求めればよいので，8 cm。
このときタイルは，たてに 24÷8=3 (まい)，横に 64÷8=8 (まい) しきつめるので，全部で 3×8=24 (まい)

3 (2) はじめの予定では，図書館まで
1680÷60=28 (分) かかる予定でしたが，わすれ物をしたため，28+3.5=31.5 (分) かかりました。そのうち，分速 80 m で家から図書館に向かった 21 分をのぞくと，わすれ物に気づいたところまで往復するのに，
31.5−21=10.5 (分) かかったことがわかります。分速 60 m で歩いた道のりと分速 80 m でもどった道のりは等しいので，分速 60 m で歩いた時間を□分とすると，
60×□=80×(10.5−□) が成り立ちます。これより，60×□=840−80×□
60×□+80×□=840 140×□=840
□=840÷140=6 (分)
したがって，わすれ物に気づいたのは家から 60×6=360 (m) のところです。

4 (1) $48\times \frac{5}{6}=40$ 40−4=36 $36\times \frac{5}{6}=30$
30−6=24 (cm)

(2) $24\times \frac{5}{6}=20$ 20−11=9 $9\times \frac{5}{6}=7.5$
7.5+11+6+4=28.5 $28.5\times \frac{5}{6}=23.75$ (cm)

5 (1) 折り返した角の大きさは等しいから，
㋐=角 ABE=180°−(90°+73°)=17°

(2) 角 FBC=90°−17°×2=56°
折り返した辺の長さは等しいから，
BF=BA
正方形の辺の長さはすべて等しいから，

BA=BC
よって，BF=BC となり，三角形 FBC は二等辺三角形とわかります。これより，
角 BCF=(180°−56°)÷2=62°
したがって，㋑=90°−62°=28°

## 総仕上げテスト②

p.116〜117

1 (1)82 (2)73 (3)168 (4)$16\frac{4}{11}$
2 (1)30° (2)33°
3 (1)9 時 32 分 (2)6.66 km
4 (1)350 g (2)23% (3)1 時間 45 分後
5 98 $cm^3$

### 解き方

1 (1)5をひくと7でわり切れる数は，さらに7をひいて合計で 12 小さくなっても 7 でわり切れます。また，7をひくと5でわり切れる数は，さらに5をひいて合計で 12 小さくなっても5でわり切れます。つまり，求める整数を□とすると，□−12 は，7でも5でもわり切れます。そのような整数は7と5の公倍数（0もふくめる）に 12 を加えたものだから，
35×0+12=12，35×1+12=47，
35×2+12=82 より，3番目に小さい数は 82

(2)クラス全員の点数の合計は，
77×(24+18)=3234（点）
もし，男子 24 人の点数を1人7点ずつ減らしたとすると，男子の平均点は女子の平均点と同じになり，クラス全員の点数の合計は
7×24=168（点）
減って 3066 点になります。このことから，女子の平均点は，3066÷(24+18)=73（点）

(3)つくえの高さは，A さんの身長の $1-\frac{4}{7}=\frac{3}{7}$，
B さんの身長の $1-\frac{9}{17}=\frac{8}{17}$ にあたるので，
A さんの身長はつくえの高さの $\frac{7}{3}$ 倍で，B さんの身長はつくえの高さの $\frac{17}{8}$ 倍
よって，A さんの身長はBさんの身長の
$\frac{7}{3}\div\frac{17}{8}=\frac{56}{51}$（倍）で，その差が 15 cm だから，B さんの身長は，$15\div\left(\frac{56}{51}-1\right)=153$（cm）
A さんの身長は，153+15=168（cm）

(4) 9時ちょうどのとき，長しんと短しんのつくる小さい方の角度は 90° で，これが1分間に 6°−0.5°=5.5° ずつ大きくなっていくから，180° になるのは，
$(180°-90°)\div5.5°=\frac{180}{11}=16\frac{4}{11}$ より，
9 時 $16\frac{4}{11}$ 分

2 (1)点Oと点Bを結びます。折り返した辺の長さは等しいから AB=AO，また，おうぎ形の半径は等しいから，AO=BO となるので，三角形 OAB は正三角形になります。折り返した角の大きさは等しいから，㋐=角 OAD より，
㋐=60°÷2=30°

(2)OB=OC より，三角形 OBC は二等辺三角形で，角 BOC=98°−60°=38° だから，
角 OBC=(180°−38°)÷2=71°
ここで，BD=OD より，三角形 BDO は二等辺三角形で，角 OBD=38° だから，
㋑=71°−38°=33°

3 (1)弟が家から 1620 m の地点に来たのは，
1620÷60=27 より，9 時 27 分
このとき，兄は家を出て7分たっているので，家から 185×7=1295（m）のところにいます。ここから弟に追いつくのにかかる時間は，(1620−1295)÷(185−120)=5（分）だから，追いつくのは9時 32 分

(2)兄が駅に着いたとき，弟は駅の
120×13=1560（m）手前にいたことになります。9 時 32 分には同じ地点にいた2人の間のきょりが 1560 m になるのは，
1560÷(185−120)=24（分後）なので，兄が駅に着いたのは9時 56 分です。したがって，家から駅までの道のりは，
185×36=6660（m）=6.66（km）

4 (1)はじめの 10 分間で重さが 100 g 増えているので，1分あたり 100÷10=10（g）ずつ増えています。よって，5分後には
10×5=50（g）増えて，350 g になっています。

(2)そう作を始めてから 15 分後には，もとの5% の食塩水 300 g に，食塩が 100 g と，水が 100 g 加えられているから，食塩の重さは
300×0.05+100=115（g）
食塩水全体の重さは
300+100+100=500（g）
したがって，その濃度は，115÷500=0.23
より，23%

(3) そう作を始めてから10分後の食塩水にふくまれる食塩の重さは115gで，以後，食塩の重さは変わらないから，濃度が5%になるのは，食塩水全体の重さが
115÷0.05=2300(g) になるときです。10分後の食塩水の重さは400gで，以後，1分につき20gずつ水を入れているので，2300gになるのは，
(2300−400)÷20+10=105(分後)
=1時間45分後

5 上から1だんずつ調べていきます。色のついた部分はくりぬいた立方体を表します。

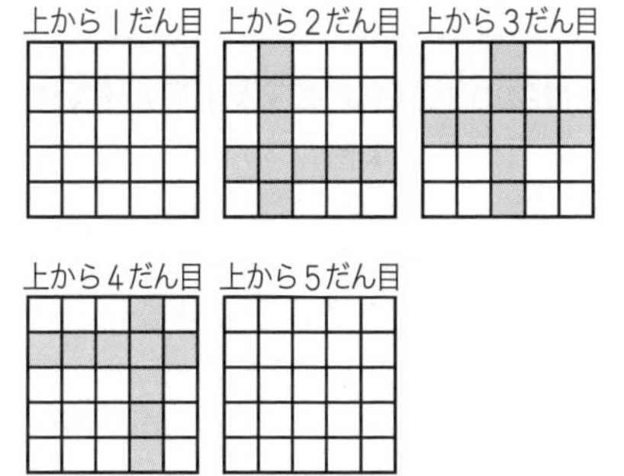


これより，くりぬいた立方体の数は，
9+9+9=27(個) とわかるので，残っている立方体の数は 5×5×5−27=98(個)
したがって，体積は 98 $cm^3$

## 総仕上げテスト③

p.118〜120

1 (1) 120 (2) 7350 (3) 6 (4) 132 (5) 81.4
2 (1) 分速30m (2) 800m (3) 2400m
3 (1) 350個 (2) 250円
4 432と864
5 (1) AとC (2) 25日 (3) 7月23日
6 (1) 21cm (2) 77cm (3) 364cm

### 解き方

1 (1) ミカンの数を12個にそろえると，
「リンゴ1個+ミカン3個=270円」より
「リンゴ4個+ミカン12個=1080円」
「リンゴ2個+ミカン4個=440円」より
「リンゴ6個+ミカン12個=1320円」
となり，これより，リンゴ 6−4=2 個のねだんが 1320−1080=240(円) とわかります。
したがって，リンゴ1個のねだんは
240÷2=120(円)

(2) やかんから出した水は，はじめに入っていた水の $\frac{2}{7}+\frac{5}{7}\times\frac{4}{5}=\frac{6}{7}$ にあたるので，残っている水ははじめに入っていた水の $\frac{1}{7}$
これが1050gだから，はじめに入っていた水の重さは，$1050\div\frac{1}{7}=7350$(g)

(3) AとBの面積が等しいとき，図のように台形の部分をCとすると，
A+C=B+C となるので，
B+Cの三角形の面積はたて18cm，横4cmの長方形の面積 18×4=72($cm^2$) と等しくなります。

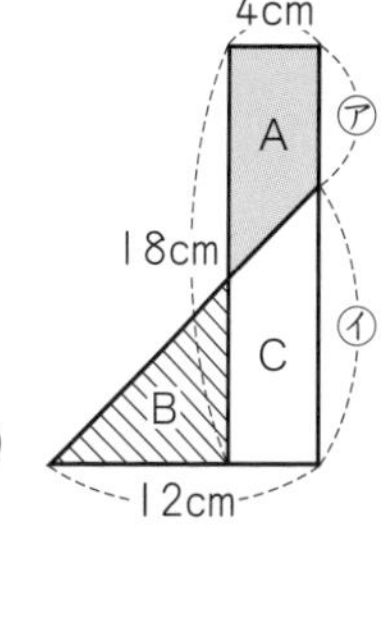


12×㋑÷2=72 より，
㋑=72×2÷12=12(cm)
㋐=18−12=6(cm)

(4) 点A，B，Cをふくむ正方形をそれぞれ，正方形A，B，Cとします。正方形Bの1辺の長さを○cmとすると，正方形Cの1辺の長さは(○+4)cm　正方形Bと正方形Cの1辺の長さの合計は，正方形Aの1辺の長さより2+6=8(cm) 長いので，
○+(○+4)=8+8=16　○×2+4=16
○×2=12　○=6
右の図のように，全体をたて18cm，横16cmの長方形で囲み，まわりの3つの直角三角形をひいて求めると，
三角形ABCの面積は，
18×16−(10×14÷2+4×16÷2+6×18÷2)
=132($cm^2$)

(5) 右の図のように，円の半径をたて，糸の直線部分を横として長方形を5つとると，糸の内側に正五角形ができます。正五角形の1つの角の大きさは，

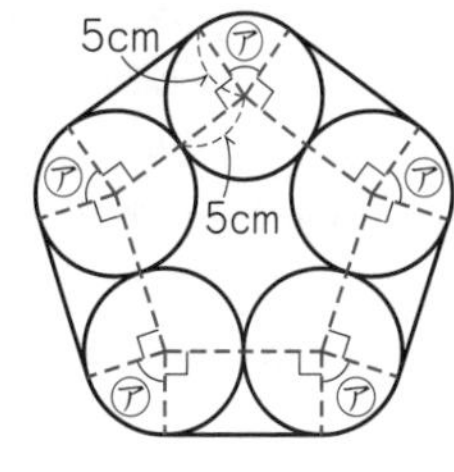


180°×(5−2)÷5=540÷5=108° だから，図の㋐の角の大きさは，
360°−(108°+90°×2)=72°
糸の曲線部分は5つあるので，72°×5=360° より，合計すると，半径5cmの円の円周と同じ長さです。糸の直線部分は1つ10cmだか

ら，糸の長さは，
5×2×3.14+10×5=81.4（cm）

**2** (1) 2人の船が出会った地点をC地点，流れがないときの船の速さを分速□ m とすると，上りの速さは分速（□−10）m，下りの速さは分速（□+10）m で，グラフより，A 地点からC地点へ上るのに 40 分，C 地点からA地点へ下るのに 60−40=20（分）かかっているので，
(□−10)×40=(□+10)×20 が成り立ちます。
これより，□×40−400=□×20+200
□×(40−20)=200+400　□×20=600
□=30

**3** (1) 仕入れたお弁当（べんとう）の個数を 1 とすると，午前中に売れた個数は 0.3 で，午後に売れた個数は (1−0.3)×0.8=0.56 だから，売れ残った個数は 1−(0.3+0.56)=0.14 にあたります。
これが 49 個だから，仕入れたお弁当の個数は，
49÷0.14=350（個）

(2) 午前中に売れた個数は 350×0.3=105（個），
午後に売れた個数は 350×0.56=196（個）
もし，午後も 90 円ね下げせずに午前中と同じねだんで売ったとすると，全体の利益（りえき）は
90×196=17640（円）増（ふ）えて，
18270+17640=35910（円）になるはずです。このとき，1 個の仕入れねを 1 とすると，仕入れ総額（そうがく）は 1×350=350 で，売上総額は
1.64×(105+196)=493.64 だから，利益は
493.64−350=143.64 となり，これが
35910 円にあたるので，1 個の仕入れねは，
35910÷143.64=250（円）

**4** CAB は ABC の $\frac{3}{4}\times\frac{3}{4}=\frac{9}{16}$（倍）だから，
ABC は 16 の倍数で，CAB は 9 の倍数です。
CAB が 9 の倍数ならば，同じ数字を使った ABC も 9 の倍数になるので，3 けたの整数 ABC は 16 と 9 の公倍数で，144 の倍数とわかります。
よって，144，288，432，576，720，864 のうち問題にあてはまる 432 と 864 が答えです。

**5** (1) Aさんは 2 日ごと，B さんは 3 日ごと，C さんは 4 日ごとに同じ働き方をくり返すので，3 人の働き方は 2，3，4 の最小公倍数である 12 日間のくり返しと考えることができます。

| | 1 | 2 | 3 | 4 | 5 | 6 | 7 | 8 | 9 | 10 | 11 | 12（日目） |
|---|---|---|---|---|---|---|---|---|---|---|---|---|
| A | ○ | × | ○ | × | ○ | × | ○ | × | ○ | × | ○ | × |
| B | ○ | ○ | × | ○ | ○ | × | ○ | ○ | × | ○ | ○ | × |
| C | ○ | ○ | × | × | ○ | ○ | × | × | ○ | ○ | × | × |

4 月 1 日を 1 日目とすると，5 月 15 日までに，5 月 15 日もふくめて 30+15=45（日）あります。45÷12=3 あまり 9 より，45 日目は 9 日目と同じで，働いているのはAさんとCさんです。

(2) 最初の 12 日間に 3 人全員が働いている日は 2 日間あります。4 月 1 日から 8 月 25 日までは，
30+31+30+31+25=147（日）あるので，
147÷12=12 あまり 3 より，
2×12+1=25（日）

(3) 最初の 12 日間に，C さんだけが働いているのは 6 日目だけです。したがって，10 回目は，
12×9+6=114（日目）になり，
30+31+30+23=114 より，7 月 23 日です。

**6** (1) 1 辺の長さについて，㋓=㋒+7（cm）
㋔=㋓+7=㋒+14（cm）
㋕=㋔+7=㋒+21（cm）が成り立ちます。
㋕の 1 辺の長さが 42 cm だから，㋒の 1 辺の長さは 42−21=21（cm）

(2) ㋔=㋒+14=21+14=35（cm）だから，長方形のたての長さは，42+35=77（cm）

(3) ㋓=㋒+7=21+7=28（cm）
㋕と㋘は同じ大きさだから，㋘=42 cm
長方形の横の長さは，35+28+42=105（cm）
したがって，周の長さは，
(77+105)×2=364（cm）